Zuverlässige numerische Analyse linearer Regelungssysteme

Von Dr.-Ing. Ferdinand Svaricek
ITT Automotive Europe GmbH, Frankfurt/Main

B.G. Teubner Stuttgart 1995

Vom Fachbereich Maschinenbau der Gerhard-Mercator-Universität – GH Duisburg genehmigte Habilitationsschrift (Datum der Feststellung der Lehrbefähigung: 4. Februar 1994)

Die Deutsche Bibliothek – CIP-Einheitsaufnahme

Svaricek, Ferdinand :
Zuverlässige numerische Analyse linearer Regelungssysteme /
von Ferdinand Svaricek. – Stuttgart : Teubner, 1995
  ISBN 978-3-519-06175-5   ISBN 978-3-322-90142-2 (eBook)
  DOI 10.1007/978-3-322-90142-2

Umschlaggestaltung: Peter Pfitz, Stuttgart

Vorwort

Diese Arbeit setzt sich mit der zuverlässigen numerischen Ermittlung grundlegender Eigenschaften von Regelungssystemen auseinander, die hinreichend genau durch ein lineares Modell, das lediglich eine Näherung 1. Ordnung darstellt (Schwarz 1991), approximiert werden können. Neben der Steuer- und Beobachtbarkeit stehen Eigenschaften wie die Invertierbarkeit, die Ein-/Ausgangsentkoppelbarkeit, die Störentkoppelbarkeit und das Verhalten bei hohen Rückführverstärkungen im Mittelpunkt des Interesses. Alle diese Eigenschaften sind im Grunde mit entsprechend definierten Nullstellen des Systems eng verknüpft. Einen breiten Raum wird daher der Behandlung des Konzeptes der *endlichen* und *unendlichen* Nullstellen von Mehrgrößensystemen eingeräumt.

An einem Modell niedriger Ordnung eines Werkzeugmaschinenantriebes wird zunächst demonstriert, wie stark numerisch ermittelte Aussagen durch die begrenzte Rechengenauigkeit der verwendeten Gleitpunktarithmetik beeinflußt werden können. Anschließend werden dann die bekannten Kriterien zur Überprüfung der Steuerbarkeit auf ihre numerischen Eigenschaften hin untersucht. Ein Fazit dieser Untersuchung ist, daß alle Kriterien bei größeren Systemen und einer numerischen Auswertung mit einer begrenzten Anzahl von Dezimalstellen völlig falsche Ergebnisse liefern können, so daß die mit konventionellen Programmen gewonnenen Aussagen stets als „fragwürdig" angesehen werden müssen.

Aufgrund der begrenzten Rechengenauigkeit der verfügbaren Computer haben konventionelle Programme, die ein meist noch nicht einmal exakt bekanntes quantitatives Modell auswerten, gerade bei der Beantwortung *qualitativer* Fragen, wie z.B.: „Ist ein System vollständig steuerbar oder nicht?" oder „Besitzt ein System Nullstellen oder nicht?" besondere Schwierigkeiten. In diesem Zusammenhang ist folgende Erkenntnis von elementarer Bedeutung: Mit Hilfe von Programmen, die eine Gleitpunktarithmetik mit endlicher Genauigkeit verwenden, kann die Frage nach der Steuerbarkeit eines Systems nicht eindeutig mit Ja oder Nein beantwortet werden, da die Steuerbarkeit ihrem Wesen nach eine strukturelle Eigenschaft ist, und jedes *nicht* steuerbare System $(\mathbf{A}, \mathbf{B})$ beliebig nahe an einem steuerbaren System $(\mathbf{A} + \delta\mathbf{A}, \mathbf{B} + \delta\mathbf{B})$ liegt. Durch die im Rahmen einer numerischen Überprüfung auftretenden Rundungsfehler wird ein nicht steuerbares System dann derart gestört, daß es wieder steuerbar wird. Aus numerischer Sicht kann eigentlich nur die Frage „Wie weit ist ein steuerbares System vom nächsten nicht steuerbaren System entfernt?" zuverlässig beantwortet werden.

Fragt man bei einem *nicht* steuerbaren System nach den zugrundeliegenden Ursachen, so können zwei Fälle unterschieden werden:

   i) Der Verlust der Steuerbarkeit wird durch eine ungünstige Kombination der Zahlenwerte der Modellparameter hervorgerufen. Werden diese Werte allerdings nur leicht variiert, so erhält das System seine Steuerbarkeitseigenschaft zurück.

ii) Eine ungünstige Wahl der Stelleingriffe und/oder ein strukturelles Defizit im inneren Aufbau des Systems sind dafür verantwortlich, daß das System nicht steuerbar ist. Eine Variation der Zahlenwerte der Systemparameter reicht dann nicht aus um die Steuerbarkeit des Systems wieder herzustellen.

Der erste Fall kann aus praktischer Sicht als pathologisch angesehen werden, weil die Modellparameter meist weder exakt bekannt noch unveränderlich sind. Der Fall, daß ein System aufgrund der unter ii) angesprochenen Gründe nicht steuerbar ist, stellt also den auch für die Praxis relevanten Fall dar, dessen Auftreten nun mit Hilfe *parameterunabhängiger* Kriterien absolut zuverlässig erkannt werden kann. Bei rechnergestützten Analyse von Regelungssystemen sollte daher immer das in dieser Arbeit vorgestellte zweistufige Konzept angewendet werden:

i) In einem ersten Schritt werden zunächst nur einfache *qualitative* Strukturmodelle betrachtet. Anhand dieser Modelle wird dann mit Hilfe absolut zuverlässiger Programme, die lediglich ganzzahlige oder Boolesche Rechenoperationen einsetzen, untersucht, ob ein System z.B. aufgrund der gegebenen Struktur überhaupt steuerbar sein kann.

ii) Nur wenn diese Frage im ersten Schritt mit Ja zu beantwortet ist, werden anschließend die Eigenschaften des konkreten Zahlenmodells mit Hilfe von Programmen bestimmt, die aus numerischer Sicht besonders effizient und zuverlässig sind.

Eine solche Vorgehensweise ist, wie in dieser Arbeit dargestellt, nicht nur bei der Steuer– und Beobachtbarkeitsanalyse, sondern bei allen zuvor angesprochenen Analysefragen möglich. Dies ist auf die Tatsache zurückzuführen, daß die für diese Probleme maßgebliche Nullstellenstruktur im Unendlichen bereits mittels einfacher Strukturmodelle vollständig beschreibbar ist. So sind auch die in dieser Schrift vorgestellten Algorithmen zur Berechnung der *generischen Nullstellenstruktur im Unendlichen*, die lediglich die Kenntnis eines Strukturmodells voraussetzen, für eine Reihe regelungstechnischer Fragestellungen von grundlegender Bedeutung.

Die einzelnen Kapitel sind so gegliedert, daß nach einer Darstellung der theoretischen Grundlagen der behandelten Fragestellung die wichtigsten konventionellen Methoden und Algorithmen zur Beantwortung der Fragestellung einer kritischen Betrachtung und Wertung unterzogen werden. Zum Abschluß wird dann jeweils untersucht, inwieweit und mit welchen Verfahren zuverlässige *parameterunabhängige* Aussagen mit Hilfe eines Computers getroffen werden können. Die in diesem Buch empfohlenden Algorithmen und Programme sind entweder bereits in bekannten Programmsammlungen enthalten oder über Internet verfügbar.

Bedingt durch die grundlegende Bedeutung der in diesem Buch angesprochenen Probleme, wendet sich dieses Buch nicht nur an Entwickler regelungstechnischer Software, sondern auch an diejenigen, die häufig Standardwerkzeuge, wie z.B. MATLAB oder Matrix/X, einsetzen und deren Grenzen kennenlernen wollen.

Dieses Buch ist die leicht überarbeitete Fassung meiner Habilitationsschrift „Zur rechnergestützten Analyse linearer Regelungssysteme", die vom Fachbereich Maschinenbau der Gerhard-Mercator-Universität – GH Duisburg als schriftliche Habilitationsleistung angenommen wurde. Dem Leiter des Fachgebietes Meß–, Steuer- und Regelungstechnik, Herrn Professor Dr.–Ing. H. Schwarz, gilt mein besonderer Dank für seine großzügige Unterstützung, seine Anregungen sowie für sein Interesse an dieser Arbeit. Mein Dank gilt ebenso den anderen Gutachtern für das Habilitationsverfahren, Herrn Prof. Dr. M. Braun und Herrn Prof. Dr. H. Kiendl, für ihr Interesse und ihre Unterstützung.

Danken möchte ich auch allen meinen ehemaligen Kolleginnen und Kollegen im Fachgebiet Meß–, Steuer- und Regelungstechnik, insbesondere Herrn Priv. Doz. Dr.–Ing. H.–D. Wend, für die stets vorhandene Diskussions- und Hilfsbereitschaft. Dem Verlag Teubner danke ich für die gute und verständnisvolle Zusammenarbeit.

Schließen möchte ich dieses Vorwort mit einem ganz besonders herzlichen Dank an meine Frau Gabriele, die mit viel Verständnis und Rücksichtnahme diese Arbeit ermöglicht hat.

Duisburg, im Dezember 1994   Ferdinand Svaricek

Inhaltsverzeichnis

1 Einleitung

In der Regelungstechnik werden häufig diejenigen Verfahren als „modern" bezeichnet, die im Zustandsraum angesiedelt und daher in den meisten Fällen von *Kalman* und seinen Arbeiten (eine vollständige Zusammenstellung dieser Arbeiten kann Antoulas (1991) entnommen werden) beeinflußt sind. Hierbei wird vorausgesetzt, daß ein dynamisches System hinreichend genau mit Hilfe der linearen, zeitinvarianten Zustandsgleichungen

$$\dot{\mathbf{x}}(t) \;=\; \mathbf{A}\mathbf{x}(t) + \mathbf{B}\mathbf{u}(t) \tag{1.1}$$

$$\mathbf{y}(t) \;=\; \mathbf{C}\mathbf{x}(t) + \mathbf{D}\mathbf{u}(t) \tag{1.2}$$

mit dem Zustandsvektor $\mathbf{x}(t) \in \mathbb{R}^{\,n}$, dem Eingangsvektor $\mathbf{u}(t) \in \mathbb{R}^{\,m}$ und dem Ausgangsvektor $\mathbf{y}(t) \in \mathbb{R}^{\,l}$ beschrieben werden kann (Bild 1.1). Die Systemmatrix $\mathbf{A}$, die Eingangsmatrix $\mathbf{B}$, die Ausgangsmatrix $\mathbf{C}$ und die Durchgangsmatrix $\mathbf{D}$ haben die Dimensionen $(n \times n)$, $(n \times m)$, $(l \times n)$ und $(l \times m)$. Ohne Beschränkung der Allgemeinheit sei vorausgesetzt, daß $\mathbf{B}$ den Rang m und $\mathbf{C}$ den Rang l besitzt, das heißt tatsächlich l linear unabhängige Meß–, und m unabhängige Stellgrößen des Systems (1.1, 1.2) existieren.

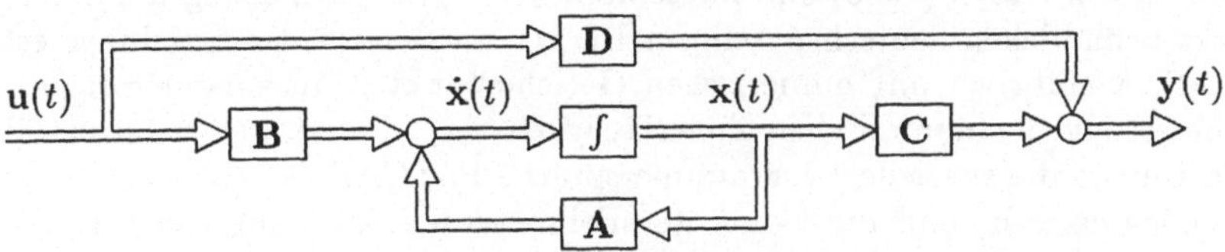

Bild 1.1: Blockschaltbild eines linearen Systems

Bei realen technischen Regelstrecken wirken die Eingangssignale $\mathbf{u}(t)$ meist nicht direkt auf den Ausgangsvektor $\mathbf{y}(t)$ ein, so daß, wenn nichts anderes gesagt ist, $\mathbf{D} = 0$ vorausgesetzt wird.

Ein grundlegendes und alle Zustandsraummethoden durchdringendes Konzept ist das der *Steuer- und Beobachtbarkeit*, mit dessen Hilfe Kalman (1960) erstmalig anschaulich erklären konnte, warum ein instabiles System auch durch eine *perfekte* Kompensation der instabilen Pole nicht stabilisiert werden kann. Kalman zeigte, daß das System nach einer in der rechten s–Halbebene durchgeführten Pol-/Nullstellenkompensation immer noch instabil ist, und dann lediglich über eine *stabile* Übertragungsfunktion verfügt. Die Ordnung der Übertragungsfunktion ist dann jedoch kleiner als die Systemordnung (die Anzahl der konzentrierten Energiespeicher) und die instabilen Eigenbewegungen können entweder mit Hilfe von Stellsignalen nicht mehr beeinflußt werden oder/und sind im Ausgangssignal nicht mehr sichtbar.

Gegenüber den klassischen Frequenzbereichsmethoden gestatten Zustandsraummethoden also einen tieferen Einblick in die Struktur und den Aufbau eines dynamischen Regelungssystems, der dann z.B. für eine günstige Wahl oder Plazierung der Stell- und Meßeingriffe genutzt werden kann. Als ein weiterer Vorteil wird angesehen, daß sich Zustandsraummethoden leichter und schneller in Rechnerprogramme umsetzen lassen. Allerdings sind aus numerischer Sicht viele der in den heutigen Lehrbüchern angegebenen Verfahren und Methoden für eine rechnergestützte Analyse und Synthese kaum geeignet. Dies gilt insbesondere dann, wenn mit diesen Verfahren und Programmen nicht nur kleine akademische Lehrbeispiele, sondern auch Modelle komplexerer technischer Systeme, die häufig auch noch schlecht konditioniert sind, untersucht werden sollen. Die aufgrund der begrenzten Genauigkeit der Computer nicht zu vermeidenden Rundungsfehler können bewirken, daß die berechneten Ergebnisse völlig falsch sind und mit den richtigen Lösungen in keinerlei Zusammenhang stehen.

Erst in jüngster Zeit sind einige Bücher erschienen (z.B. DeCarlo 1989, Ludyk 1990, Petkov u.a. 1992, Jamshidi u.a. 1992, Linnemann 1993, Bingulac und VanLandingham 1993, Patel u.a. 1994), die auch auf die numerische Realisierbarkeit regelungstechnischer Analyse- und Syntheseverfahren eingehen. Das vorliegende Buch stellt dabei eine sinnvolle Ergänzung und Erweiterung zu den Arbeiten von Ludyk (1990) und Linnemann (1993) dar, den einzigen z.Z. auf dem Markt befindlichen deutschsprachigen Bücher im Bereich der Regelungstechnik, die sich ausführlich mit numerischen Gesichtspunkten auseinandersetzen. Zur Verbesserung der numerischen Zuverlässigkeit setzt Ludyk neben ausgewählten Algorithmen die spezielle Programmiersprache PASCAL–SC (Kulisch 1987) ein, die neben einer besonderen Computerarithmetik u.a. auch ein *hochgenaues Skalarprodukt* zur Verfügung stellt. Eigene Untersuchungen haben gezeigt, daß die numerische Zuverlässigkeit vieler Algorithmen durch den Einsatz eines hochgenauen Skalarproduktes sicherlich dann erheblich gesteigert werden kann, wenn eine schlechte numerische Konditionierung des untersuchten Modells die Ursache der numerischen Probleme darstellt. Werden allerdings, wie in Kapitel 5 beschrieben, die numerischen Schwierigkeiten bereits durch die Struktur des Systems hervorgerufen, so bekommt man derartige Probleme alleine durch die Verwendung eines hochgenauen Skalarproduktes nicht in den Griff. Aus diesem Grund wird in diesem Buch für die numerische Analyse linearer Regelungssysteme ein Zweistufen–Konzept vorgestellt:

i) In einem ersten Schritt werden zunächst nur *qualitative Strukturmodelle* betrachtet, die man beispielsweise dadurch erhält, daß in den Matrizen der Zustandsraumbeschreibung alle von Null verschiedenen Elemente einfach durch einen „*" ersetzt werden. Dieses Modell berücksichtigt dann nur noch, ob eine Größe (Eingangs-, Zustands- oder Ausgangsgröße) auf eine andere einwirkt, und ist daher eigentlich realistischer als ein zahlenbehaftetes Modell, da in der Regel die Zahlenwerte dieser Einwirkungen sowieso nicht *exakt* bekannt sind bzw. sich aufgrund von Alterungseffekten und Umgebungseinflüssen ständig verändern. Anhand dieser Strukturmodelle wird dann mit Hilfe absolut zuverlässiger Algorithmen, die lediglich *ganzzahlige* Rechenoperationen einsetzen, untersucht, ob z.B. ein System aufgrund der vorgegebenen Struktur überhaupt steuerbar sein kann.

ii) Nur wenn in diesem ersten Schritt festgestellt wird, daß die untersuchte Systemstruktur ein Auftreten der betrachteten Systemeigenschaften prinzipell, d.h. auf struktureller Ebene, zuläßt, werden — falls gewünscht — die Eigenschaften des konkreten Zahlenmodells mit Hilfe von Algorithmen bestimmt, die aus numerischer Sicht besonders gut geeignet sind. Dabei sind für eine rechnergestützte Analyse vielfach gerade die Algorithmen am besten geeignet, deren Durchführung von Hand besonders mühsam und zeitraubend ist.

Eine derartige Vorgehensweise ist nicht nur bei der Steuer- und Beobachtbarkeitsanalyse, sondern auch bei einer Reihe weiterer für die Analyse und Synthese regelungstechnischer Systeme interessanter Fragestellungen, wie der Bestimmung der endlichen und unendlichen Nullstellen, der Überprüfung der Invertierbarkeit, der Untersuchung der vollständigen oder teilweisen Ein-/Ausgangsentkoppelbarkeit, der Überprüfung der Störentkoppelbarkeit und dem exakten Modellfolgeproblem, möglich. In diesem Zusammenhang wird erstmalig auch eine umfassende Darstellung der Bedeutung des Konzeptes der *Struktur im Unendlichen* für die Analyse und Synthese linearer Systeme gegeben. Erst in den letzten Jahren hat sich herauskristallisiert, daß dieses Konzept die schon so häufig als abgeschlossen angesehene lineare Systemtheorie noch einmal bereichern und erweitern kann, da einige seit Jahren offene Probleme im Bereich der Analyse und Synthese entkoppelter Mehrgrößen–Regelkreise erst mit Hilfe dieses Konzeptes gelöst werden konnten. Das internationale Interesse an diesem Konzept hat sich in den letzten Jahren sogar noch verstärkt, weil sich sowohl das Konzept als auch die hiermit gewonnenen Lösungen leicht auf gewisse Klassen nichtlinearer Systeme übertragen lassen.

Der oben skizzierte Ansatz zur zuverlässigen numerischen Analyse von Regelungssystemen führt zu einer gewissen Überschneidung mit der Arbeit von Wend (1991), die sich allerdings im Gegensatz zu dieser Arbeit ausschließlich mit der *strukturellen* Analyse von Regelungssystemen beschäftigt. Wend demonstriert dort sehr anschaulich, daß graphentheoretische Methoden, die auf eine *graphische* Repräsentation der Struktur eines Systems angewendet werden können, dann besonders vorteilhaft sind, wenn eine strukturelle Systemanalyse mit Papier und Bleistift von Hand durchgeführt werden soll. Demgegenüber ist für eine rechnergestützte Untersuchung die zuvor bereits angesprochene Beschreibung der Struktur eines Systems in der Form boolescher Strukturmatrizen besser geeignet. Da in der vorliegenden Arbeit die *numerische* Analyse im Vordergrund steht, wird auf Darstellung und Einsatz graphentheoretischer Methoden vollständig verzichtet. Dies bedingt allerdings, daß für die Beweise und Erläuterungen einiger Sätze auf die angegebene Literatur verwiesen werden muß, weil diese Beweise nur mit Hilfe der Graphentheorie übersichtlich und verständlich dargestellt werden können.

Die hier zum Teil erstmalig vorgestellten Algorithmen sind ein wichtiger Bestandteil der Arbeit und können unmittelbar in Rechnerprogramme umgesetzt werden. Da FORTRAN–Realisierungen von einigen dieser Algorithmen bereits seit 1989 in der von der Universität Bochum und der Deutschen Forschungsanstalt für Luft– und Raumfahrt (DLR) zusammengestellten und gepflegten regelungstechnischen Programmbibiliothek RASP (Grübel 1983) enthalten sind, kann teilweise auf eine derartige Umsetzung bereits verzichtet werden. Programme zu den neueren hier veröffentlichten Algorithmen sind auf einem FTP–Server abgelegt und können über Internet abgerufen werden.

Die Arbeit gliedert sich in 8 Kapitel, deren Inhalte im weiteren kurz beschrieben werden.

Im Kapitel 2 sind wichtige mathematische Grundlagen zusammengestellt, auf die in den weiteren Kapiteln Bezug genommen wird. Es ist daher zu empfehlen, sich mit den Inhalten dieser Abschnitte erst dann auseinanderzusetzen, wenn sie in den folgenden Kapiteln angesprochen werden.

Viele Reglerentwurfsverfahren, die von der Zustandsraumbeschreibung Gebrauch machen, setzen die vollständige oder zumindest doch die Steuerbarkeit der instabilen Eigenbewegungen voraus. Nach Vorstellung und Erläuterung des *Kalmanschen Steuerbarkeitsbegriffs* werden im Kapitel 3 zunächst die Unterschiede zwischen den verschiedenen bekannten Kriterien zur Überprüfung dieser Eigenschaft herausgearbeitet. Diese Kriterien lassen dabei lediglich reine Ja/Nein–Aussagen zu und liefern daher keine Hinweise auf die für viele praktische Probleme wichtige Güte der Steuerbarkeit. Der Abschnitt 3.2 gibt daher einen Überblick über dieses Gebiet einer quantitativen Steuerbarkeitsanalyse, die von folgenden Fragestellungen ausgeht:

- Inwieweit kann die Steuerungsaufgabe gleichmäßig auf mehrere Eingänge aufgeteilt werden?

- Wie weit ist ein gegebenes System vom nächsten *nicht* steuerbaren System entfernt?

- Wie hoch ist der Energieaufwand, um ein System von einem Punkt im Zustandsraum in einen anderen zu überführen?

In diesem Abschnitt werden nicht nur Definitionen von entsprechenden Steuerbarkeitsmaßen und –indizes, sondern zum Teil auch neue Algorithmen zu deren effizienter und zuverlässiger numerischer Berechnung vorgestellt und erläutert.

Der folgende Abschnitt behandelt dann ausführlich das Problem einer zuverlässigen *numerischen* Zustandssteuerbarkeitsprüfung. An dem Modell eines Werkzeugmaschinenantriebes wird demonstriert, wie kritisch und problematisch eine numerische Auswertung des bekannten *Kalman–Kriteriums* sein kann. Darüber hinaus werden an diesem praktischen Beispiel grundsätzliche Möglichkeiten zur Verbesserung der numerischen Zuverlässigkeit von Rechnerprogrammen diskutiert. Die weiteren Untersuchungen zeigen dann, daß qualitative Fragen, wie die nur mit *Wahr* oder *Falsch* zu beantwortende Frage nach der Steuerbarkeit, nur mit Hilfe qualitativer Verfahren anhand qualitativer Modelle (Strukturmodelle) beantwortet werden sollten. Die teilweise erstmalig im Abschnitt 3.4 veröffentlichten Algorithmen zur qualitativen (strukturellen) Steuerbarkeitsprüfung liefern unabhängig von der Systemgröße immer ein korrekte qualitative Antwort, da zur Realisierung dieser Algorithmen keine Gleitpunkt–Operationen benötigt werden und daher durch Akkumulationen von Rundungsfehlern hervorgerufene falsche Ergebnisse nicht auftreten können. Der letzte Abschnitt ist dann der numerischen Untersuchung der *Ausgangssteuerbarkeit* gewidmet. Auch hier werden neue Ergebnisse bezüglich der Dimension des maximal ausgangssteuerbaren Unterraumes angegeben.

Aufgrund der bekannten Dualität zwischen Steuer– und Beobachtbarkeit kann eine Beobachtbarkeitsprüfung immer in eine Steuerbarkeitsprüfung überführt werden. Die Analyse der Beobachtbarkeit wird daher in Kapitel 4 in kurzer Form abgehandelt.

Die einführenden Betrachtungen haben aufgezeigt, wie die Pole und Nullstellen eines dynamischen Systems eng mit dem Begriff der Steuer– und Beobachtbarkeit verknüpft sind. Für Systeme die nur über einen Eingang und einen Ausgang verfügen, ist die Definition und Berechnung der Pole und Nullstellen anhand der Übertragungsfunktion, die das Ein–/Ausgangsverhalten beschreibt, einsichtig und naheliegend. Will man dieses Konzept auf Mehrgrößensysteme, d.h. auf Systeme mit mehreren Ein– und/oder Ausgängen übertragen, so werden hierzu allerdings eine ganze Reihe von Pol– und Nullstellendefinitionen wie z.B. System–, Übertragungs– und Entkopplungsnullstellen benötigt. Nach einer ausführlichen Übersicht über die verschiedenen Möglichkeiten zur Definition der Pole und Nullstellen von Mehrgrößensystemen wird auf deren Eigenschaften und praktische Bedeutung eingegangen.

Von der Vielzahl in der Literatur vorgeschlagenen Verfahren und Methoden zur Berechung der Nullstellen werden nur die am häufigsten zitierten behandelt. Hierbei zeigt sich, daß auch in MATLAB[1] nicht immer die besten und zuverlässigsten Verfahren und Algorithmen integriert sind. Darüber hinaus wird aufgedeckt, daß gerade Programme, die als besonders zuverlässig gelten, über

---

[1] MATLAB ist ein inzwischen weit verbreitetes interaktives Programmsystem, das u.a. spezielle Module zur Analyse und Synthese von Regelungssystemen bereitstellt.

eine besondere Schwachstelle in der Form schlecht konditionierter *Systemstrukturen* verfügen. Das bedeutet, für diese Programme können Systemstrukturen angegeben werden, die bereits mit sehr gut konditionierten Zahlen extreme Fehlerquoten liefern. Treten derartige Fehler bei gut konditionierten Systemen auf, so sind diese ohne zusätzliche Untersuchung kaum zu erkennen. Da sich diese Fehler bereits in der berechneten *Anzahl* der Nullstellen bemerkbar machen, die ihrerseits in den meisten Fällen durch den strukturellen Aufbau des Systems festgelegt ist, werden im Abschnitt 5.7.4 ein Methode und ein Algorithmus besprochen, der schnell und absolut zuverlässig eine *parameterunabhängige* obere Abschätzung der Anzahl der endlichen Nullstellen quadratischer Mehrgrößensysteme anhand eines Strukturmodells angibt. Abschließend wird untersucht, ob die Berechnung der Nullstellen bei größeren Systemen nicht in mehrere kleinere Teilprobleme zerlegt werden kann, die dann nicht nur schneller, sondern auch mit kleineren Rundungsfehlern gelöst werden können. Daß dies unter Umständen sogar dann möglich ist, wenn das der Berechnung der Pole zugrundeliegende Eigenwertproblem nicht zerlegbar ist, wird an dem bekannten, aus der Literatur (Föllinger 1990) entnommenen Modell eines Hinterachsprüfstandes demonstriert.

Ein beliebtes Verfahren zur Analyse und Synthese linearer Eingrößen–Regelkreise stellt das Wurzelortskurvenverfahren (Schwarz 1976) dar. Die Wurzelortskurve (WOK) beschreibt dabei den Verlauf der Pole des geschlossenen Kreises in Abhängigkeit von einem Parameter, der u.a. auch die Reglerverstärkung enthält. Dieser Verlauf wird nun nicht nur durch die Lage der Pole und der endlichen Nullstellen, sondern auch durch die Anzahl der Nullstellen im Unendlichen des offenen Kreises festgelegt. Verfügt beispielsweise die Übertragungsfunktion des offenen Systems über mehr als 2 Nullstellen im Unendlichen[2], so wird das rückgeführte System für große Reglerverstärkungen immer instabil. Die Ordnung der Nullstelle im Unendlichen kann dabei anschaulich als Länge der kürzesten Integratorkette zwischen Ein- und Ausgang des Systems interpretiert werden. Von besonderer Bedeutung ist in diesem Zusammenhang auch, daß selbst durch eine statische Zustandsrückführung die Ordnung dieser Nullstelle im Unendlichen nicht verändert werden kann. Im Gegensatz dazu können ja bekanntlich sowohl die Anzahl der Pole als auch die Anzahl der endlichen Nullstellen einer Übertragungsfunktion durch eine Zustandsrückführung sehr wohl beeinflußt werden (Pol–/Nullstellenkompensation).

Eine Phase intensiverer Beschäftigung mit dem Konzept der Nullstellen im Unendlichen im Bereich der Mehrgrößen–Regelungssysteme wurde Mitte der siebziger Jahre mit Arbeiten zur Verallgemeinerung des WOK–Verfahrens auf Mehrgrößensysteme eingeleitet. Erst Anfang der achtziger Jahre führte dies zu den heute allgemein akzeptierten Definitionen, die in den ersten beiden Abschnitten des Kapitels 6 behandelt werden. Hierbei wird deutlich werden,

---

[2]Im neueren Sprachgebrauch sagt man hier auch: Ist die Ordnung der Nullstelle im Unendlichen größer als 2, ...

wie auch hier zunächst naheliegende Ansätze zur Erweiterung des Konzeptes der *Nullstellen im Unendlichen* auf Mehrgrößensysteme nicht zum Ziel führen. Ähnlich wie bei den endlichen Nullstellen bietet sich zur Defintion der Nullstellen im Unendlichen von Mehrgrößensystemen sowohl die rationale Übertragungsmatrix als auch die Rosenbrock–Systemmatrix an, die eine Polynommatrix ist. Aufgrund der bekannten Tatsache, daß diese beiden Beschreibungsformen auf die Klasse der linearen System beschränkt sind, das Konzept der Struktur im Unendlichen im zunehmenden Maße aber auch für die Analyse nichtlinearer Systeme (Fliess 1986, Moog 1988, Svaricek 1992b) von Interesse ist, wird im Abschnitt 6.3 eine abstraktere Definitionsmöglichkeit vorgestellt, die unmittelbar auf nichtlineare Systeme anwendbar ist.

Im allgemeinen Fall sind die Mengen der mit Hilfe der Übertragungsmatrix und der Rosenbrock–Systemmatrix definierten *endlichen* Nullstellen nicht identisch. Diese Aussage ist in bezug auf die Nullstellen im Unendlichen nicht gültig. Zur Bestimmung der Nullstellen können daher, wie in Abschnitt 6.4 erläutert, in gleicher Weise sowohl die Übertragungsmatrix als auch die Rosenbrock–Systemmatrix herangezogen werden. Auf die Invarianzeigenschaften der Nullstellen im Unendlichen, die ausgeprägter sind als die der endlichen Nullstellen, geht dann der folgende Abschnitt ausführlich ein. Die große Bedeutung des Konzeptes der *Nullstellen im Unendlichen* für die im Abschnitt 6.8 behandelten Problemkreise der vollständigen oder teilweisen Ein-/Ausgangsentkoppelbarkeit, der Störentkoppelbarkeit und dem exakten Modellfolgeproblem ergibt sich unmittelbar aus diesen Invarianzeigenschaften. Für diese regelungstechnischen Problemstellungen können mit Hilfe dieses Konzeptes Lösungsbedingungen angegeben werden, die gegenüber den zuvor bekannten nicht nur einfacher und anschaulicher, sondern für eine zuverlässige numerische Auswertung auch besser geeignet sind. In diesem Zusammenhang ist besonders erwähnenswert, daß die Nullstellen im Unendlichen bereits alleine mit Hilfe eines Strukturmodells *vollständig* charakterisiert werden können. Das bedeutet, auch die zuvor angesprochenen mit der Struktur im Unendlichen eng verknüpften Systemeigenschaften sind, wie die Steuer- und Beobachtbarkeit, ihrem Wesen nach strukturelle, mit qualitativen Modellen beschreibare Eigenschaften.

Abschließend werden im Abschnitt 6.9 zunächst wieder solche Verfahren und Algorithmen auf ihre numerische Eigenschaften hin untersucht, die ein exaktes quantitatives Modell voraussetzen. Die hierbei ermittelte Reihenfolge der numerischen Eignung der verschiedenen Verfahren und Methoden sieht völlig anders aus, wenn man diese auf ein Strukturmodell anwendet. Verfahren, die zuvor aufgrund ihrer Komplexität nur für kleinere Systeme geeignet sind, können für eine strukturelle Analyse so modifiziert und optimiert werden, daß sie in einfache und effiziente numerische Algorithmen umgesetzt werden können. An dem im Kapitel 5 bereits behandelten Modell eines Hinterachsprüfstandes für Lastkraftwagen wird demonstriert, daß die anhand von qualitativen und quantitativen Modellen gewonnen Strukturen im Unendlichen übereinstimmen. Die konkreten Zahlenwerte dieses Modells 19–ter Ordnung sind allerdings nicht nur von der Getriebeübersetzung, sondern auch noch von einer Reihe weiterer zum Teil nicht exakt bekannter Parameter abhängig. Aus diesem Grund ist bei realen technischen Systemen in den meisten Fällen eine Berechnung der Nullstellen im Unendlichen anhand des Strukturmodells eigentlich völlig ausreichend, da nur diese Berechnungen Aussagen liefern, die von den nicht bekannten Parameteränderungen unabhängig sind.

Einige Bemerkungen und ein umfangreiches Literaturverzeichnis beschließen diese Arbeit.

2 Mathematische Grundlagen

Dieses Kapitel enthält eine Zusammenstellung wichtiger mathematischer Grundlagen, auf die im Text an den entsprechenden Stellen verwiesen wird. Ein Rückgriff auf die benötigten mathematischen Zusammenhänge ist somit jederzeit möglich, und beim ersten Lesen kann dieses Kapitel übersprungen werden.

2.1 Die Rosenbrock-Systemmatrix

Nach einer Anwendung der Laplace–Transformation[3] auf die Zustandsgleichungen (1.1, 1.2) können diese für $\mathbf{D} = \mathbf{0}$ und einen Anfangszustand

$$\mathbf{x}(t_0) = \mathbf{x}_0 \tag{2.1}$$

in der Form

$$\begin{bmatrix} \mathbf{x}_0 \\ \mathbf{Y}(s) \end{bmatrix} = \begin{bmatrix} s\mathbf{I} - \mathbf{A} & -\mathbf{B} \\ \mathbf{C} & \mathbf{0} \end{bmatrix} \cdot \begin{bmatrix} \mathbf{X}(s) \\ \mathbf{U}(s) \end{bmatrix} \tag{2.2}$$

dargestellt werden. In dieser Darstellung wird die $(n+l) \times (n+m)$ Polynommatrix

$$\mathbf{P}(s) = \begin{bmatrix} s\mathbf{I} - \mathbf{A} & -\mathbf{B} \\ \mathbf{C} & \mathbf{0} \end{bmatrix} \tag{2.3}$$

als *Systemmatrix nach Rosenbrock* bezeichnet. Setzt man in Gl. (2.2) den Anfangszustand

$$\mathbf{x}_0 = \mathbf{0} \tag{2.4}$$

ein und eliminiert dann den Zustandsvektor $\mathbf{X}(s)$, so gelangt man zur Beziehung

$$\mathbf{Y}(s) = \mathbf{F}(s)\mathbf{U}(s) \tag{2.5}$$

mit der $l \times m$ Übertragungsmatrix

$$\mathbf{F}(s) = \mathbf{C}(s\mathbf{I} - \mathbf{A})^{-1}\mathbf{B}. \tag{2.6}$$

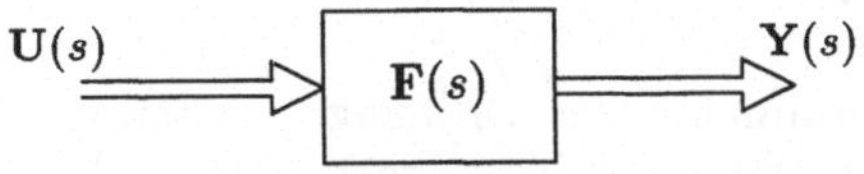

Bild 2.1: Ein–/Ausgangsdarstellung eines linearen Systems

---

[3]Die Laplace-Transformierte einer Zeitfunktion wird im weiteren mit dem entsprechenden Großbuchstaben bezeichnet.

Die Übertragungsmatrix $\mathbf{F}(s)$ ist eine Matrix, deren Elemente echt gebrochen rationale Funktionen in s sind, und beschreibt im Gegensatz zur Rosenbrock–Systemmatrix (2.3) lediglich das Ein–/Ausgangsverhalten des Systems (Bild 2.1).

Ein System $(\mathbf{A},\mathbf{B},\mathbf{C})$, das durch die Gleichungen (1.1, 1.2) mit $\mathbf{D} = \mathbf{0}$ beschrieben wird, nennt man ein *quadratisches System*, wenn die Anzahl der Ein- und Ausgänge gleich ist ($m = l$). Andernfalls wird es als *rechteckiges System* bezeichnet.

Ein lineares System $(\mathbf{A},\mathbf{B},\mathbf{C})$ wird *degeneriert* genannt, wenn für beliebige s–Werte die Ungleichung

$$\text{Rang} \begin{bmatrix} s\mathbf{I} - \mathbf{A} & -\mathbf{B} \\ \mathbf{C} & \mathbf{0} \end{bmatrix} < n + \min(l, m) \tag{2.7}$$

erfüllt ist. Die Übertragungsmatrix (2.6) eines degenerierten Systems ist dann weder rechts– noch links–invertierbar.

2.2 Rang einer Matrix

Bei linearen Systemen sind viele Systemeigenschaften mit dem Rang von entsprechenden Matrizen verknüpft. Für die Beschreibung und Erläuterung der im weiteren vorgestellten Analyseverfahren werden verschiedene Rangbegriffe benötigt, die hier kurz zusammengestellt werden. Ganz allgemein versteht man unter dem Rang einer Matrix:

Definition 2.1
> Der *Rang* einer Matrix ist identisch mit der Ordnung der größten von Null verschiedenen Unterdeterminante der Matrix.

Zur übersichtlichen Darstellung einer Unterdeterminante wird folgende Beschreibung eingeführt:

Definition 2.2
> Zu einer beliebigen $n \times m$ Matrix $\mathbf{A}$ bezeichnet

$$\mathbf{A}^{i_1,i_2,\dots,i_r}_{j_1,j_2,\dots,j_r} \tag{2.8}$$

> eine Unterdeterminante der Ordnung r, nämlich die Determinante der $r \times r$ Submatrix, die aus $\mathbf{A}$ hervorgeht, indem alle Zeilen außer $i_1, i_2, \dots, i_r$ und alle Spalten außer $j_1, j_2, \dots, j_r$ gestrichen werden.

Der Rang ist dabei mit der maximalen Anzahl der linear unabhängigen Zeilen bzw. Spalten einer Matrix verknüpf: Hat eine Matrix r_Z linear unabhängige Zeilen und r_S linear unabhängige Spalten, so ist der Rang der Matrix gleich der *kleineren* der beiden Zahlen r_Z und r_S. Besitzt eine $n \times n$ Matrix den vollen Rang n, so wird sie *regulär* genannt. Entsprechend spricht man von einer zeilen- oder spaltenregulären Matrix, wenn die $n \times m$ Matrix $\mathbf{A}$ den Rang $r = n$ bzw. $r = m$ hat.

2.2.1 Rang von Matrizenprodukten

Viele der in den folgenden Kapiteln dargestellten Ergebnisse und Zusammenhänge beruhen auf der exakten Vorhersage des Ranges eines Matrizenproduktes $\mathbf{AB}$. Sind die Rangzahlen r_A und r_B der beiden Faktoren $\mathbf{A}$ und $\mathbf{B}$ bekannt, so sind allerdings nur in bestimmten Fällen genaue und verbindliche Aussagen möglich.

Satz 2.1 (Zurmühl und Falk 1984)
Ist $\mathbf{A}$ eine $n \times m$ Matrix vom Range r und $\mathbf{B}$ regulär und verkettbar mit $\mathbf{A}$, so hat auch die Produktmatrix $\mathbf{AB}$ bzw. $\mathbf{BA}$ den gleichen Rang r.

Sind beide Faktoren eines Matrizenproduktes nicht regulär, d.h. singulär, so erhält man solch eindeutige Aussagen nur noch in Sonderfällen.

Satz 2.2 (Zurmühl und Falk 1984)
Das Produkt einer spaltenregulären $m \times r$ Matrix $\mathbf{A}$ mit einer zeilenregulären $r \times n$ Matrix $\mathbf{B}$, die $m \times n$ Matrix $\mathbf{C} = \mathbf{AB}$, hat den Rang r.

Der Beweis zu dem folgenden Satz zeigt einen Weg auf, wie man weitere Fälle selbst untersuchen kann.

Satz 2.3
Das Produkt einer zeilenregulären $r \times m$ Matrix $\mathbf{A}$ mit einer zeilenregulären $m \times n$ Matrix $\mathbf{B}$, die $r \times n$ Matrix $\mathbf{C} = \mathbf{AB}$, hat den Rang r.

Beweis:
Für jede zeilenreguläre $m \times n$ Matrix $\mathbf{B}$ existiert eine reguläre $n \times n$ Matrix $\mathbf{T}$, so daß

$$\mathbf{BT} = [\, \tilde{\mathbf{B}} \mid \mathbf{0} \,] \tag{2.9}$$

gilt, wobei $\tilde{\mathbf{B}}$ eine reguläre $m \times m$ Matrix ist. Wendet man die gleiche Transformation auf das Produkt $\mathbf{AB}$ an, so liefert dies

$$\mathbf{ABT} = \mathbf{A}[\, \tilde{\mathbf{B}} \mid \mathbf{0} \,] \tag{2.10}$$
$$= [\, \mathbf{A}\tilde{\mathbf{B}} \mid \mathbf{0} \,]. \tag{2.11}$$

Entsprechend Satz 2.1 ändert die Multiplikation mit einer regulären Matrix den Rang einer Matrix nicht, so daß der Rang von $\mathbf{AB}$ gleich dem Rang r von $\mathbf{A}$ ist. $\qquad\square$

2.2.2   Term–Rang und generischer Rang

Die Matrizen **A,B,C** zur Beschreibung des dynamischen Verhaltens eines realen Systems zeichnen sich u.a. dadurch aus, daß häufig eine Reihe ihrer Elemente exakt Null sind. Der prozentuale Anteil dieser Nullelemente steigt i.a. mit der Größe der Matrizen deutlich an. Die Matrizen komplexerer Systeme sind daher oft sogenannte *schwach besetzte Matrizen* (engl. sparse matrices), deren Rangzahlen bereits durch die Struktur der Matrizen beschränkt werden. Diese obere Schranke ist für eine $n \times m$ Matrix mit $m < n$, die *keine* festen Nullelemente enthält, offenbar mit der kleineren Dimension m identisch.

Die Determinante einer $n \times n$ Matrix **A** setzt sich aus vorzeichengewichteten Termen der Form

$$a_{1t_1} a_{2t_2} \cdots a_{nt_n} \tag{2.12}$$

zusammen, wobei $(t_1, t_2, ..., t_n)$ eine Permutation von $(1, 2, ..., n)$ ist. Ein Term (2.12) ist dadurch gekennzeichnet, daß die n Elemente sowohl zu n verschiedenen Zeilen als auch zu n verschiedenen Spalten der Matrix gehören. Dementsprechend besteht eine Unterdeterminante der Ordnung r einer beliebigen $n \times m$ Matrix **A** aus Termen

$$a_{i_1 j_1} a_{i_2 j_2} \cdots a_{i_r j_r}, \tag{2.13}$$

wobei die Elemente $a_{i_i j_i}$ aus verschieden Zeilen $i_1, i_2, ..., i_r$ und Spalten $j_1, j_2, ..., j_r$ auszuwählen sind.

Definition 2.3
Der größte Wert k, für den ein Term

$$a_{i_1 j_1} a_{i_2 j_2} \cdots a_{i_k j_k} \neq 0 \tag{2.14}$$

existiert, wird als *Term–Rang* der $n \times m$ Matrix **A** bezeichnet.

Existieren für eine Matrix mehrere Terme der Form (2.14), so kann der tatsächliche Rang der Matrix nur dann kleiner als der Term–Rang sein, wenn sich diese Determinanten–Terme exakt kompensieren. Können die von Null verschiedenen Elemente einer Matrix unabhängig voneinander variiert werden, so gibt es immer Zahlenrealisierungen bei denen Rang (im üblichen numerischen Sinn) und Term–Rang übereinstimmen. Die Voraussetzung, daß die von Null verschiedenen Elemente in den Matrizen **A,B,C** unabhängig voneinander variiert werden können, ist allerdings für viele technische Systeme nicht erfüllt. So treten beispielsweise in der Matrix **A** neben festen Nullen auch feste Einsen auf, wenn eine Zustandsgröße (Geschwindigkeit) die zeitliche Ableitung einer anderen Zustandsgröße (Weg) ist. Darüber hinaus ist die Anzahl der physikalischen Parameter, wie z.B. Massen, Längen, Kapazitäten usw., oft kleiner als die Anzahl der von Null verschiedenen Elemente in den Matrizen **A, B** und **C**, so daß gewisse Abhängigkeiten zwischen diesen Elementen vorliegen. Das kann dazu führen, daß der maximal mögliche Rang einer Matrix unter Berücksichtigung dieser Abhängigkeiten kleiner als ihr Term–Rang ist. Dieser maximal mögliche Rang einer Matrix (unter Berücksichtigung etwa vorhandener Abhängigkeiten) wird als *generischer Rang* bezeichnet, und ist offensichtlich immer kleiner oder gleich dem Term–Rang. Oft ist der Fall von besonderem Interesse, bei dem diese beiden Größen übereinstimmen. Wenn die von Null verschiedenen Elemente der Matrix unabhängig voneinander variiert werden können, ist dieser Fall der Übereinstimmung sicherlich gegeben. Sind der generische und der Term–Rang nicht identisch, so ist für größere Matrizen eine Bestimmung des generischen Ranges nur sehr umständlich (z.B. mit Hilfe einer symbolischen Determinatenberechnung) möglich. Im Gegensatz dazu, existieren für die Berechnung des Term–Ranges eine Reihe einfacher und zuverlässiger Verfahren (siehe z.B. Wend 1991, Reinschke 1988, Murota 1987, Duff 1981a, Franksen u.a. 1979).

In der Literatur wird häufig nicht zwischen generischen Rang und Term–Rang unterschieden, so daß dort für den Term–Rang einer Matrix auch die Bezeichnungen generischer und struktureller Rang verwendet werden.

Der Unterschied zwischen dem generischen und dem Term–Rang einer Matrix soll abschließend anhand eines Beispiels verdeutlicht werden.

Beispiel 2.1

Gegeben sei eine 3×3 Matrix

$$\mathbf{A} = \begin{bmatrix} \lambda_1\lambda_3 & \lambda_5 & \lambda_3 \\ 0 & \lambda_3 & 0 \\ \lambda_2\lambda_1 & \lambda_4 & \lambda_2 \end{bmatrix},$$

deren 7 von Null verschiedenen Elemente Funktionen der unbestimmten Parameter $\lambda_1, \lambda_2, ..., \lambda_5$ sind. Gesucht werden der generische und der Term–Rang der Matrix.

Ein Term der Form (14) mit 3 Elementen kann leicht zu

$$a_{11}a_{22}a_{33} = \lambda_1\lambda_3\lambda_3\lambda_2 \neq 0$$

gefunden werden. Die Matrix besitzt demnach einen Term–Rang von 3. Eine Berechnung der Determinate liefert allerdings:

$$|\mathbf{A}| = \begin{vmatrix} \lambda_1\lambda_3 & \lambda_5 & \lambda_3 \\ 0 & \lambda_3 & 0 \\ \lambda_2\lambda_1 & \lambda_4 & \lambda_2 \end{vmatrix} = \lambda_1\lambda_3 \begin{vmatrix} \lambda_3 & 0 \\ \lambda_4 & \lambda_2 \end{vmatrix} + \lambda_2\lambda_1 \begin{vmatrix} \lambda_5 & \lambda_3 \\ \lambda_3 & 0 \end{vmatrix}$$

$$= \lambda_1\lambda_3\lambda_3\lambda_2 + \lambda_2\lambda_1 \cdot (-\lambda_3\lambda_3) = 0.$$

Das bedeutet, der generische Rang dieser Matrix ist kleiner als der Term–
Rang von 3, da die Determinante für beliebige λ_i–Werte verschwindet.
Betrachtet man beispielsweise die Unterdeterminate $\mathbf{A}_{12}^{12}$, so ist diese für
λ_i–Werte $\neq 0$ immer von Null verschieden, so daß die Matrix einen
generischen Rang von 2 aufweist.

Bestehen die Elemente einer Matrix aus Polynomen (vgl. die Rosenbrock–
Systemmatrix $\mathbf{P}(s)$) oder gebrochen rationalen Funktionen (siehe die Übertragungsmatrix $\mathbf{F}(s)$), so ist noch der Begriff *Normalrang* von Bedeutung.

Definition 2.4
Der Normalrang einer gebrochen rationalen Matrix $\mathbf{F}(s)$ bzw. einer Polynommatrix $\mathbf{P}(s)$ ist der maximale Rang der Matrix $\mathbf{F}(s)$ bzw. $\mathbf{P}(s)$, der
sich für feste Werte des komplexen Parameters s ergibt.

2.3 Smithsche Normalform einer Polynommatrix

Eine Reihe der im weiteren dargestellten Ergebnisse und Zusammenhänge werden
mit Hilfe von Polynommatrizen abgeleitet. Unter einer $p \times q$ Polynommatrix
$\mathbf{P}(s)$ wird dabei eine *ganze* rationale Funktion der Form

$$\mathbf{P}(s) = \mathbf{P}_0 + \mathbf{P}_1 s + \mathbf{P}_2 s^2 + \cdots + \mathbf{P}_r s^r, \tag{2.15}$$

verstanden, bei der die Polynomkoeffizienten $\mathbf{P}_i$, $i = 1, 2, \ldots, r$ konstante Matrizen der Dimension $p \times q$ sind.

Für die folgenden Untersuchungen sind die Eigenschaften der sogenannten
Smithschen Normalform einer Polynommatrix von besonderer Bedeutung.

Satz 2.4 (Gantmacher 1986, Zurmühl und Falk 1984)
Jede $p \times q$ Polynommatrix $\mathbf{P}(s)$ kann mittels elementarer Spalten– und
Zeilenoperationen auf eine zu ihr unimodular äquivalente Diagonalform,
die Smithsche Normalform

$$\mathbf{S}(s) = \mathbf{L}(s)\mathbf{P}(s)\mathbf{R}(s), \tag{2.16}$$

gebracht werden. Dabei sind $\mathbf{L}(s)$ und $\mathbf{R}(s)$ unimodulare Transformationsmatrizen, d.h. Matrizen mit konstanten, nicht verschwindenen Determinanten. Die Smithsche Normalform $\mathbf{S}(s)$ hat dann die Gestalt

$$
\mathbf{S}(s) = \left[
\begin{array}{ccccc}
i_1(s) & 0 & \cdots & 0 & \\
0 & i_2(s) & & & \\
\vdots & & \ddots & & \mathbf{0}_{\rho,q-\rho} \\
0 & & & i_\rho(s) & \\
\hline
& & \mathbf{0}_{p-\rho,\rho} & & \mathbf{0}_{p-\rho,q-\rho}
\end{array}
\right], \qquad (2.17)
$$

wobei ρ der Normalrang von $\mathbf{P}(s)$ ist. $\qquad\Box$

Zu den elementaren Zeilen– und Spaltenoperationen bei Polynommatrizen zählen dabei:

i) Vertauschung zweier Zeilen (Spalten).

ii) Multiplikation einer Zeile (Spalte) mit einer Konstanten $c \neq 0$.

iii) Addition einer mit einem Polynom $C(s)$ multiplizierten Zeile (Spalte) zu einer anderen Zeile (Spalte).

Die Polynome $i_k(s)$, $k = 1, 2, ..., \rho$ werden Elementarpolynome (oder auch invariante Polynome bzw. Invariantenteiler) genannt und besitzen die Teilbarkeitseigenschaft:

$$
i_1(s) \ / \ i_2(s) \ / \ \cdots \ / \ i_\rho(s), \qquad (2.18)
$$

d.h., das Polynom $i_1(s)$ teilt das Polynom $i_2(s)$, und dieses teilt wiederum $i_3(s)$ usw. Die $i_k(s)$ sind Hauptpolynome, der Koeffizent der höchsten Potenz ist also gleich 1. Eine Berechnung dieser Elementarpolynome ist mit Hilfe der sogenannten Determinatenteiler von $\mathbf{P}(s)$ möglich.

Definition 2.5

Sei $d_k(s)$ der größte gemeinsame Teiler aller Minoren k–ter Ordnung von $\mathbf{P}(s)$, dann nennt man die Polynome $d_k(s)$, $k = 1, 2, ..., \rho$ die Determinantenteiler von $\mathbf{P}(s)$.

Die Elementarpolynome $i_k(s)$ sind mit diesen Determinatenteilern über die Beziehung

$$
i_k(s) = \frac{d_k(s)}{d_{k-1}(s)}, \qquad k = 1, 2, ..., \rho \qquad (2.19)
$$

mit $d_0(s) \equiv 1$ verknüpft (Gantmacher 1986). Aus (2.19) und der Teilbarkeitseigenschaften der Elementarpolynome ergibt sich sofort die Teilbarkeitseigenschaft der Determinantenteiler:

$$d_1(s) \; / \; d_2(s) \; / \; \ldots \; / \; d_\rho(s). \tag{2.20}$$

Darüber hinaus kann aus (2.19) auch abgeleitet werden, daß

$$\left.\begin{aligned}
d_1(s) &= i_1(s)\\
d_2(s) &= i_1(s)i_2(s)\\
&\;\;\vdots \qquad \vdots \; \vdots\\
d_{\rho-1} &= i_1(s)i_2(s)\ldots i_{\rho-1}(s)\\
d_\rho &= i_1(s)i_2(s)\ldots i_\rho(s)
\end{aligned}\right\} \tag{2.21}$$

gelten muß.

2.4   Smith–McMillan–Normalform einer rationalen Matrix

Die Smith–McMillan–Form ist eine Verallgemeinerung der Smithschen Normalform auf Matrizen mit gebrochen rationalen Elementen. Für die weiteren Ausführungen sei eine rationale Matrix $\mathbf{F}(s)$ der Dimension $p \times q$ gegeben, deren Elemente

$$F_{kl}(s) = \frac{Z_{kl}(s)}{N_{kl}(s)} \tag{2.22}$$

reduziert seien, d.h. also, daß $Z_{kl}(s)$ und $N_{kl}(s)$ relativ prim sind, und $N_{kl}(s)$ ein Hauptpolynom ist. Das kleinste gemeinsame Vielfache aller Nennerpolynome — der Hauptnenner — sei $H(s)$, wobei $H(s)$ die Form eines Hauptpolynoms hat. Damit kann $\mathbf{F}(s)$ in der Form

$$\mathbf{F}(s) = \frac{1}{H(s)}\mathbf{N}(s). \tag{2.23}$$

geschrieben werden. In dieser Gleichung ist die Matrix $\mathbf{N}(s)$ dann eine Polynommatrix. Ausgehend von der Smithschen Normalform von $\mathbf{N}(s)$ ergibt sich die Smith–McMillan–Normalform $\mathbf{M}(s)$ der rationalen Matrix $\mathbf{F}(s)$ durch eine Multiplikation der Diagonalmatrix $\mathbf{S}\{\mathbf{N}(s)\}$ mit $H^{-1}(s)$. Nach möglichen Kürzungen mit gemeinsamen Linearfaktoren der Elementarpolynome $i_k(s)$ gilt für die McMillan–Form $\mathbf{M}(s) = \mathbf{M}\{\mathbf{F}(s)\}$

$$\mathbf{M}(s) = \frac{1}{H(s)}\mathbf{S}(s) = \mathbf{L}(s)\mathbf{F}(s)\mathbf{R}(s). \tag{2.24}$$

$\mathbf{M}(s)$ hat dann die Gestalt

$$\mathbf{M}(s) = \left[\begin{array}{cccc|c}
\frac{Z_1(s)}{N_1(s)} & 0 & \cdots & 0 & \\
0 & \frac{Z_2(s)}{N_2(s)} & & & \\
\vdots & & \ddots & & \mathbf{0}_{\rho,q-\rho} \\
0 & & & \frac{Z_\rho(s)}{N_\rho(s)} & \\
\hline
& \mathbf{0}_{p-\rho,\rho} & & & \mathbf{0}_{p-\rho,q-\rho}
\end{array}\right]. \tag{2.25}$$

Die $Z_i(s)$ und $N_i(s)$ sind teilerfremde Hauptpolynome mit den Teilbarkeitseigenschaften

$$Z_1(s) \ / \ Z_2(s) \ / \ \ldots \ / \ Z_\rho(s) \tag{2.26}$$

und

$$N_\rho(s) \ / \ N_{\rho-1}(s) \ / \ \ldots \ / \ N_1(s) \tag{2.27}$$

mit $N_1(s) = H(s)$.

In Kailath (1980) wird der von Null verschiedene Teil von $\mathbf{M}(s)$ zur Definition der *Ordnung* einer Pol- bzw. Nullstelle von $\mathbf{F}(s)$ in der Form

$$\mathrm{diag} \ [\ Z_1(s)/N_1(s), \ Z_2(s)/N_2(s), \ \ldots, \ Z_\rho(s)/N_\rho(s) \ ] = \prod_\alpha \mathbf{M}_\alpha(s) \tag{2.28}$$

dargestellt, wobei sich α über die Menge der Pole und Nullstellen von $\mathbf{M}(s)$ erstreckt, und jedes $\mathbf{M}_\alpha(s)$ in der Form

$$\mathbf{M}_\alpha(s) = \mathrm{diag} \ [\ (s-\alpha)^{\zeta_1}, \ \ldots, \ (s-\alpha)^{\zeta_\rho} \ ] \tag{2.29}$$

vorliegt. Aus der Teilbarkeitseigenschaft (vgl. (2.26), (2.27)) der Zähler- und Nennerpolynome von $\mathbf{M}(s)$ folgt, daß für die Exponenten $\zeta_i(\alpha)$ gilt:

$$\zeta_1 \ \leq \ \zeta_2 \ \leq \cdots \leq \zeta_\rho. \tag{2.30}$$

Mit Hilfe dieser Exponenten, die die Pol-/Nullstellenstruktur einer rationalen Matrix $\mathbf{F}(s)$ für $s = \alpha$ beschreiben, kann die *Ordnung* einer Pol- bzw. einer Nullstelle von $\mathbf{F}(s)$ definiert werden:

Definition 2.6

    Die rationale Matrix $\mathbf{F}(s)$ besitzt für $\zeta_i < 0$ einen Pol der Ordnung $-\zeta_i$ und für $\zeta_i > 0$ eine Nullstelle der Ordnung ζ_i bei $s = \alpha$.

An einem übersichtlichen Beispiel soll die Gewinnung der Smith–McMillan–Form einer rationalen Matrix erläutert werden. Eine anschauliche Darstellung wird durch die Unterdeterminantenbeschreibung (Def. 2.2) unterstützt.

Beispiel 2.2

Gegeben ist die rationale Matrix

$$\mathbf{F}(s) = \begin{bmatrix} \dfrac{1}{(s+1)} & 0 & \dfrac{(s-1)}{(s+1)(s+2)} \\[2ex] -\dfrac{1}{(s-1)} & \dfrac{1}{(s+2)} & \dfrac{1}{(s+2)} \end{bmatrix}.$$

Gesucht ist die zugehörige Smith–McMillan–Form $\mathbf{M}(s)$. Mit dem Hauptnenner aller Elemente von $\mathbf{F}(s)$, $H(s) = (s+1)(s+2)(s-1)$, ergibt sich die zugehörige Polynommatrix $\mathbf{N}(s)$ zu

$$\mathbf{N}(s) = H(s)\mathbf{F}(s) = \begin{bmatrix} (s-1)(s+2) & 0 & (s-1)^2 \\[1ex] -(s+1)(s+2) & (s-1)(s+1) & (s-1)(s+1) \end{bmatrix}.$$

Gesucht ist jetzt als erstes die Smithsche Normalform von $\mathbf{N}(s)$. Nach Gl. (19) erhält man die Elementarpolynome von $\mathbf{N}(s)$ aus der Beziehung

$$i_k(s) = \frac{d_k(s)}{d_{k-1}(s)}, \quad i = 1, 2$$

mit $d_0(s) \equiv 1$. Der gemeinsame Determinatenteiler der Minoren 1–ter Ordnung von $\mathbf{N}(s)$ ist $d_1(s) = 1$ und damit:

$$i_1(s) = \frac{d_1(s)}{d_0(s)} = \frac{1}{1} = 1.$$

Die Berechnung der zweireihigen Unterdeterminanten liefert:

$$\mathbf{N}_{1,2}^{1,2} = (s-1)^2(s+1)(s+2), \quad \mathbf{N}_{1,3}^{1,2} = 2(s-1)^2(s+1)(s+2),$$

$$\mathbf{N}_{2,3}^{1,2} = -(s-1)^3(s+1).$$

Der größte gemeinsame Teiler dieser Unterdeterminanten ist $d_2(s) = (s-1)^2(s+1)$, das bedeutet

$$i_2(s) = \frac{d_2(s)}{d_1(s)} = \frac{(s-1)^2(s+1)}{1} = (s-1)^2(s+1).$$

Damit ergibt sich die Smithsche Normalform von $\mathbf{N}(s)$ zu

$$\mathbf{S}\{\mathbf{N}(s)\} = \begin{bmatrix} 1 & 0 & 0 \\[1ex] 0 & (s-1)^2(s+1) & 0 \end{bmatrix}.$$

Für die Bestimmung der McMillan–Normalform werden jetzt die Diagonalelemente $i_k(s)$ durch das Hauptnennerpolynom H(s) dividiert. Nach Kürzung der gemeinsamen Linearfaktoren hat die McMillan–Normalform von $\mathbf{F}(s)$ dieses Aussehen:

$$\mathbf{M}\{\mathbf{F}(s)\} = \frac{1}{H(s)}\mathbf{S}\{\mathbf{N}(s)\} = \begin{bmatrix} \dfrac{1}{(s+1)(s+2)(s-1)} & 0 & 0 \\ 0 & \dfrac{s-1}{s+2} & 0 \end{bmatrix}.$$

Die Matrizen $\mathbf{M}_\alpha$ aus der Darstellung (2.28) lauten dann:

$$\mathbf{M}_1 = \begin{bmatrix} (s-1)^{-1} & 0 \\ 0 & (s-1) \end{bmatrix}, \qquad \mathbf{M}_{-1} = \begin{bmatrix} (s+1)^{-1} & 0 \\ 0 & 1 \end{bmatrix},$$

$$\mathbf{M}_{-2} = \begin{bmatrix} (s+2)^{-1} & 0 \\ 0 & (s+2)^{-1} \end{bmatrix}.$$

Das bedeutet, die rationale Matrix $\mathbf{F}(s)$ besitzt eine Nullstelle erster Ordnung bei $s = 1$ sowie je einen Pol erster Ordnung bei $s = 1$ bzw. $s = -1$ und 2 Pole erster Ordnung bei $s = -2$. $\qquad\square$

2.5 Householder–Transformationen

Bei der numerisch stabilen Berechnung der Eigenwerte oder des Ranges einer Matrix spielen unitäre bzw. orthogonale Matrizen eine herausragende Rolle. Unter unitären Matrizen versteht man dabei:

Definition 2.7
Eine komplexe Matrix $\mathbf{U}$ heißt *unitär*, wenn

$$\mathbf{U}^H\mathbf{U} = \mathbf{I}, \tag{2.31}$$

ist, wobei $\mathbf{U}^H$ die konjugiert komplexe, transponierte Matrix zu $\mathbf{U}$ ist.

Aus Gl. (2.31) folgt, daß die Inverse einer unitären Matrix mit ihrer konjugiert komplex Transponierten identisch ist:

$$\mathbf{U}^{-1} = \mathbf{U}^H. \tag{2.32}$$

Die Inverse einer unitären Matrix kann daher ohne jede numerische Schwierigkeit sofort angegben werden. Ist die unitäre Matrix $\mathbf{U}$ außerdem noch *hermitisch*, d.h. ist $\mathbf{U}^H = \mathbf{U}$, dann folgt aus (2.31) sogar

$$\mathbf{U}^2 = \mathbf{I}. \tag{2.33}$$

Eine orthogonale Matrix kann als eine reelle Version der unitären Matrix angesehen werden und ist wie folgt definiert:

Definition 2.8

Wenn eine reelle Matrix $\mathbf{U}$ die Gleichung

$$\mathbf{U}^T\mathbf{U} = \mathbf{I} \tag{2.34}$$

erfüllt, dann heißt sie *orthogonal.*

Diese Matrizen sind für numerische Berechnungen besonders gut geeignet, da die Norm einer Matrix durch unitäre bzw. orthogonale Transformationen nicht verändert wird. So sind gewisse orthogonale Transformationen für eine Reihe numerischer Verfahren sehr nützlich. Die einfachste orthogonale Matrix ist

$$\mathbf{G} = \begin{bmatrix} \cos\phi & \sin\phi \\ -\sin\phi & \cos\phi \end{bmatrix} \tag{2.35}$$

und wird im Rahmen einer sogenannten *Givens-Transformation* eingesetzt (vgl. Stoer 1989). Eine weitere orthogonale Transformation, die in zuverlässigen Standard–Softwarepaketen (z.B. EISPACK: Lösung von Eigenwertproblemen (Garbow u.a. 1977), LINPACK: Lösung linearer Gleichungssysteme (Dongarra u.a. 1979)) vielfach verwendet wird, kann mit Hilfe einer modifizierten Einheitsmatrix

$$\mathbf{U} = \mathbf{I} - \frac{2\mathbf{v}\mathbf{v}^T}{\mathbf{v}^T\mathbf{v}} \tag{2.36}$$

realisiert werden. Diese sogenannte *Householder–Matrix* ist nicht nur orthogonal sondern auch symmetrisch, da

$$\mathbf{U}^T = \left(\mathbf{I} - \frac{2\mathbf{v}\mathbf{v}^T}{\mathbf{v}^T\mathbf{v}}\right)^T = \mathbf{I} - \frac{2}{\mathbf{v}^T\mathbf{v}}(\mathbf{v}\mathbf{v}^T)^T = \mathbf{I} - \frac{2\mathbf{v}\mathbf{v}^T}{\mathbf{v}^T\mathbf{v}} = \mathbf{U} \tag{2.37}$$

gilt. Für jeden beliebigen Vektor $\mathbf{a} \neq \mathbf{0}$ existiert eine Householder–Matrix, die

$$\mathbf{U}\mathbf{a} = -\alpha\mathbf{e}_1, \tag{2.38}$$

erfüllt. Dabei ist α eine von Null verschiedene Konstante und $\mathbf{e}_1$ der erste Einheitsvektor. Wird

$$\alpha = \operatorname{sign}(a_1)\|\mathbf{a}\| \tag{2.39}$$

und

$$\mathbf{v} = \mathbf{a} + \alpha\mathbf{e}_1 \tag{2.40}$$

gewählt, dann ergibt sich

$$\mathbf{v}^T\mathbf{v} = (\mathbf{a} + \alpha\mathbf{e}_1)^T(\mathbf{a} + \alpha\mathbf{e}_1) \tag{2.41}$$

mit

$$\mathbf{a}^T\mathbf{a} \;=\; \|\mathbf{a}\|^2 \;=\; (\mathrm{sign}(a_1)\|\mathbf{a}\|)^2 \;=\; \alpha^2 \tag{2.42}$$

zu

$$\mathbf{v}^T\mathbf{v} = 2\alpha(a_1 + \alpha). \tag{2.43}$$

Die Anwendung dieser Transformation auf einen Vektor $\mathbf{a}$ liefert dann

$$\begin{aligned}
\mathbf{U}\mathbf{a} &= \left(\mathbf{I} - \frac{2\mathbf{v}\mathbf{v}^T}{\mathbf{v}^T\mathbf{v}}\right)\mathbf{a} \\[2mm]
&= \mathbf{a} - \mathbf{v}\frac{2(\mathbf{a}^T\mathbf{a} + \alpha\mathbf{e}_1^T\mathbf{a})}{2\alpha(a_1 + \alpha)} \\[2mm]
&= \mathbf{a} - \mathbf{v}\frac{2(\alpha^2 + \alpha a_1)}{2\alpha(a_1 + \alpha)} \\[2mm]
&= \mathbf{a} - \mathbf{v} \\[2mm]
&= \mathbf{a} - \mathbf{a} - \alpha\mathbf{e}_1 \;=\; \alpha\mathbf{e}_1
\end{aligned} \tag{2.44}$$

das gewünschte Ergebnis.

Die einfache Berechnung des Vektors $\mathbf{v}$ ist ein weiterer Vorteil dieser Transformation, die nun auch eingesetzt werden kann, um Nullelemente in den Zeilen und Spalten einer Matrix zu erzeugen. Insbesondere kann mit Hilfe derartiger Householder-Matrizen eine beliebige $n \times m$ Matrix auf eine Dreiecksform transformiert werden, die sofort den Rang der Matrix erkennen läßt. Betrachtet man ein Matrix $\mathbf{A}$ mit $n > m$, so wird zunächst mittels einer Householder–Transformation $\mathbf{U}_1$ die erste Spalte der Matrix verdichtet:

$$\mathbf{U}_1\mathbf{A} \;=\;
\begin{bmatrix}
a_1 & | & * \\
- & + & - \\
0 & | & \\
\vdots & | & \mathbf{A}_2 \\
0 & | &
\end{bmatrix}. \tag{2.45}$$

Ist $\mathbf{U}_2$ eine entsprechende Householder–Matrix zur Verdichtung der ersten Spalte der Matrix $\mathbf{A}_2$, so ergibt sich

$$
\begin{bmatrix} 1 & | & 0 \\ - & + & - \\ 0 & | & \mathbf{U}_2 \end{bmatrix} \mathbf{U}_1 \mathbf{A} =
\begin{bmatrix}
a_1 & | & * & & * \\
- & + & - & - & - \\
0 & | & a_2 & | & * \\
\vdots & | & 0 & | & \\
\vdots & | & \vdots & | & \mathbf{A}_3 \\
0 & | & 0 & |
\end{bmatrix} .
\tag{2.46}
$$

Eine Fortsetzung dieses Prozesses liefert dann eine Matrix

$$
\mathbf{U}\mathbf{A} =
\begin{bmatrix}
a_1 & & * & & | & \\
& a_2 & & * & | & \\
0 & & \ddots & & | & * \\
& 0 & & a_r & | & * \\
- & - & - & - & + & - \\
& & 0 & & | & 0
\end{bmatrix}
\tag{2.47}
$$

mit r linear unabhängigen Zeilen (somit ist $r = \text{Rang } \mathbf{A}$). Eine derartige Matrizen–Transformation wird daher auch als *Zeilenverdichtung* bezeichnet.

2.6 Hessenberg–Form einer Matrix

Viele numerische Verfahren zur Analyse und Synthese linearer Regelungssysteme werden sehr vereinfacht, wenn die zu untersuchende Matrix durch eine Ähnlichkeitstransformation $\mathbf{T}^{-1}\mathbf{A}\mathbf{T}$ auf eine besondere Form gebracht wird. Eine solche besondere Form ist bei unsymmetrischen Matrizen die sogenannte *Hessenberg–Form* (2.48):

$$
\begin{bmatrix}
* & * & * & * & \cdots & * \\
* & * & * & * & \cdots & * \\
0 & * & * & * & \cdots & * \\
0 & 0 & * & * & \cdots & * \\
\vdots & \vdots & \ddots & \ddots & \ddots & \vdots \\
0 & 0 & \cdots & 0 & * & *
\end{bmatrix} .
\tag{2.48}
$$

Diese Hessenberg–Form kann durch die zuvor beschriebenen Householder–Matrizenoperationen leicht erzeugt werden. Das besondere an dieser Form ist, daß sie auch durch eine weitere Multiplikation von rechts mit der Householder–Matrix $\mathbf{U}$ nicht zerstört wird. Eine derartige Transformation $\mathbf{U}\mathbf{A}\mathbf{U}$ stellt dann eine auch numerisch leicht zu realisierende Ähnlichkeitstransformation dar, weil aufgrund der Symmetrie und Orthogonalität der Householder–Matrix $U^{-1} = U$ gilt. Neben dem Rang bleiben durch eine Transformation auf die Hessenberg–Form auch die Eigenwerte unverändert.

2.7 Singulärwertzerlegung und Anwendungen

Für jede $n \times m$ Matrix[4] $\mathbf{A}$ existieren unitäre Matrizen $\mathbf{U} \in \mathbb{C}^{n \times n}$ und $\mathbf{V} \in \mathbb{C}^{m \times m}$ in der Form, daß

$$\mathbf{A} = \mathbf{U}\mathbf{\Sigma}\mathbf{V}^H = [\,\mathbf{U}_1 \mid \mathbf{U}_2\,] \begin{bmatrix} \tilde{\mathbf{\Sigma}} & | & 0 \\ - & + & - \\ 0 & | & 0 \end{bmatrix} \begin{bmatrix} \mathbf{V}_1^H \\ - \\ \mathbf{V}_2^H \end{bmatrix} \tag{2.49}$$

mit

$$\tilde{\mathbf{\Sigma}} = \begin{bmatrix} \sigma_1 & & & \\ & \sigma_2 & & \\ & & \ddots & \\ & & & \sigma_r \end{bmatrix} \tag{2.50}$$

und

$$\sigma_1 \geq \sigma_2 \geq \cdots \geq \sigma_r > \sigma_{r+1} = \cdots = \sigma_m = 0 \tag{2.51}$$

gilt. Die Zerlegung (2.49) wird *Singulärwertzerlegung* der Matrix $\mathbf{A}$ genannt. Die Diagonalelemente $\sigma_1, ..., \sigma_m$ der Matrix sind die *Singulärwerte* der Matrix $\mathbf{A}$ und mit den positiven Wurzeln der Eigenwerte der Matrix $\mathbf{A}\mathbf{A}^H$ identisch. Die Spalten der Matrizen $\mathbf{U}$ bzw. $\mathbf{V}$ werden linke bzw. rechte *Singulärvektoren* genannt und sind die Eigenvektoren der hermitischen Matrix $\mathbf{A}\mathbf{A}^H$ bzw. $\mathbf{A}^H\mathbf{A}$. Multipliziert man (2.49) von links mit $\mathbf{U}^H$, ergibt das

$$\mathbf{U}^H \mathbf{A} = \mathbf{\Sigma}\mathbf{V}^H, \tag{2.52}$$

also für den i-ten Zeilenvektor $(i = 1, 2, ..., r)$

$$\mathbf{u}_i^H \mathbf{A} = \sigma_i \mathbf{v}_i^H \tag{2.53}$$

oder, konjugiert transponiert,

$$\mathbf{A}^H \mathbf{u}_i = \sigma_i \mathbf{v}_i \tag{2.54}$$

---

[4]Ohne Einschränkung der Allgemeinheit kann hier vorausgesetzt werden, daß $n \geq m$ ist. Ist dies nicht der Fall, wird statt $\mathbf{A}$ die konjugiert transponierte Matrix $\mathbf{A}^H$ betrachtet.

und für $i > r$

$$A^H u_i = 0. \tag{2.55}$$

Multipliziert man entsprechend (2.49) von rechts mit V, so erhält man

$$AV = U\Sigma, \tag{2.56}$$

also für den i-ten Spaltenvektor $(i = 1, 2, ..., r)$

$$Av_i = \sigma_i u_i \tag{2.57}$$

und für $i > r$

$$Av_i = 0. \tag{2.58}$$

Das bedeutet, daß an einer Matrix A mit Hilfe der unitären Matrizen U, V der Singulärwertzerlegung (2.49) eine Verdichtung der Zeilen

$$U^H A = \left[\begin{array}{c} \tilde{\Sigma} V_1^H \\ \hline 0 \end{array} \right] \begin{array}{l} \} \ r \\ \\ \} \ n - r \end{array} \tag{2.59}$$

bzw. der Spalten

$$AV = \left[\underbrace{U_1 \tilde{\Sigma}}_{r} \ \Big| \ \underbrace{0}_{m-r} \ \right] \tag{2.60}$$

vorgenommen werden kann.

2.7.1 Norm und Konditionszahl einer Matrix

Zur Beurteilung der numerischen Eigenschaften von Matrizenalgorithmen werden häufig bestimmte Matrizennormen verwendet. Diese Matrixnormen müssen dabei mit den entsprechenden Vektornormen eines Vektors $x \in \mathbb{R}^n$, wie z.B. der *Maximumnorm*

$$\|x\|_\infty := \max_i |x_i|, \tag{2.61}$$

der *Summennorm*

$$\|x\|_1 := |x_1| + |x_2| + \cdots + |x_n| \tag{2.62}$$

und der *Euklidischen Norm*

$$\|x\|_2 := \sqrt{|x_1|^2 + |x_2|^2 + \cdots + |x_n|^2} = \sqrt{x^T x} \tag{2.63}$$

verträglich sein. Eine Matrixnorm $\|\mathbf{A}\|_p$ einer Matrix $\mathbf{A} \in \mathbf{R}^{n \times m}$ ist mit der Vektornorm $\|\mathbf{x}\|_p$ verträglich, wenn sie für alle $\mathbf{x} \in \mathbf{R}^m$ die Ungleichung

$$\|\mathbf{A}\mathbf{x}\|_p \leq \|\mathbf{A}\|_p \cdot \|\mathbf{x}\|_p. \tag{2.64}$$

erfüllt.

Die folgenden drei Matrizennormen sind jeweils nur mit den entsprechenden Vektornormen verträglich:

$$\|\mathbf{A}\|_\infty := \max_i \sum_{j=1}^m |a_{ij}| \qquad \text{(Zeilennorm)}, \tag{2.65}$$

$$\|\mathbf{A}\|_1 := \max_j \sum_{i=1}^n |a_{ij}| \qquad \text{(Spaltennorm)}, \tag{2.66}$$

$$\|\mathbf{A}\|_2 := \sqrt{\lambda_{max}(\mathbf{A}^T \mathbf{A})} \qquad \text{(Spektralnorm)}. \tag{2.67}$$

Mit allen drei Vektornormen ist allerdings die *Gesamtnorm*

$$\|\mathbf{A}\|_G := n \max |a_{ij}| \tag{2.68}$$

verträglich. Eine leichter zu berechnende Norm, die ebenfalls mit der euklidischen Vektornorm verträglich ist, ist die *euklidische Matrizennorm*

$$\|\mathbf{A}\|_E := +\sqrt{\sum_{i=1}^n \sum_{j=1}^m |a_{ij}|^2} = +\sqrt{\text{Spur } \mathbf{A}^T \mathbf{A}}. \tag{2.69}$$

Aus den Definitionen dieser Matrizennormen ergibt sich folgender interessanter Zusammenhang zu den Singulärwerten einer Matrix:

$$\|\mathbf{A}\|_2 = \sigma_1 \tag{2.70}$$

und

$$\|\mathbf{A}\|_E = \sqrt{\sigma_1^2 + \sigma_2^2 + \cdots + \sigma_n^2}, \tag{2.71}$$

d.h. die Spektralnorm einer Matrix ist gleich dem größten Singulärwert und für die Berechnung der Euklidischen Norm wird die Summe aller Singulärwerte benötigt.

Vielfach hilfreich sind auch die in der Literatur (Golub und Van Loan 1990) angegebenen Beziehungen zwischen diesen Normen:

$$\text{i)} \qquad \|\mathbf{A}\|_2 \leq \|\mathbf{A}\|_E \leq \sqrt{n}\,\|\mathbf{A}\|_2, \tag{2.72}$$

ii) $\quad \|\mathbf{A}\|_2 \;\leq\; \|\mathbf{A}\|_G,$ $\hspace{6cm}$ (2.73)

iii) $\quad \dfrac{1}{\sqrt{m}}\,\|\mathbf{A}\|_\infty \;\leq\; \|\mathbf{A}\|_2 \;\leq\; \sqrt{n}\,\|\mathbf{A}\|_\infty,$ $\hspace{3cm}$ (2.74)

iv) $\quad \dfrac{1}{\sqrt{m}}\,\|\mathbf{A}\|_1 \;\leq\; \|\mathbf{A}\|_2 \;\leq\; \sqrt{n}\,\|\mathbf{A}\|_1.$ $\hspace{3cm}$ (2.75)

Mit Hilfe der Matrizennormen sind auch Aussagen über die Kondition einer $n \times n$ Matrix $\mathbf{A}$ möglich. Der Faktor

$$\kappa(\mathbf{A}) \;:=\; \|\mathbf{A}\| \cdot \|\mathbf{A}^{-1}\| \tag{2.76}$$

heißt *Konditionszahl* der Matrix $\mathbf{A}$. Eine Matrix mit einer sehr großen Konditionszahl $\kappa(\mathbf{A})$ wird als *schlecht konditionierte* Matrix bezeichnet. Wird die Konditionszahl (2.76) mit Hilfe der Spektralnorm (2.67) gebildet, so erhält man:

$$\kappa_2(\mathbf{A}) \;=\; \|\mathbf{A}\|_2 \cdot \|\mathbf{A}^{-1}\|_2 \;=\; \frac{\sigma_1}{\sigma_n}. \tag{2.77}$$

Mit anderen Worten ergibt sich die Konditionszahl κ_2 aus dem Quotienten des größten und des kleinsten Singulärwertes, so daß eine singuläre Matrix die Konditionszahl ∞ aufweist. Im Gegensatz dazu sind orthogonale Matrizen mit $\kappa_2 = 1$ ideal konditioniert.

2.7.2   Pseudoinverse einer Matrix

Eine Verallgemeinerung des Begriffs der inversen Matrix auf rechteckige und nicht reguläre Matrizen wurde von Penrose (1955 und 1956) eingeführt. Die Berechnung dieser sogenannten *Pseudoinversen* $\mathbf{A}^+$ einer beliebigen Matrix $\mathbf{A}$ ist eng mit der zugehörigen Singulärwertzerlegung der Matrix verknüpft. Die in der Literatur auch als *Moore–Penrose–Pseudoinverse* bezeichnete Matrix ist durch die folgende Definition in eindeutiger Weise festgelegt.

Definition 2.9
  Die *Pseudoinverse* $\mathbf{A}^+$ einer beliebigen Matrix $\mathbf{A}$ erfüllt als einzige Matrix die vier folgenden Bedingungen:

  i) $\quad \mathbf{A}\mathbf{A}^+\mathbf{A} = \mathbf{A},$ $\hspace{5cm}$ (2.78)

  ii) $\quad \mathbf{A}^+\mathbf{A}\mathbf{A}^+ = \mathbf{A}^+,$ $\hspace{4.6cm}$ (2.79)

  iii) $\quad (\mathbf{A}\mathbf{A}^+)^H = \mathbf{A}\mathbf{A}^+,$ $\hspace{4.5cm}$ (2.80)

  iv) $\quad (\mathbf{A}^+\mathbf{A})^H = \mathbf{A}^+\mathbf{A}.$ $\hspace{4.5cm}$ (2.81)

Ist $\mathbf{A}$ z.B. eine singuläre Diagonalmatrix $\boldsymbol{\Sigma}$ mit $\sigma_i \neq 0$ für $i \leq r$ und $\sigma_i = 0$ für $r < i \leq n$, dann erfüllt die Matrix $\boldsymbol{\Sigma}^+ = \mathrm{diag}\,(1/\sigma_1, ..., 1/\sigma_r, 0, ..., 0)$

die Bedingungen der Definition 2.9. Offensichtlich ist die Pseudoinverse einer regulären Matrix mit deren Inversen identisch, da die Inverse einer Matrix den Bedingungen der Definition 2.9 genügt. Für die Berechnung der Pseudoinversen $\mathbf{A}^+$ wird die Matrix $\mathbf{A}$ durch die zugehörige Singulärwertzerlegung $\mathbf{U\Sigma V}^H$ ersetzt. Die Pseudoinverse zu $\mathbf{A}$ lautet damit:

$$\left. \begin{aligned} \mathbf{A}^+ &= (\mathbf{U\Sigma V}^H)^+ \\[1ex] &= (\mathbf{\Sigma V}^H)^+\mathbf{U}^+ \\[1ex] &= (\mathbf{V}^H)^+\mathbf{\Sigma}^+\mathbf{U}^+ \\[1ex] &= \mathbf{V\Sigma}^+\mathbf{U}^H. \end{aligned} \right\} \tag{2.82}$$

Hierbei wurde ausgenutzt, daß die Inverse einer regulären Matrix gleich der Pseudoinversen ist und die Inverse einer unitären Matrix mit deren konjugiert Transponierten übereinstimmt. Wenn die Singulärwertzerlegung (2.49) einer Matrix gegeben ist, dann kann die zugehörige Pseudoinverse mit Hilfe der letzten Zeile von (2.82) berechnet werden.

Besitzt eine rechteckige $n \times m$ Matrix $\mathbf{A}$ mit $n < m$ vollen Zeilenrang (Rang $\mathbf{A} = n$), so erfüllt eine sogenannte *rechtsinverse* Matrix $\mathbf{A}^{-R}$ die Bedingung

$$\mathbf{A}\mathbf{A}^{-R} = \mathbf{I}_n. \tag{2.83}$$

Es kann leicht überprüft werden, daß die Matrix

$$\mathbf{A}^{-R} = \mathbf{A}^H[\mathbf{A}\mathbf{A}^H]^{-1} \tag{2.84}$$

dieser Bedingung gerecht wird. Ersetzt man in (2.84) $[\mathbf{A}\mathbf{A}^H]^{-1}$ durch $[\mathbf{A}\mathbf{A}^H]^+$, so kann (2.84) zu

$$\begin{aligned} \mathbf{A}^{-R} &= \mathbf{A}^H(\mathbf{A}^+)^H\mathbf{A}^+ \\ &= (\mathbf{A}^+\mathbf{A})^H\mathbf{A}^+ \end{aligned} \tag{2.85}$$

geschrieben werden. Aufgrund der Symmetrieeigenschaft (2.81) folgt dann:

$$\mathbf{A}^{-R} = \mathbf{A}^+\mathbf{A}\mathbf{A}^+ = \mathbf{A}^+. \tag{2.86}$$

Das bedeutet, die Pseudoinverse einer zeilenregulären Matrix ist mit der Rechtsinversen der Matrix identisch ist. Entsprechend existiert für eine spaltenreguläre Matrix $\mathbf{A}$ ($m < n$ und Rang $\mathbf{A} = m$) eine *linksinverse* Matrix $\mathbf{A}^{-L}$ mit $\mathbf{A}^{-L}\mathbf{A} = \mathbf{I}_m$ und

$$\mathbf{A}^{-L} = [\mathbf{A}^H\mathbf{A}]^{-1}\mathbf{A}^H = \mathbf{A}^+. \tag{2.87}$$

Ersetzt man in der Definitionsgleichung (2.76) der Konditionszahl einer Matrix die Inverse durch die Pseudoinverse, so erhält man

$$\kappa(\mathbf{A}) \; := \; \|\mathbf{A}\| \cdot \|\mathbf{A}^+\| \tag{2.88}$$

und damit eine verallgemeinerte Konditionszahl (Stewart 1977, Klema und Laub 1980), die auch für rechteckige und singuläre Matrizen berechenbar ist. Bei einer Verwendung der Spektralnorm (2.70) ergibt sich daraus

$$\kappa_2(\mathbf{A}) \; = \; \|\mathbf{A}\|_2 \cdot \|\mathbf{A}^+\|_2 \; = \; \frac{\sigma_1}{\sigma_r}. \tag{2.89}$$

2.7.3 Numerische Berechnung der Singulärwertzerlegung

Zuverlässige Programme zur *numerischen* Berechnung der Singulärwertzerlegung einer *reellen* Matrix sind sowohl in der EISPACK–Bibliothek (Garbow u.a. 1977) als auch in der LINPACK–Bibliothek (Dongarra u.a. 1979) enthalten. Die numerisch berechneten Singulärwerte einer reellen Matrix $\mathbf{A}$ sind bedingt durch die auftretenden Rundungsfehler gleich den Singulärwerte einer Matrix $\mathbf{A} + \mathbf{F}$, wobei für die Fehlermatrix $\mathbf{F}$ folgende Abschätzungen gelten (Laub 1985, Golub und Van Loan 1989):

$$| \, \sigma_i(\mathbf{A} + \mathbf{F}) - \sigma_i(\mathbf{A}) \, | \; \leq \; \|\mathbf{F}\| \; \leq \; \sigma_1(\mathbf{F}) \tag{2.90}$$

mit

$$\|\mathbf{F}\| \; \leq \; N \cdot \epsilon \cdot \sigma_1(\mathbf{A}), \tag{2.91}$$

wobei N ein Produkt aus der Anzahl der benötigten Rechenoperationen und einem Polynom niedriger Ordnung der Matrixdimension n ist. Darüber hinaus steht ϵ für die Rechengenauigkeit der verwendeten Gleitpunktarithmetik und $\sigma_1(\mathbf{A})$ für den größten Singulärwert der Matrix $\mathbf{A}$. Die erste Abschätzung (2.90) besagt nun, daß die Singulärwerte einer schwach gestörten Matrix $\mathbf{A} + \mathbf{F}$ nur wenig von den Werten der Matrix $\mathbf{A}$ abweichen werden. Aufgrund dieser Eigenschaft nennt man die Singulärwerte einer Matrix auch gut konditioniert (Paige 1981, Laub 1985, Golub und Van Loan 1989). In diesem Zusammenhang ist es erwähnenswert, daß eine der Abschätzung (2.90) entsprechende Beziehung für die Eigenwerte einer Matrix nicht angegeben werden kann. Ist die Norm der untersuchten Matrix klein, so werden aufgrund von (2.91) auch die absoluten Fehler der numerisch berechneten Singulärwerte klein sein.

2.7.4 Numerischer Rang einer Matrix

Viele Analyseverfahren im Zustandsraum erfordern die exakte Bestimmung des Ranges einer Matrix. Bedingt durch die endliche Wortlänge der Zahlendarstellung im Digitalrechner kann numerisch bestenfalls der wahre Rang einer schwach gestörten Matrix $\mathbf{A} + \Delta\mathbf{A}$ ermittelt werden. Mit anderen Worten wird nur ein sogenannter *numerischer* Rang bestimmt, während der „wahre" Rang der Matrix als bloße Fiktion unbekannt bleibt (Zurmühl und Falk 1986).

Aufgrund der günstigen Fehlerabschätzung (2.90) liegt es nahe, die numerisch berechneten Singulärwerte zur Definition des *numerischen* Ranges einer Matrix heranzuziehen (vgl. z.B. Klema und Laub 1980, Laub 1985, Golub und Van Loan 1989). Hierzu wird eine Toleranz τ eingeführt und festgelegt, daß die Matrix $\mathbf{A}$ einen *numerischen* Rang r genau dann besitzt, wenn für die numerisch berechneten Singulärwerte gilt:

$$\sigma_1 \geq \sigma_2 \geq \cdots \geq \sigma_r > \tau \geq \sigma_{r+1} \geq \cdots \geq \sigma_n. \tag{2.92}$$

Die Toleranz τ muß mit der relativen Genauigkeit ϵ der verwendeten Gleitpunktarithmetik konsistent sein und sollte daher größer als $\epsilon \cdot \|\mathbf{A}\|_2$ sein. Sind die Werte der Matrizenelemente z.B. aufgrund von fehlerbehafteten Messungen nicht exakt bekannt und ist dieser Fehler größer als ϵ, so ist ein entsprechend größerer Toleranzwert (z.B. $\tau = 10^{-2} \cdot \|\mathbf{A}\|_2$, wenn die Matrizenelemente bis auf zwei Dezimalstellen korrekt sind) vorzugeben.

Die Festlegung des Ranges einer Matrix anhand der numerisch bestimmten Singulärwertzerlegung ist anerkanntermaßen (Golub und Van Loan 1989) die beste und zuverlässigste konventionelle Methode zur numerischen Rangbestimmung. Dies gilt auch unter dem Gesichtspunkt, daß die singulären Werte nicht nur eine reine Ja/Nein–Entscheidung bezüglich des vollen Ranges einer Matrix zulassen, sondern auch anzeigen, wie weit eine gegebene Matrix von Matrizen mit einem kleinerem Rang entfernt ist. Als ein derartiges Maß kann der kleinste Singulärwert σ_r mit $\sigma_r > \tau$ angesehen werden, wobei σ_r allerdings von der Norm der Matrix abhängt. Ein besseres Maß stellt daher der Wert $\sigma_r/\|\mathbf{A}\|$ dar, der bei einer Verwendung der Spektralnorm mit σ_r/σ_1 identisch ist. Dieses Maß ist dann gerade der reziproke Wert der verallgemeinerten Konditionszahl $\kappa_2(\mathbf{A}) = \|\mathbf{A}\|_2 \cdot \|\mathbf{A}^+\|_2$.

2.8 Kronecker–Normalform eines Matrizenbüschels

Gegeben seien zwei reelle Matrizen $\mathbf{A}$, $\mathbf{B}$ der Dimension $n \times m$ und eine komplexe Variable s. Dann wird $s\mathbf{A} - \mathbf{B}$ als *Matrizenbüschel* der Matrizen $\mathbf{A}$, $\mathbf{B}$ (Gantmacher 1986) bezeichnet.

Definition 2.10

Zwei Matrizenbüschel rechteckiger Matrizen $s\mathbf{A} - \mathbf{B}$ und $s\mathbf{A}_1 - \mathbf{B}_1$ gleichen Typs $(n \times m)$ heißen *streng äquivalent*, wenn es reguläre Matrizen $\mathbf{U} \in \mathbb{R}^{n \times n}$ und $\mathbf{V} \in \mathbb{R}^{m \times m}$ gibt, so daß (2.93) gilt.

$$\mathbf{U}(s\mathbf{A} - \mathbf{B})\mathbf{V} = s\mathbf{A}_1 - \mathbf{B}_1, \tag{2.93}$$

Definition 2.11

Ein Matrizenbüschel $s\mathbf{A} - \mathbf{B}$ heißt *regulär*, wenn gilt:

   i) $\mathbf{A}$ und $\mathbf{B}$ sind quadratische Matrizen der gleichen Ordnung n.

   ii) Die Determinante von $s\mathbf{A} - \mathbf{B}$ verschwindet nicht für alle s.

In allen anderen Fällen ($n \neq m$ oder $n = m$, aber det $(s\mathbf{A} - \mathbf{B}) = 0$) heißt das Matrizenbüschel *singulär*.

2.8.1 Reguläre Matrizenbüschel

Bekanntlich (Zurmühl und Falk 1984) wird eine quadratische Matrix $\mathbf{A}$ durch ihre Eigenwerte und die Struktur ihrer *Jordanschen Normalform* charakterisiert. Die Rolle der Eigenwerte übernehmen bei einem regulären Matrizenbüschel $s\mathbf{A} - \mathbf{B}$ die endlichen und unendlichen Elementarteiler. Zur Ermittlung der unendlichen Elementarteiler wird das $n \times n$ Büschel $s\mathbf{A} - \mathbf{B}$ in der homogenen Form $s\mathbf{A} - \hat{s}\mathbf{B}$ mit den komplexen Variablen $s, \hat{s}$ notiert. Die Determinante von $s\mathbf{A} - \hat{s}\mathbf{B}$ ist damit eine homogene Funktion in s und $\hat{s}$. Nach Ermittlung des größten gemeinsamen Teilers, d.h. des Determinantenteilers $d_k(s, \hat{s})$ aller Unterdeterminanten k–ter Ordnung der Matrix $s\mathbf{A} - \hat{s}\mathbf{B}$, $(k = 1, 2, ..., n)$ erhält man die Invariantenteiler aus

$$i_1(s, \hat{s}) = \frac{d_n(s, \hat{s})}{d_{n-1}(s, \hat{s})}, \quad i_2(s, \hat{s}) = \frac{d_{n-1}(s, \hat{s})}{d_{n-2}(s, \hat{s})}, \ldots \tag{2.94}$$

mit $d_0(s, \hat{s}) = 1$.

Dabei sind alle $d_k(s, \hat{s})$ und $i_{i_k}(s, \hat{s})$ homogene Polynome in s und $\hat{s}$. Spaltet man die Invariantenteiler in Potenzen von irreduziblen Polynomen auf, so erhält man (siehe Beispiel 2.3) die Elementarteiler $e_\alpha(s, \hat{s})$, $(\alpha = 1, 2, ...)$ des Büschels $s\mathbf{A} - \hat{s}\mathbf{B}$. Setzt man in den Elementarteilern $e_\alpha(s, \hat{s})$ den Wert $\hat{s} = 1$ ein, so bekommt man die Elementarteiler $e_\alpha(s)$ des Büschels $s\mathbf{A} - \mathbf{B}$, die jetzt als *endliche* Elementarteiler bezeichnet werden. Umgekehrt erhält man aus jedem endlichen Elementarteiler q–ten Grades $e_\alpha(s)$ des Büschels $s\mathbf{A} - \mathbf{B}$ den entsprechenden Elementarteiler $e_\alpha(s, \hat{s})$ aus der Formel

$$e_\alpha(s, \hat{s}) = \hat{s}^q \cdot e_\alpha\left(\frac{s}{\hat{s}}\right). \tag{2.95}$$

Auf diese Weise können alle Elementarteiler des Büschels $s\mathbf{A} - \hat{s}\mathbf{B}$ bis auf diejenigen vom Typ $\hat{s}^q$ berechnet werden. Elementarteiler der Form $\hat{s}^q$ existieren genau dann, wenn det $\mathbf{A} = 0$ gilt, und werden *unendliche* Elementarteiler des Büschels $s\mathbf{A} - \mathbf{B}$ genannt. Die unendlichen Elementarteiler $\hat{s}^{q_1}, \hat{s}^{q_2}, ..., \hat{s}^{q_\mu}$ sind dabei mit den endlichen Elementarteilern des Matrizenbüschels $\mathbf{A} - \hat{s}\mathbf{B}$ bei $\hat{s} = 0$ identisch.

Satz 2.5 (Gantmacher 1986)
> Zwei reguläre Matrizenbüschel $s\mathbf{A}-\mathbf{B}$ und $s\mathbf{A}_1-\mathbf{B}_1$ sind genau dann streng äquivalent, wenn ihre Elementarteiler (die *endlichen* und die *unendlichen*) übereinstimmen.

Jedes reguläre Matrizenbüschel $s\mathbf{A} - \mathbf{B}$ kann in die (ihm streng äquivalente) quasi–diagonale *Kronecker–Normalform*

$$[\mathbf{N}_{q_1}, \ \mathbf{N}_{q_2}, \ ..., \ \mathbf{N}_{q_\mu}, \ s\mathbf{I}_\rho - \mathbf{J}] \tag{2.96}$$

mit

$$\mathbf{N}_q = s\mathbf{H}_q - \mathbf{I}_q \tag{2.97}$$

überführt werden. Die ersten μ Diagonalelemente entsprechen den unendlichen Elementarteilern $\hat{s}^{q_1}, \hat{s}^{q_2}, ..., \hat{s}^{q_\mu}$ des Büschels $s\mathbf{A} - \mathbf{B}$. Die Anzahl μ der unendlichen Elementarteiler ist gleich dem Rangdefekt der Matrix $\mathbf{A}$:

$$\mu = n - \text{Rang } \mathbf{A}. \tag{2.98}$$

Die Matrix $\mathbf{H}_q$ in Gleichung (2.97) ist dabei eine quadratische Matrix der Ordnung q der Form

$$\mathbf{H}_q = \begin{bmatrix} 0 & 1 & 0 & \cdots & \cdots & 0 \\ \vdots & 0 & 1 & 0 & \cdots & 0 \\ \vdots & \vdots & \ddots & \ddots & \ddots & \vdots \\ \vdots & \vdots & & \ddots & \ddots & 0 \\ \vdots & \vdots & & & 0 & 1 \\ 0 & 0 & \cdots & \cdots & \cdots & 0 \end{bmatrix}. \tag{2.99}$$

Das letzte Diagonalelement in (2.96), die Normalform $s\mathbf{I}_\rho - \mathbf{J}$, ist durch die endlichen Elementarteiler des betrachteten Büschels eindeutig definiert, deren Anzahl sich aus

$$\rho = \text{Grad } |s\mathbf{A} - \mathbf{B}| \tag{2.100}$$

ergibt.

Zur Erläuterung wird die Kronecker–Normalform für ein reguläres Matrizenbüschel 3–ter Ordnung berechnet.

Beispiel 2.3

Gegeben sei das reguläre Büschel $s\mathbf{A} - \mathbf{B}$ mit

$$\mathbf{A} = \begin{bmatrix} 1 & 1 & 1 \\ 1 & 1 & 1 \\ 1 & 1 & 1 \end{bmatrix}, \quad \mathbf{B} = \begin{bmatrix} 2 & 1 & 1 \\ 1 & 2 & 1 \\ 1 & 1 & 1 \end{bmatrix}.$$

Offensichtlich gilt det $\mathbf{A} = 0$, da Rang $\mathbf{A} = 1$. Das betrachtet Büschel muß demnach auch über unendliche Elementarteiler verfügen. Nach Bildung der Matrix

$$s\mathbf{A} - \hat{s}\mathbf{B} = \begin{bmatrix} s - 2\hat{s} & s - \hat{s} & s - \hat{s} \\ s - \hat{s} & s - 2\hat{s} & s - \hat{s} \\ s - \hat{s} & s - \hat{s} & s - \hat{s} \end{bmatrix}$$

müssen zunächst die Determinantenteiler $d_k(s, \hat{s})$ für $k = 0, 1, 2, 3$ bestimmt werden.

Nach einem kurzen Blick auf $s\mathbf{A} - \hat{s}\mathbf{B}$ können die Determinantenteiler 0–ter und 1–ter Ordnung sofort hingeschrieben werden:

$$d_0(s, \hat{s}) = d_1(s, \hat{s}) = 1.$$

Der größte gemeinsame Teiler $d_2(s, \hat{s})$ aller Minoren 2–ter Ordnung ist

$$d_2(s, \hat{s}) = \hat{s}.$$

Die Determinante von $s\mathbf{A} - \hat{s}\mathbf{B}$

$$\det(s\mathbf{A} - \hat{s}\mathbf{B}) = (s - \hat{s})[(s - 2\hat{s})^2 - 2(s - 2\hat{s})(s - \hat{s}) + (s - \hat{s})^2].$$

liefert den letzten Determinantenteiler

$$d_3(s, \hat{s}) = (s - \hat{s})\hat{s}^2.$$

Mit Hilfe der Determinantenteiler und Gl. (2.94) lassen sich die drei Invariantenteiler sofort angeben:

$$i_1(s, \hat{s}) = \frac{d_3(s, \hat{s})}{d_2(s, \hat{s})} = \frac{(s - \hat{s})\hat{s}^2}{\hat{s}} = (s - \hat{s})\hat{s},$$

$$i_2(s, \hat{s}) = \frac{d_2(s, \hat{s})}{d_1(s, \hat{s})} = \frac{\hat{s}}{1} = \hat{s}, \quad i_3(s, \hat{s}) = \frac{d_1(s, \hat{s})}{d_0(s, \hat{s})} = 1.$$

Aus diesen Invariantenteilern ergeben sich die gesuchten Elementarteiler zu

$$e_1(s,\hat{s}) \;=\; s-\hat{s}, \quad e_2(s,\hat{s}) \;=\; \hat{s}, \quad e_3(s,\hat{s}) \;=\; \hat{s}.$$

Setzt man in $e_1(s,\hat{s})$ das Argument $\hat{s}=1$, so erhält man den endlichen Elementarteiler $(s-1)$ des Büschels. Außerdem besitzt das untersuchte Büschel zwei unendliche Elementarteiler $\hat{s}$ der Ordnung 1. Das betrachtete Matrizenbüschel hat also folgende Kronecker–Normalform:

$$\begin{bmatrix} -1 & 0 & 0 \\ 0 & -1 & 0 \\ 0 & 0 & (s-1) \end{bmatrix}.$$

2.8.2 Singuläre Matrizenbüschel

Ein beliebiges reguläres Matrizenbüschel wird durch seine endlichen und unendlichen Elementarteiler vollständig charakterisiert. Ist ein Matrizenbüschel singulär, so benötigt man für dessen Charakterisierung noch weitere Strukturmerkmale, und zwar die sogenannten *minimalen Indizes*, die auch als *Kroneckerindizes* bezeichnet werden.

Dazu betrachten wir ein singuläres Matrizenbüschel vom Typ $(n \times m)$. Mit r wird der Normalrang des Büschels, d.h. die maximale Ordnung der nicht identisch verschwindenden Minoren, bezeichnet. Ferner sei angenommen, daß $n < m$ und $r < n$ gilt. Das bedeutet, daß die Gleichungen

$$(s\mathbf{A} - \mathbf{B})\mathbf{x} \;=\; \mathbf{0} \tag{2.101}$$

und

$$\mathbf{y}^T(s\mathbf{A} - \mathbf{B}) \;=\; \mathbf{0} \tag{2.102}$$

immer nichttriviale Lösungen $\mathbf{x}$ und $\mathbf{y}$ besitzen. Hierbei unterscheidet man zwei Arten von Lösungsvektoren: Als erstes die Menge der linear unabhängigen Lösungen, die unabhängig von s sind:

$$\mathbf{x}_1, \mathbf{x}_2, \ldots, \mathbf{x}_g \tag{2.103}$$

und

$$\mathbf{y}_1^T, \mathbf{y}_2^T, \ldots, \mathbf{y}_h^T. \tag{2.104}$$

Als zweites die Menge der linear unabhängigen Lösungen, die Polynome in s

sind:

$$\mathbf{x}_{g+1}(s), \ \mathbf{x}_{g+2}(s), \ \ldots, \ \mathbf{x}_p(s) \tag{2.105}$$

und

$$\mathbf{y}_{h+1}^T(s), \ \mathbf{y}_{h+2}^T(s), \ \ldots, \ \mathbf{y}_q^T(s). \tag{2.106}$$

Die Menge der Lösungsvektoren $\{\mathbf{x}_i\}, i = 1,2,\ldots,g$ und $\{\mathbf{y}_j\}, j = 1,2,\ldots,h$ sind dabei Polynomvektoren des Grades $\epsilon_1 = \epsilon_2 = \cdots = \epsilon_g = 0$ bzw. $\eta_1 = \eta_2 = \cdots = \eta_h = 0$. Diese Indizes $\epsilon_i = 0,\ i = 1,2,\ldots,g$ und $\eta_i = 0,\ i = 1,2,\ldots,h$ nennt man minimale Spalten– bzw. Zeilenindizes nullter Ordnung des singulären Büschels $s\mathbf{A} - \mathbf{B}$.

Zur Ermittlung der minimalen Indizes höherer Ordnung wird folgendermaßen vorgegangen: Aus den Lösungen der Gleichung (2.101) bzw. (2.102) wird eine nichttriviale Lösung kleinster Ordnung $\epsilon_{g+1} > 0$ bzw. $\eta_{h+1} > 0$ ausgesucht. Aus den verbliebenen linear unabhängigen Lösungen wird nun wiederum eine Lösung kleinster Ordnung ϵ_{g+2} bzw. η_{h+2} ausgewählt. Offensichtlich muß $\epsilon_{g+1} \leq \epsilon_{g+2}$ bzw. $\eta_{h+1} \leq \eta_{h+2}$ gelten. Dieser Prozeß wird solange fortgesetzt, bis alle linear unabhängigen Lösungen erfaßt sind. Da die Anzahl der linear unabhängigen Lösungen höchstens gleich n ist, bricht dieser Prozeß nach endlich vielen Schritten ab, und man erhält ein Fundamentalsystem von Lösungen

$$\mathbf{x}_{g+1}(s), \mathbf{x}_{g+2}(s), \ldots, \mathbf{x}_p(s) \quad \text{bzw.} \quad \mathbf{y}_{h+1}^T(s), \mathbf{y}_{h+2}^T(s), \ldots, \mathbf{y}_q^T(s) \tag{2.107}$$

mit den Ordnungen

$$\epsilon_{g+1} \leq \epsilon_{g+2} \leq \cdots \leq \epsilon_p \qquad \text{bzw.} \quad \eta_{h+1} \leq \eta_{h+2} \leq \cdots \leq \eta_q. \tag{2.108}$$

Die Indizes $\epsilon_1, \epsilon_2, \ldots, \epsilon_p$ bzw $\eta_1, \eta_2, \ldots, \eta_q$ sind nun die minimalen Spalten– bzw. Zeilenindizes (oder auch rechte bzw. linke Kroneckerindizes) des singulären Matrizenbüschels.

Zwei *singuläre* Matrizenbüschel werden streng äquivalent genannt, wenn sie die Bedingungen des folgenden Satzes erfüllen:

Satz 2.6 (Kronecker 1890)
Zwei beliebige Matrizenbüschel $s\mathbf{A}-\mathbf{B}$ und $s\mathbf{A}_1-\mathbf{B}_1$ rechteckiger Matrizen desselben Typs ($n \times m$) sind genau dann streng äquivalent, wenn sie die dieselben minimalen Indizes und dieselben (*endlichen* und *unendlichen*) Elementarteiler besitzen.

Jedes Matrizenbüschel $s\mathbf{A} - \mathbf{B}$ mit den minimalen Indizes $\epsilon_1 = \cdots = \epsilon_g = 0 < \epsilon_{g+1} \leq \cdots \leq \epsilon_p$ und $\eta_1 = \cdots = \eta_h = 0 < \eta_{h+1} \leq \cdots \leq \eta_q$, den unendlichen Elementarteilern $\hat{s}^{q_1}, \hat{s}^{q_2}, \ldots, \hat{s}^{q_\mu}$ und einer Menge von endlichen

Elementarteilern läßt sich durch strenge Äquivalenzumformungen, d.h. durch Multiplikation mit regulären, geeignet zu wählenden Matrizen $\mathbf{U}$ und $\mathbf{V}$, immer auf folgende quasi–diagonale Form bringen:

$$\mathbf{U}(s\mathbf{A} - \mathbf{B})\mathbf{V} = \text{block diag } (\mathbf{0}_{h,g};\ \mathbf{L}_{\epsilon_{g+1}}, ..., \mathbf{L}_{\epsilon_p};\ \mathbf{L}^T_{\eta_{h+1}}, ..., \mathbf{L}^T_{\eta_q};$$
$$\mathbf{N}_{q_1}, ..., \mathbf{N}_{q_\mu};\ s\mathbf{I} - \mathbf{J}) \tag{2.109}$$

mit der $k \times (k+1)$–dimensionalen Teilmatrix $(k = \epsilon_i, \eta_i)$

$$\mathbf{L}_k = \begin{bmatrix} s & -1 & 0 & \cdots & \cdots & 0 & 0 \\ \vdots & s & -1 & 0 & \cdots & 0 & \vdots \\ \vdots & \vdots & \ddots & \ddots & \ddots & \vdots & \vdots \\ \vdots & \vdots & & \ddots & \ddots & 0 & \vdots \\ \vdots & \vdots & & & s & -1 & 0 \\ 0 & 0 & \cdots & \cdots & \cdots & s & -1 \end{bmatrix}, \tag{2.110}$$

den Matrizen $\mathbf{N}_{q_i}$ der Form (2.97) und einer Matrix $\mathbf{J}$ in *Jordan–Normalform*. Die Anzahl μ der unendlichen Elementarteiler ergibt sich in diesem Fall zu

$$\mu = r - \text{Rang } \mathbf{A} \tag{2.111}$$

mit r dem Normalrang von $s\mathbf{A} - \mathbf{B}$. Die Matrix (2.109) ist die *Kronecker–Normalform* eines Matrizenbüschels im allgemeinen Fall.

Zum Abschluß soll für ein singuläres Matrizenbüschel von Typ (7×9) die zugehörige Kronecker–Normalform dargestellt werden. Gegeben sei hierzu das singuläre Matrizenbüschel $s\mathbf{A} - \mathbf{B}$ mit

$$\mathbf{A} = \begin{bmatrix} -25 & -25 & -32 & 7 & -2 & -14 & 8 & 10 & 0 \\ 3 & 6 & 9 & 0 & 0 & 6 & 3 & 0 & 3 \\ 5 & 1 & 6 & -7 & 0 & -6 & -1 & -18 & -12 \\ 63 & 10 & 7 & 10 & 22 & -2 & -13 & -78 & -7 \\ 12 & 16 & 19 & 0 & 1 & 14 & 3 & 4 & 8 \\ 18 & 29 & 29 & 7 & 2 & 32 & 15 & 26 & 27 \\ 21 & 112 & 133 & -20 & -20 & 102 & 21 & 130 & 61 \end{bmatrix}$$

und

$$\mathbf{B} = \begin{bmatrix} 2 & -12 & -9 & 4 & 2 & 3 & 8 & 5 & 10 \\ 36 & 54 & 69 & 3 & 3 & 52 & 20 & 11 & 31 \\ 2 & 10 & 1 & 6 & 2 & 3 & 4 & 5 & 6 \\ -25 & 54 & 16 & 0 & -3 & -28 & -14 & -20 & -29 \\ 5 & 21 & 40 & -14 & -5 & 11 & -5 & -14 & -10 \\ 23 & 34 & 57 & -4 & -1 & 39 & 12 & 1 & 15 \\ 29 & -68 & -50 & 52 & 15 & 68 & 68 & 66 & 87 \end{bmatrix}.$$

Dieses Matrizenbüschel besitzt die minimalen Indizes $\epsilon_1 = \epsilon_2 = 0$, $\epsilon_3 = 1$; $\eta_1 = 1$ und die Elementarteiler $(s-5)$, s, $\hat{s}^2$. Die zugehörige *Kronecker–Normalform* hat dann die Gestalt

$$\mathbf{U}(s\mathbf{A} - \mathbf{B})\mathbf{V} = \begin{bmatrix} \boxed{\begin{matrix} \underbrace{0 \ \ 0}_{g} & | & s \ \ -1 \end{matrix}} \ \}\epsilon_3 = 1 & & & \\ & \eta_1=1 \ \boxed{\begin{matrix} s \\ -1 \end{matrix}} & & \\ & & \boxed{\begin{matrix} -1 & s \\ & -1 \end{matrix}} & \\ & & & \boxed{\begin{matrix} s-5 & \\ & s \end{matrix}} \end{bmatrix}$$

Block zum unendlichen Elementarteiler $\hat{s}^2$

Block der endlichen Elementarteiler $(s-5)$, s.

2.8.3   Numerische Bestimmung der Kronecker–Normalform

Eine explizite Bestimmung der zuvor angegebenen Kronecker–Normalform eines Matrizenbüschels ist *numerisch stabil* im allgemeinen nicht möglich (Van Dooren 1979). Für die numerische Berechnung der strukturellen Invarianten eines Büschels, d.h. der minimalen Indizes und der endlichen und unendlichen Elementarteiler, ist eine Überführung auf die blockdiagonale Kroneckerform allerdings auch gar nicht notwendig, da diese Informationen bereits anhand einer speziellen Blockdreiecksstruktur ermittelt werden können.

Von Van Dooren (1979) wurde gezeigt, daß jedes Matrizenbüschel $s\mathbf{A} - \mathbf{B}$ mit Hilfe von orthogonalen Matrizen $\mathbf{U}$, $\mathbf{V}$ numerisch stabil auf eine obere *Quasi–Schur–Form*

$$\mathbf{U}(s\mathbf{A} - \mathbf{B})\mathbf{V} = \begin{bmatrix} s\mathbf{A}_\epsilon - \mathbf{B}_\epsilon & * & * & * \\ 0 & s\mathbf{A}_f - \mathbf{B}_f & * & * \\ 0 & 0 & s\mathbf{A}_\infty - \mathbf{B}_\infty & * \\ 0 & 0 & 0 & s\mathbf{A}_\eta - \mathbf{B}_\eta \end{bmatrix} \tag{2.112}$$

transformiert werden kann, wobei

i) $(s\mathbf{A}_f - \mathbf{B}_f)$ ein reguläres Matrizenbüschel mit einer invertierbaren Matrix

$\mathbf{A}_f$ ist, das nur die endlichen Elementarteiler von $s\mathbf{A} - \mathbf{B}$ enthält;

ii) $(s\mathbf{A}_\infty - \mathbf{B}_\infty)$ ein reguläres Matrizenbüschel ist, das nur die unendlichen Elementarteiler von $s\mathbf{A} - \mathbf{B}$ enthält;

iii) $(s\mathbf{A}_\epsilon - \mathbf{B}_\epsilon)$ ein singuläres Matrizenbüschel ist, das nur die minimalen Spaltenindizes von $s\mathbf{A} - \mathbf{B}$ enthält;

iv) $(s\mathbf{A}_\eta - \mathbf{B}_\eta)$ ein singuläres Matrizenbüschel ist, das nur die minimalen Zeilenindizes von $s\mathbf{A} - \mathbf{B}$ enthält.

Die endlichen Elementarteiler des regulären Matrizenbüschels $s\mathbf{A}_f - \mathbf{B}_f$ korrespondieren zu den sogenannten *allgemeinen Eigenwerten* der Matrix $(\lambda\mathbf{A}_f - \mathbf{B}_f)$ und können daher mit Hilfe entsprechender EISPACK-Programme (Garbow u.a. 1977) numerisch stabil berechnet werden. Wird die Quasi–Schur–Form (2.112) mit den in (Van Dooren 1979, Van Dooren und Dewilde 1983, Beelen und Van Dooren 1988, Demmel und Kågström 1993a,b) angegebenen Algorithmen erzeugt, so können die anderen strukturellen Invarianten des Matrizenbüschels anhand der speziellen Form der Matrizen $\mathbf{A}_\infty, \mathbf{B}_\infty;\ \mathbf{A}_\epsilon, \mathbf{B}_\epsilon$ und $\mathbf{A}_\eta, \mathbf{B}_\eta$ abgelesen werden.

Grundlage aller dieser Algorithmen sind numerisch stabile Verdichtungen der Zeilen (2.59) und Spalten (2.60) einer Matrix. In Abhängigkeit von der Art der numerischen Realisierung dieser Zeilen- und Spaltenverdichtungen (mit Hilfe der Singulärwertzerlegung (Van Dooren 1979); mittels Householder–Transformation (Van Dooren und Dewilde 1983) und Givens–Transformationen (Beelen und Van Dooren 1988)) variiert die Komplexität dieser Algorithmen zwischen $O(n^4)$ für die ältesten und $O(n^3)$ für die neuesten Algorithmen. Eine FORTRAN–Implementierung des Algorithmus von Van Dooren und Dewilde (1983) kann vom Autor zur Verfügung gestellt werden.

3   Steuerbarkeit linearer Regelungssysteme

Nach Schmidt (1991) ist die Regelungstechnik die Wissenschaft von der *geziel-ten Beeinflussung dynamischer Prozesse* und von der Anwendung der hierzu entwickelten Methoden zur Systembeschreibung und –untersuchung. Eine der grundlegenden Fragen der Regelungstechnik ist daher, ob sich ein vorgegebener dynamischer Prozeß überhaupt gezielt beeinflussen, d.h. steuern läßt.

Der Begriff der Steuer– und Beobachtbarkeit ist auch in der von Kalman im Jahre 1960 eingeführten Zustandsraummethodik von grundlegender Bedeutung. Im Gegensatz zu einigen früheren Zustandsraumansätzen, die als reine Reinterpre-tationen klassischer Frequenzbereichskonzepte angesehen werden können, geht erst der Ansatz von Kalman mit dem Begriffspaar der Steuer– und Beobachtbar-keit deutlich über den Frequenzbereichsansatz hinaus. Die Steuerbarkeit eines linearen Systems $\dot{\mathbf{x}}(t) = \mathbf{A}\mathbf{x}(t) + \mathbf{B}\mathbf{u}(t)$ kann dabei wie folgt definiert werden:

Definition 3.1
> Ein dynamisches System $(\mathbf{A}, \mathbf{B})$ heißt vollständig zustandssteuerbar, wenn der Zustandsvektor $\mathbf{x}(t)$ durch einen geeigneten Steuervektor $\mathbf{u}(t)$ in einer endlicher Zeit T von jedem beliebigen Anfangszustand $\mathbf{x}(0) = \mathbf{x}_0$ in den Nullzustand $\mathbf{x}(T) = \mathbf{0}$ überführt werden kann.

Diese Eigenschaft der Steuerbarkeit ist eine notwendige Voraussetzung für viele Reglerentwurfsverfahren und somit auch bei praktischen Aufgabenstellungen von entscheidender Bedeutung. Eng verwandt mit der Steuerbarkeit ist der Begriff der *Erreichbarkeit*:

Definition 3.2
> Ein dynamisches System $(\mathbf{A}, \mathbf{B})$ heißt vollständig erreichbar, wenn der Zustandsvektor $\mathbf{x}(t)$ durch einen geeigneten Steuervektor $\mathbf{u}(t)$ in einer endlicher Zeit T aus dem Nullzustand $\mathbf{x}(0) = \mathbf{0}$ in jeden gewünschten Endzustand $\mathbf{x}(T)$ überführt werden kann.

Im Vergleich zur Steuerbarkeit stellt die Erreichbarkeit höhere Anforderungen an die Eigenschaften eines dynamischen Systems, da jedes stabile, nicht gestörte System nach einer entsprechenden Zeit immer von selbst in den Nullzustand zurückkehrt. So sind die Erreichbarkeit und die Steuerbarkeit auch nur bei der in dieser Arbeit betrachteten Klasse der linearen, zeitinvarianten Systeme äquivalente Eigenschaften. Bereits bei linearen Systemen die zeitvariabel oder zeitdiskret sind, muß zwischen der Erreichbarkeit und der Steuerbarkeit unter-schieden werden (Ludyk 1977, Schwarz 1979). Dies gilt natürlich erst recht bei allen nichtlinearen Systemen (Schwarz 1991). Da es in der Literatur zur linearen Systemtheorie üblich ist, die für lineare, zeitinvariante Systeme äquivalenten Eigenschaften Steuer– und Erreichbarkeit unter dem Oberbegriff Steuerbarkeit zusammenzufassen, wird im weiteren auch nur noch die Steuerbarkeit betrachtet.

In der Praxis stellt allerdings häufig nicht die Erreichung eines bestimmten Systemzustandes das primäre Ziel der Regelungsaufgabe dar. Vielmehr ist es erwünscht, nur den *Systemausgängen* vorgegebene Werte (oder Funktionen) zu erteilen. In diesem Zusammenhang spricht man dann von *Ausgangssteuerbarkeit* und es gilt analog zur Zustandssteuerbarkeit:

Definition 3.3

Ein dynamisches System $\dot{\mathbf{x}}(t) = \mathbf{A}\mathbf{x}(t) + \mathbf{B}\mathbf{u}(t);\ \mathbf{y}(t) = \mathbf{C}\mathbf{x}(t)$ heißt vollständig ausgangssteuerbar, wenn der Ausgangsvektor $\mathbf{y}(t)$ durch einen geeigneten Steuervektor $\mathbf{u}(t)$ in einer endlicher Zeit T von einem beliebigen Anfangswert $\mathbf{y}(0) = \mathbf{y}_0$ in irgendeinen Endwert $\mathbf{y}(T)$ überführt werden kann.

Zur Überprüfung der Steuerbarkeit stehen eine Reihe verschiedener Kriterien zur Verfügung, die für eine zuverlässige numerische Analyse allerdings unterschiedlich gut geeignet sind. Wie die folgenden Untersuchungen aufzeigen werden, kann auch mit Hilfe der numerisch stabil umsetzbaren Kriterien nicht eindeutig festgestellt werden, wann ein System *nicht* vollständig steuerbar ist. Aufgrund der beschränkten Genauigkeit der Rechner wird bestenfalls ermittelt, daß ein System $(\mathbf{A}, \mathbf{B})$ sehr nahe an einem nicht steuerbaren System $(\mathbf{A} + \delta\mathbf{A}, \mathbf{B} + \delta\mathbf{B})$ liegt. Wird der Verlust der vollständigen Steuerbarkeit durch ein strukturelles Defizit (z.B. fehlende oder ungünstig plazierte Stellorgane) hervorgerufen, so läßt sich dieses nur mit den entsprechenden parameterunabhängigen Kriterien zuverlässig erkennen. Darüber hinaus haben diese parameterunabhängigen Kriterien aus numerischer Sicht den großen Vorteil, daß sie in Algorithmen und Rechnerprogramme umgesetzt werden können, die lediglich ganzzahlige oder Boolesche Rechenoperationen benötigen und daher absolut zuverlässige Aussagen liefern. Eine rechnergestützte Steuerbarkeitsanalyse sollte daher immer in zwei Schritten erfolgen:

i) Zunächst wird an einem einfachen qualitativen Strukturmodell mit Hilfe parameterunabhängiger Kriterien (Abschnitt 3.4) überprüft, ob das System aufgrund der gegebenen Struktur überhaupt vollständig steuerbar sein kann.

ii) Nur wenn diese Frage mit Ja zu beantworten ist, wird anschließend die Güte der Steuerbarkeit (Abschnitt 3.2) anhand eines konkreten Zahlenmodells bestimmt.

Nach einer Übersicht über die bekanntesten Steuerbarkeitskriterien bzw. Steuerbarkeitsmaße werden im folgenden die numerischen Eigenschaften der verschiedenen Kriterien kritisch diskutiert. Auf die angesprochenen parameterunabhängigen Kriterien und deren numerische Realisierung wird anschließend eingegangen.

3.1 Steuerbarkeitskriterien

In diesem Abschnitt werden zunächst die in der Literatur am häufigsten verwendeten Kriterien zur Überprüfung der Zustands– und der Ausgangssteuerbarkeit angegeben und diskutiert.

3.1.1 Zustandssteuerbarkeit

Neben dem Begriff der Steuerbarkeit geht auch das erste und bekannteste Kriterium zu ihrer Überprüfung auf Kalman (1960) zurück.

Satz 3.1

Ein dynamisches System $(\mathbf{A}, \mathbf{B})$ ist genau dann vollständig zustandssteuerbar, wenn für die Steuerbarkeitsmatrix $\mathbf{Q}_S$ gilt:

$$\text{Rang } \mathbf{Q}_S = \text{Rang } [\,\mathbf{B}, \mathbf{AB}, ..., \mathbf{A}^{n-1}\mathbf{B}\,] = n. \tag{3.1}$$

Für nicht vollständig steuerbare Systeme, d.h. Rang $\mathbf{Q}_S < n$, gibt der Rang der Steuerbarkeitsmatrix die Dimension n_S des vollständig steuerbaren Unterraumes an.

Man beachte, mit Hilfe dieses Kriteriums kann lediglich eine Ja/Nein–Aussage über die Steuerbarkeit eines Systemes getroffen werden. Darüber hinaus liefert es keine weiteren Informationen bezüglich der Frage, welche der Eigenbewegungen des Systems (Eigenwerte der Matrix $\mathbf{A}$) gegebenenfalls nicht steuerbar sind. Eine Beantwortung dieser Fragestellung ermöglicht die folgende Bedingung, die unabhängig voneinander in verschiedenen Arbeiten (z.B. Popov 1966, Belevitch 1968, Hautus 1969) formuliert wurde.

Satz 3.2

Ein dynamisches System $(\mathbf{A}, \mathbf{B})$ ist genau dann vollständig steuerbar, wenn

$$\text{Rang } [\,\lambda \mathbf{I} - \mathbf{A}, \mathbf{B}\,] = n \tag{3.2}$$

für alle Eigenwerte λ der Matrix $\mathbf{A}$ gilt.

Dieses Kriterium — oftmals auch als *Hautus-Kriterium* bezeichnet — erfordert bei Kenntnis der Eigenwerte der Systemmatrix $\mathbf{A}$ eine n–malige Rranguntersuchung (für durchweg verschiedene Eigenwerte) der Matrix $[\,\lambda \mathbf{I} - \mathbf{A}, \mathbf{B}\,]$. Eine Verletzung der Bedingung (3.2) signalisiert dann, daß der entsprechnde Eigenwert nicht steuerbar ist und somit auch das ganze System nicht *vollständig* steuerbar ist. Bei durchweg verschiedenen Eigenwerten kann die Dimension des steuerbaren Unterraumes nach Beendigung der Rranguntersuchungen leicht angegeben werden. Die Dimension des steuerbaren Unterraumes ist dann identisch mit der Anzahl der steuerbaren Eigenwerte, d.h. der Anzahl der Eigenwerte, die die Bedingung (3.2) erfüllen.

Für Systeme mit mehrfachen Eigenwerten liefert das Hautus–Kriterium allerdings keine zuverlässigen Aussagen über die Dimension dieses Unterraumes. Zur Verdeutlichung dieser Problematik dient das weiter unten diskutierte Beispiel.

Eine weitere Möglichkeit der Steuerbarkeitsprüfung stellt die Bestimmung der von Rosenbrock (1970) definierten Eingangs–Entkopplungsnullstellen (EEN) dar.

Definition 3.4
Die Nullstellen der Elementarpolynome (vgl. Abschnitt 2.3) der Polynommatrix $\mathbf{P}_E(s) = [\,s\mathbf{I} - \mathbf{A}, \mathbf{B}\,]$ sind die Eingangs–Entkopplungsnullstellen (*EEN*) und gehören zu dem nicht steuerbaren Systemteil.

Alle Eingangs–Entkopplungsnullstellen erfüllen dann die Ungleichung

$$\text{Rang}\,[\,s\mathbf{I} - \mathbf{A}, \mathbf{B}\,] < n. \tag{3.3}$$

Die Dimension des *nicht* steuerbaren Unterraumes ist dabei identisch mit der Anzahl n_{EEN} der Eingangs–Entkopplungsnullstellen. Die Dimension des steuerbaren Unterraumes ergibt sich dann zu $n_S = n - n_{EEN}$. Bei der Bildung der Übertragungsmatrix $\mathbf{F}(s) = \mathbf{C}(s\mathbf{I} - \mathbf{A})^{-1}\mathbf{B}$ kürzen sich die EEN gegen die nicht steuerbaren Eigenwerte heraus und sind daher mit den Werten der nicht steuerbaren Eigenwerte identisch.

Beispiel 3.1
Gegeben sei das folgende System $(\mathbf{A}, \mathbf{B})$ mit einem dreifachen Eigenwert bei $\lambda = -1$:

$$\mathbf{A} = \begin{bmatrix} -1 & 0 & 0 \\ 0 & -1 & -1 \\ 0 & 0 & -1 \end{bmatrix}, \quad \mathbf{B} = \begin{bmatrix} 1 \\ 1 \\ \alpha \end{bmatrix}.$$

Gesucht wird die Dimension des steuerbaren Unterraumes.

Die Anwendung des Hautus–Kriteriums (Satz 3.2) liefert:

$$\text{Rang}\,[\,\lambda\mathbf{I} - \mathbf{A}, \mathbf{B}\,]_{\lambda=-1} = \text{Rang} \begin{bmatrix} 0 & 0 & 0 & 1 \\ 0 & 0 & 1 & 1 \\ 0 & 0 & 0 & \alpha \end{bmatrix} = 2 < n \quad \forall\, \alpha.$$

Dieses Ergebnis könnte zu dem Schluß verleiten, daß das System — unabhängig von α — immer nur *einen* nicht steuerbaren Eigenwert besitzt. Die Auswertung der Kalman–Bedingung (3.1)

$$\text{Rang}\,\mathbf{Q}_S = \text{Rang}\,[\,\mathbf{B}, \mathbf{AB}, \mathbf{A}^2\mathbf{B}\,] = \text{Rang} \begin{bmatrix} 1 & -1 & 1 \\ 1 & -(1+\alpha) & 1+\alpha+\alpha \\ \alpha & -\alpha & \alpha \end{bmatrix}$$

liefert allerdings, daß der Rang der Steuerbarkeitsmatrix nicht von α unabhängig ist. Für beliebige α–Werte sind die 1. und die 3. Zeile linear abhängig, und der Rang von $\mathbf{Q}_S$ ergibt sich zu 2. Ein zusätzlicher Rangdefekt tritt offensichtlich für $\alpha = 0$ auf (alle 3 Zeilen sind dann linear abhängig). Aus Rang $\mathbf{Q}_S = 1$ folgt dann, daß zwei Eigenwerte nicht steuerbar sind und die Dimension des steuerbaren Unterraumes sich somit auf $n_S = 1$ reduziert hat.

Eine analoge Aussage liefert auch die Betrachtung der EEN. Zur Berechnung der EEN ist zunächst eine Ermittlung der Determinantenteiler $d_i(s)$, $i = 1, 2, 3$ von

$$\mathbf{P}_E(s) = [\, s\mathbf{I} - \mathbf{A}, \mathbf{B} \,]$$

$$= \begin{bmatrix} s+1 & 0 & 0 & 1 \\ 0 & s+1 & 1 & 1 \\ 0 & 0 & s+1 & \alpha \end{bmatrix}$$

erforderlich. Der größte gemeinsame Teiler $d_1(s)$ aller von Null verschiedenen Unterdeterminanten der Ordnung 1 ist offensichtlich $d_1(s) = 1$. Aus dem Wert der 2–reihigen Unterdeterminate

$$\mathbf{P}_{3,4}^{1,2} = \begin{vmatrix} 0 & 1 \\ 1 & 1 \end{vmatrix} = 1$$

folgt, daß $d_2(s)$ ebenfalls gleich 1 ist. Für die Bestimmung von $d_3(s)$ müssen abschließend die 4 folgenden Minoren 3–ter Ordnung betrachtet werden:

$$\mathbf{P}_{1,2,3}^{1,2,3} = \begin{vmatrix} s+1 & 0 & 0 \\ 0 & s+1 & 1 \\ 0 & 0 & s+1 \end{vmatrix} = (s+1)^3,$$

$$\mathbf{P}_{1,2,4}^{1,2,3} = \begin{vmatrix} s+1 & 0 & 1 \\ 0 & s+1 & 1 \\ 0 & 0 & \alpha \end{vmatrix} = \alpha(s+1)^2,$$

$$\mathbf{P}_{1,3,4}^{1,2,3} = \begin{vmatrix} s+1 & 0 & 1 \\ 0 & 1 & 1 \\ 0 & s+1 & \alpha \end{vmatrix} = (s+1)(\alpha - (s+1)),$$

$$\mathbf{P}_{2,3,4}^{1,2,3} = \begin{vmatrix} 0 & 0 & 1 \\ s+1 & 1 & 1 \\ 0 & s+1 & \alpha \end{vmatrix} = (s+1)^2.$$

Ein Blick auf diese 4 verschiedenen Unterdeterminanten verdeutlicht, daß der Determinantenteiler $d_3(s)$ von α abhängig ist. Für $\alpha = 0$ ergibt sich $d_3(s)$ zu $(s+1)^2$ im Gegensatz zu $d_3(s) = s+1$ für $\alpha \neq 0$. Nach der Bildung der Elementarpolynome $e_i(s)$, $i = 1, 2, 3$ aus

$$e_i(s) = d_i(s)/d_{i-1}(s) \qquad \text{mit } d_0(s) = 1$$

ergibt sich: Das oben angegebene System hat nur für $\alpha = 0$ zwei EEN, d.h. zwei nicht steuerbare Eigenwerte, bei -1.

3.1.2 Ausgangssteuerbarkeit

Ein zu der Kalman–Bedingung (3.1) analoges Kriterium zur Überprüfung der Ausgangssteuerbarkeit lautet:

Satz 3.3 (Schwarz 1971)
Ein dynamisches System $(\mathbf{A}, \mathbf{B}, \mathbf{C})$ mit l Ausgängen ist genau dann vollständig ausgangssteuerbar, wenn für die Ausgangs–Steuerbarkeitsmatrix $\mathbf{Q}_A$ gilt:

$$\text{Rang } \mathbf{Q}_A = \text{Rang } [\,\mathbf{CB}, \mathbf{CAB}, ..., \mathbf{CA}^{n-1}\mathbf{B}\,] = l \; . \tag{3.4}$$

Obwohl eng mit der Zustandssteuerbarkeit verknüpft, ist die vollständige Zustandssteuerbarkeit eines Systems weder notwendig noch hinreichend für die vollständige Steuerbarkeit der Ausgangsgrößen. So ist beispielsweise ein vollständig zustands–steuerbares System nur dann vollständig ausgangssteuerbar, wenn die Zeilen der Ausgangsmatrix $\mathbf{C}$ linear unabhängig sind, d.h. Rang $\mathbf{C} = l$ gilt. Andererseits kann aber auch ein nicht vollständig zustandssteuerbares System durchaus vollständig ausgangssteuerbar sein.

Für eine numerische Überprüfung der Ausgangssteuerbarkeit ist der folgende Zusammenhang von Interesse.

Satz 3.4
Der Rang der Steuerbarkeitsmatrix $\mathbf{Q}_A$ ist genau dann identisch mit l (Anzahl der Ausgänge), wenn die $(n^2 + l) \times (n^2 + nm)$ Matrix

$$\begin{bmatrix}
\mathbf{I}_n & 0 & ... & 0 & 0 & 0 & 0 & ... & 0 & 0 & \mathbf{B} \\
-\mathbf{A} & \mathbf{I}_n & ... & 0 & 0 & 0 & 0 & ... & 0 & \mathbf{B} & 0 \\
0 & -\mathbf{A} & ... & 0 & 0 & 0 & 0 & ... & \mathbf{B} & 0 & 0 \\
\vdots & \vdots & & \vdots & \vdots & \vdots & \vdots & & \vdots & \vdots & \vdots \\
0 & 0 & ... & \mathbf{I}_n & 0 & 0 & \mathbf{B} & ... & 0 & 0 & 0 \\
0 & 0 & ... & -\mathbf{A} & \mathbf{I}_n & \mathbf{B} & 0 & ... & 0 & 0 & 0 \\
0 & 0 & ... & 0 & -\mathbf{C} & 0 & 0 & ... & 0 & 0 & 0
\end{bmatrix} \tag{3.5}$$

den Rang $n^2 + l$ besitzt.

Beweis:
Durch eine sukzessive Addition der mit $\mathbf{A}$ multiplizierten i–ten (Block–) Zeile zu der $(i+1)$–ten Zeile für $i = 1, 2, \ldots, n-1$ erhält man:

$$
\begin{bmatrix}
\mathbf{I}_n & 0 & \ldots & 0 & 0 & 0 & 0 & \ldots & 0 & 0 & \mathbf{B} \\
0 & \mathbf{I}_n & \ldots & 0 & 0 & 0 & 0 & \ldots & 0 & \mathbf{B} & \mathbf{AB} \\
0 & 0 & \ldots & 0 & 0 & 0 & 0 & \ldots & \mathbf{B} & \mathbf{AB} & \mathbf{A}^2\mathbf{B} \\
\vdots & \vdots & & \vdots & \vdots & \vdots & \vdots & & \vdots & \vdots & \vdots \\
0 & 0 & \ldots & \mathbf{I}_n & 0 & 0 & \mathbf{B} & \ldots & \mathbf{A}^{n-4}\mathbf{B} & \mathbf{A}^{n-3}\mathbf{B} & \mathbf{A}^{n-2}\mathbf{B} \\
0 & 0 & \ldots & 0 & \mathbf{I}_n & \mathbf{B} & \mathbf{AB} & \ldots & \mathbf{A}^{n-3}\mathbf{B} & \mathbf{A}^{n-2}\mathbf{B} & \mathbf{A}^{n-1}\mathbf{B} \\
0 & 0 & \ldots & 0 & -\mathbf{C} & 0 & 0 & \ldots & 0 & 0 & 0
\end{bmatrix} . \tag{3.6}
$$

Eine Addition der mit $\mathbf{C}$ multiplizierten vorletzten Zeile zu der letzten Zeile liefert dann:

$$
\begin{bmatrix}
\mathbf{I}_n & 0 & \ldots & 0 & 0 & 0 & 0 & \ldots & 0 & 0 & \mathbf{B} \\
0 & \mathbf{I}_n & \ldots & 0 & 0 & 0 & 0 & \ldots & 0 & \mathbf{B} & \mathbf{AB} \\
0 & 0 & \ldots & 0 & 0 & 0 & 0 & \ldots & \mathbf{B} & \mathbf{AB} & \mathbf{A}^2\mathbf{B} \\
\vdots & \vdots & & \vdots & \vdots & \vdots & \vdots & & \vdots & \vdots & \vdots \\
0 & 0 & \ldots & \mathbf{I}_n & 0 & 0 & \mathbf{B} & \ldots & \mathbf{A}^{n-4}\mathbf{B} & \mathbf{A}^{n-3}\mathbf{B} & \mathbf{A}^{n-2}\mathbf{B} \\
0 & 0 & \ldots & 0 & \mathbf{I}_n & \mathbf{B} & \mathbf{AB} & \ldots & \mathbf{A}^{n-3}\mathbf{B} & \mathbf{A}^{n-2}\mathbf{B} & \mathbf{A}^{n-1}\mathbf{B} \\
0 & 0 & \ldots & 0 & 0 & \mathbf{CB} & \mathbf{CAB} & \ldots & \mathbf{CA}^{n-3}\mathbf{B} & \mathbf{CA}^{n-2}\mathbf{B} & \mathbf{CA}^{n-1}\mathbf{B}
\end{bmatrix} . \tag{3.7}
$$

Mit Hilfe der Einheitsmatrizen und entsprechender elementarer Spaltenoperationen können dann die Terme $\mathbf{A}^i\mathbf{B}$ annihiliert werden, so daß sich die Matrix

$$
\left[
\begin{array}{c|c}
\mathbf{I}_{n^2} & \mathbf{0}_{n^2,nm} \\
\hline
\mathbf{0}_{l,n^2} & \mathbf{CB} \quad \mathbf{CAB} \quad \ldots \quad \mathbf{CA}^{n-1}\mathbf{B}
\end{array}
\right] . \tag{3.8}
$$

ergibt.

Diese Matrix konnte durch die Verwendung von elementaren Zeilen– und Spaltenoperationen aus der Matrix (3.5) gewonnen werden, so daß der Rang dieser beiden Matrizen identisch ist (Gantmacher 1986). Offensichtlich kann in (3.8) nur dann ein Rangdefekt auftreten, wenn der Rang der Matrix (3.4) kleiner als l ist.   □

Eine weitere — etwas strengere — Form der Ausgangssteuerbarkeit trifft man häufig in der englischsprachigen Literatur (z.B. Rosenbrock 1970, Patel und Munro 1982, Sinha 1984) an.

Definition 3.5
    Ein dynamisches System $\dot{\mathbf{x}}(t) = \mathbf{A}\mathbf{x}(t) + \mathbf{B}\mathbf{u}(t)$; $\mathbf{y}(t) = \mathbf{C}\mathbf{x}(t)$ heißt *funktional* vollständig ausgangssteuerbar, wenn für jeden beliebigen Vektor $\mathbf{y}(t)$ von geeigneten Ausgangsfunktionen, die für $t > 0$ definiert seien, ein

entsprechender Steuervektor $\mathbf{u}(t)$, $(t > 0)$ existiert, der für die Anfangsbedingung $\mathbf{x}(0) = \mathbf{0}$ diesen Vektor von Ausgangsfunktionen generiert.

Als geeignete Ausgangsfunktionen sind hierbei hinreichend glatte Funktionen anzusehen, die ohne impulsförmige Anregungen des Steuervektors $\mathbf{u}$ erzeugt werden können und eine Laplace–Transformierte besitzen.

Ein Vergleich dieser beiden Definitionen der Ausgangssteuerbarkeit verdeutlicht, daß die funktionale Ausgangssteuerbarkeit die Ausgangssteuerbarkeit gemäß der Definition (3.3) impliziert. Daher sind die folgenden notwendigen und hinreichenden Bedingungen für die funktionale Ausgangssteuerbarkeit gleichzeitig auch hinreichende Bedingungen für die Ausgangssteuerbarkeit.

Satz 3.5 (Rosenbrock 1970)

Ein dynamisches System $(\mathbf{A}, \mathbf{B}, \mathbf{C})$ ist genau dann funktional vollständig ausgangssteuerbar, wenn für die Übertragungsmatrix $\mathbf{F}(s)$

$$\text{Normalrang } \mathbf{F}(s) = l \tag{3.9}$$

bzw. für die Rosenbrock–Systemmatrix $\mathbf{P}(s)$

$$\text{Normalrang } \mathbf{P}(s) = n + l \tag{3.10}$$

gilt, wobei l identisch ist mit der Anzahl der Ausgänge.

An einem einfachen Beispiel läßt sich zeigen, daß diese Bedingungen für die Ausgangssteuerbarkeit (Def. 3.3) zwar hinreichend, aber nicht notwendig sind.

Beispiel 3.2

Die folgenden Matrizen $\mathbf{A}, \mathbf{B}, \mathbf{C}$ beschreiben ein System mit 3 Zustandsvariablen und 2 Ein– und Ausgängen:

$$\mathbf{A} = \begin{bmatrix} 0 & 0 & 1 \\ 0 & 1 & 0 \\ 0 & 0 & 0 \end{bmatrix}, \quad \mathbf{B} = \begin{bmatrix} 0 & 0 \\ 1 & 0 \\ 0 & 1 \end{bmatrix}, \quad \mathbf{C} = \begin{bmatrix} 1 & 0 & 0 \\ 0 & 0 & 1 \end{bmatrix}.$$

Aus

$$\det \mathbf{P}(s) = \begin{vmatrix} s\mathbf{I} - \mathbf{A} & -\mathbf{B} \\ \mathbf{C} & 0 \end{vmatrix}$$

$$= \begin{vmatrix} s & 0 & -1 & 0 & 0 \\ 0 & s-1 & 0 & -1 & 0 \\ 0 & 0 & s & 0 & -1 \\ 1 & 0 & 0 & 0 & 0 \\ 0 & 0 & 1 & 0 & 0 \end{vmatrix} = 0 \quad \forall\, s$$

folgt, daß der Normalrang von $\mathbf{P}(s)$ kleiner als $n + l = 6$ und daher das System funktional nicht vollständig ausgangssteuerbar ist (vgl. Satz 3.5). Eine Berechnung der ersten 4 Spalten der Ausgangs–Steuerbarkeitsmatrix (3.4) liefert allerdings bereits:

$$\text{Rang } \mathbf{Q}_A = \text{Rang } [\,\mathbf{CB}, \mathbf{CAB}\,] = \text{Rang} \begin{bmatrix} 0 & 0 & 0 & 1 \\ 0 & 1 & 0 & 1 \end{bmatrix} = 2,$$

so daß die Bedingung (3.4) der vollständigen Ausgangssteuerbarkeit erfüllt ist.

3.2 Quantitative Steuerbarkeitsanalyse

Die bisher besprochenen Kriterien zur Überprüfung der Steuerbarkeit ermöglichen nur qualitative Aussagen (Ja/Nein–Entscheidung), ob ein System oder eine entsprechende Eigenbewegung steuerbar ist oder nicht. Für praktische Anwendungen ist allerdings auch die Frage nach der Güte der Steuerbarkeit von Interesse.

3.2.1 Steuerbarkeitsindizes

Als ein Maß für den „Regelbarkeitsaufwand" kann der Steuerbarkeitsindex angesehen werden (Schwarz 1971).

Definition 3.6
Der Steuerbarkeitsindex κ_S eines dynamischen Systems $\dot{\mathbf{x}}(t) = \mathbf{A}\mathbf{x}(t) + \mathbf{B}\mathbf{u}(t)$ ist die Potenz der Systemmatrix $\mathbf{A}$, die ausreicht, die vollständige Steuerbarkeit eines Systems nachzuweisen, d.h. es muß gelten:

$$\text{Rang } \mathbf{Q}_S = \text{Rang } [\,\mathbf{B}, \ \mathbf{AB}, ..., \ \mathbf{A}^{\kappa_S - 1}\mathbf{B}\,] = n. \tag{3.11}$$

Je größer dieser Index ist, um so komplizierter müssen Regler aufgebaut sein, wenn das Systemverhalten beliebig verändert werden soll. Beispielsweise kann für ein vollständig steuer– und beobachtbares System $(\mathbf{A}, \mathbf{B}, \mathbf{C})$ immer ein dynamischer Regler einer Ordnung kleiner oder gleich $\kappa_S - 1$ (Wonham 1974) gefunden werden, der die Pole des geschlossenen Systems gewünscht plaziert.

Der Steuerbarkeitsindex κ_S ist dabei der größte einer Menge sogenannter *Steuerbarkeitsindizes* $\{\kappa_1, \kappa_2, ..., \kappa_m\}$, die man erhält, wenn die Steuerungsanforderungen möglichst gleichmäßig auf alle m Eingänge eines Systems aufgeteilt werden.

Hierzu muß man bedenken, daß ein System $(\mathbf{A}, \mathbf{B})$ mit mehr als einem Eingang eine Steuerbarkeitsmatrix

$$\mathbf{Q}_S = [\,\mathbf{B}, \ \mathbf{AB}, ..., \ \mathbf{A}^{n-1}\mathbf{B}\,] \tag{3.12}$$

besitzt, die mehr Spalten als Zeilen hat. Von diesen $n \cdot m$ Spalten $\mathbf{A}^i\mathbf{b}_j$, $(i = 0, 1, 2, ..., n-1;\ j = 1, 2, ..., m)$ werden zur Erfüllung der Steuerbarkeitsbedingung

$$\text{Rang } \mathbf{Q}_S = n \tag{3.13}$$

nur n linear unabhängige Spalten benötigt, so daß eine gewisse Freiheit bei der Auswahl dieser n Spalten gegeben ist. Eine mögliche Strategie zur Auswahl der n Spalten ist die folgende: Seien $\mathbf{b}_1, \mathbf{b}_2, ..., \mathbf{b}_m$ die Spalten der Eingangsmatrix $\mathbf{B}$, so kann die Matrix (3.12) in der Form

$$\mathbf{Q}_S = [\,\mathbf{b}_1, ..., \mathbf{b}_m, \ \mathbf{Ab}_1, ..., \mathbf{Ab}_m, \ ..., \ \mathbf{A}^{n-1}\mathbf{b}_1, ..., \mathbf{A}^{n-1}\mathbf{b}_m\,] \tag{3.14}$$

geschrieben werden. Sucht man von links beginnend die ersten n linear unabhängigen Vektoren heraus, so erhält man m Vektorketten $\mathbf{b}_1, \mathbf{Ab}_1, ..., \mathbf{A}^{\kappa_1-1}\mathbf{b}_1;$ $\mathbf{b}_2, \mathbf{Ab}_2, ..., \mathbf{A}^{\kappa_2-1}\mathbf{b}_2; \ ...; \ \mathbf{b}_m, \mathbf{Ab}_m, ..., \mathbf{A}^{\kappa_m-1}\mathbf{b}_m$. Die einzelnen Vektorketten $\mathbf{b}_i, \mathbf{Ab}_i, ..., \mathbf{A}^{\kappa_i-1}\mathbf{b}_i$ sind dabei lückenlos, da, sobald ein Vektor $\mathbf{A}^k\mathbf{b}_i$ von seinen Vorgänger linear abhängig ist, d.h. ein Vektor $\mathbf{q}$ existiert, der

$$\mathbf{A}^k\mathbf{b}_i = [\,\mathbf{B}, \ \mathbf{AB}, ..., \ \mathbf{A}^{k-1}\mathbf{B}, \ \mathbf{A}^k\mathbf{b}_1, ..., \mathbf{A}^k\mathbf{b}_{i-1}\,]\mathbf{q} \tag{3.15}$$

erfüllt, alle weiteren Spalten $\mathbf{A}^{k+1}\mathbf{b}_i, \mathbf{A}^{k+2}\mathbf{b}_i, ...$ ebenfalls von ihren Vorgängern linear abhängig sind. Multipliziert man die Gleichung (3.15) von links mit der Matrix $\mathbf{A}$

$$\mathbf{A}^{k+1}\mathbf{b}_i = [\,\mathbf{AB}, \ \mathbf{A}^2\mathbf{B}, ..., \ \mathbf{A}^k\mathbf{B}, \ \mathbf{A}^{k+1}\mathbf{b}_1, ..., \mathbf{A}^{k+1}\mathbf{b}_{i-1}\,]\mathbf{q}, \tag{3.16}$$

so sieht man, daß diese Aussage richtig ist. Die bei diesem Auswahlvorgang entstehenden Längen κ_i der Vektorketten sind die *Steuerbarkeitsindizes* eines Systems $(\mathbf{A}, \mathbf{B})$:

Definition 3.7 (Ackermann 1983)
Der Steuerbarkeitsindex der Spalte $\mathbf{b}_i$ in $\mathbf{B} = [\mathbf{b}_1, \mathbf{b}_2, ..., \mathbf{b}_m]$ ist die kleinste ganze Zahl κ_i, so daß $\mathbf{A}^{\kappa_i}\mathbf{b}_i$ von seinen Vorgängern in $[\mathbf{B}, \mathbf{AB}, ...]$ linear abhängig ist.

Ist ein System $(\mathbf{A}, \mathbf{B})$ *nicht* vollständig steuerbar, so gibt die Summe der Steuerbarkeitsindizes die Dimension n_S des steuerbaren Unterraumes an:

$$n_S = \sum_{i=1}^{m} \kappa_i. \tag{3.17}$$

Die Reihenfolge der Steuerbarkeitsindizes ist gegenüber einer Änderung der Numerierung der Eingangsgrößen *nicht* invariant. Betrachtet man jedoch die geordnete Liste[5]

$$\kappa_{i_1} \leq \kappa_{i_2} \leq \cdots \leq \kappa_{i_m} \tag{3.18}$$

so ist diese sowohl gegenüber regulären Transformationen des Eingangs- und Zustandssvektors

$$(\mathbf{A},\ \mathbf{B}) \rightarrow (\mathbf{A},\ \mathbf{BV}) \tag{3.19}$$

$$(\mathbf{A},\ \mathbf{B}) \rightarrow (\mathbf{TAT}^{-1},\ \mathbf{B}) \tag{3.20}$$

als auch gegenüber einer Zustandsrückführung

$$(\mathbf{A},\ \mathbf{B}) \rightarrow (\mathbf{A} - \mathbf{BK},\ \mathbf{B}) \tag{3.21}$$

invariant (Ackermann 1983). Die in diesen Eigenschaften auftretenden Transformationen illustriert das Bild 3.1. Die Matrix $\mathbf{K}$ kann hierbei im Gegensatz zu den Matrizen $\mathbf{V}$ und $\mathbf{T}$, die als regulär vorausgesetzt werden, beliebig sein.

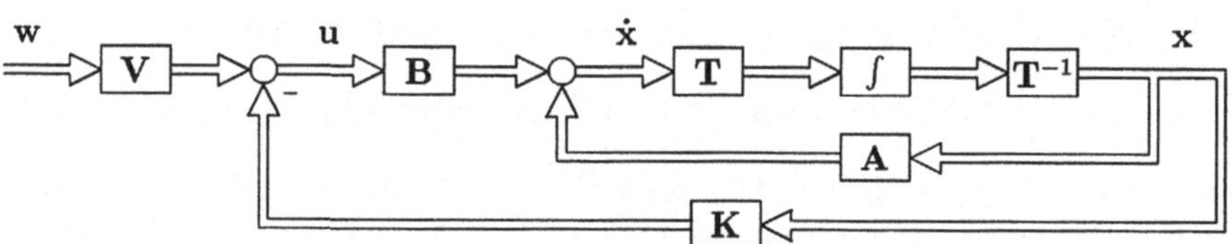

Bild 3.1: Invarianzeigenschaften der Kroneckerindizes

Die Elemente der geordneten Liste der Steuerbarkeitsindizes bezeichnet man auch als *Kroneckerindizes*. Diese Liste ist dann mit der Liste der rechten Kroneckerindizes (minimalen Spaltenindizes, vgl. Abschnitt 2.8) des Matrizenbüschels $\mathbf{P}_E(s) = [\, s\mathbf{I} - \mathbf{A}, -\mathbf{B}\,] = s[\,\mathbf{I}, 0\,] - [\,\mathbf{A}, \mathbf{B}\,]$ identisch.

Die Vektorketten, die bei dieser Auswahlmethode entstehen, sind so weit möglich gleich lang. Ordnet man die Spalten $\mathbf{A}^i\mathbf{b}_j$ in $\mathbf{Q}_S$ jedoch wie folgt an:

$$[\,\mathbf{b}_1, \mathbf{A}\mathbf{b}_1, ..., \mathbf{A}^{n-1}\mathbf{b}_1,\ \mathbf{b}_2, \mathbf{A}\mathbf{b}_2, ..., \mathbf{A}^{n-1}\mathbf{b}_2,\ ...,\ \mathbf{b}_m, \mathbf{A}\mathbf{b}_m, ..., \mathbf{A}^{n-1}\mathbf{b}_m\,] \tag{3.22}$$

und wählt wieder die ersten unabhängigen Spalten aus, so ergeben sich stark unterschiedliche Längen. Der erste Index kann z.B. bereits gleich n sein (die anderen sind dann gleich 0), wenn das System allein vom ersten Eingang aus bereits vollständig steuerbar ist. Die Indizes, die sich mit dieser Auswahlmetho-

---

[5] Eine Liste kann im Gegensatz zu einer Menge mehrere gleiche Elemente enthalten.

dik ergeben, werden auch *Hermite–Indizes* (Hinrichsen und Linnemann 1984) genannt.

In der Literatur wurden in den letzten Jahren zwei vom Ansatz her unterschiedliche Betrachtungsweisen einer weitergehenden quantitativen Steuerbarkeitsanalyse näher untersucht.

3.2.2 Abstand zum nächsten nicht steuerbaren System

Die neuere dieser Betrachtungsweisen wurde durch die bei der numerischen Steuerbarkeitsanalyse auftretenden Probleme (Paige 1981) motiviert. Ausgangspunkt dieser Arbeiten (Eising 1983, Eising 1984, Boley und Lu 1986, Boley 1987, Kenney und Laub 1988, Wicks und DeCarlo 1991) ist der folgende Standpunkt: Die Steuerbarkeit eines Systems $(\mathbf{A}, \mathbf{B})$ ist ihrem Wesen nach eine strukturelle Eigenschaft, und jedes nicht steuerbare System liegt eigentlich beliebig nahe an einem steuerbaren System $(\mathbf{A} + \delta\mathbf{A}, \mathbf{B} + \delta\mathbf{B})$. Im Rahmen einer numerischen Überprüfung wird aber jedes nicht steuerbare System durch die Rundungsfehler der Gleitpunktarithmetik derart gestört, daß es wieder steuerbar wird. Das bedeutet, aus numerischer Sicht existieren nicht steuerbare Systeme eigentlich gar nicht. Streng genommen kann mit Hilfe numerischer Algorithmen, die eine Gleitpunktarithmetik mit endlicher Genauigkeit verwenden, die Frage nach der Steuerbarkeit nicht eindeutig mit Ja oder Nein beantwortet werden, da bestenfalls die Steuerbarkeit eines nur *schwach* gestörten Systems $(\mathbf{A} + \delta\mathbf{A}, \mathbf{B} + \delta\mathbf{B})$ ermittelt wird.

Es kann numerisch jedoch sehr wohl eine Antwort auf die Frage „Wie weit ist ein steuerbares System von dem nächsten nicht steuerbaren System entfernt?" gefunden werden. Ein Maß zur Bewertung dieses Abstandes läßt sich wie folgt definieren.

Definition 3.8
  Gegeben sei ein steuerbares System $(\mathbf{A}, \mathbf{B})$. Der Abstand zwischen $(\mathbf{A}, \mathbf{B})$ und dem nächstliegenden nicht steuerbaren System ist

$$\mu(\mathbf{A}, \mathbf{B}) = \min_{\delta\mathbf{A}, \delta\mathbf{B}} \|[\,\delta\mathbf{A}, \delta\mathbf{B}\,]\| \tag{3.23}$$

mit $\delta\mathbf{A} \in \mathbb{R}^{n \times n}, \delta\mathbf{B} \in \mathbb{R}^{n \times m}$, so daß $(\mathbf{A} + \delta\mathbf{A}, \mathbf{B} + \delta\mathbf{B})$ nicht steuerbar ist.

Dieses Abstandsmaß ist insbesondere auch dann von praktischem Interesse, wenn die Systemparameter durch Messung verrauscht oder aus anderen Gründen nicht exakt bekannt sind. Für die numerische Berechnung dieses Abstandsmaßes ist der folgende Satz wichtig:

Satz 3.6 (Eising 1984)
Für das Abstandsmaß (3.23) gilt:

$$\mu(\mathbf{A}, \mathbf{B}) = \min_{s \in \mathbb{R}} \sigma_n[\, s\mathbf{I} - \mathbf{A}, \ \mathbf{B}\,], \tag{3.24}$$

wobei $\sigma_n[\, s\mathbf{I} - \mathbf{A}, \ \mathbf{B}\,]$ der kleinste Singulärwert von $[\, s\mathbf{I} - \mathbf{A}, \ \mathbf{B}\,]$ ist.

Der Satz 3.6 legt die Vermutung nahe, daß sich das gesuchte Minimum für einen s-Wert ergibt, der in der Nähe der Pole des Systems (den Eigenwerten der Matrix $\mathbf{A}$) liegt. Dies muß allerdings nicht unbedingt der Fall sein, wie das folgende Beispiel zeigen wird.

Beispiel 3.3 (Boley 1987)
Gegeben seien die folgenden Matrizen eines Systems $(\mathbf{A}, \mathbf{b})$:

$$\mathbf{A} = \begin{bmatrix} -149 & 537 & -27 \\ -50 & 180 & -9 \\ -154 & 546 & -25 \end{bmatrix}, \quad \mathbf{b} = \begin{bmatrix} 1 \\ 1 \\ 1 \end{bmatrix}.$$

Dieses System besitzt Pole bei 1, 2, und 3. Das Minimum $\mu(\mathbf{A}, \mathbf{b}) = 0.0044$ ergibt sich allerdings für $s = 2.455$, einem Wert der fast genau zwischen zwei Polen liegt.

Die numerische Bestimmung dieses Abstandsmaßes stellt offensichtlich kein triviales Problem dar. Die in der Definition 3.8 vorgesehenen reellen Variationen $\delta\mathbf{A}, \delta\mathbf{B}$ verursachen darüber hinaus noch weitere Schwierigkeiten. Obwohl diese Einschränkung für die meisten physikalischen Systeme durchaus sinnvoll ist, wird hiermit auch die Menge der zu betrachtenden s-Werte auf die Menge der reellen Zahlen beschränkt, da die zu komplexen s-Werten korrespondieren Abweichungen $\delta\mathbf{A}, \delta\mathbf{B}$ in der Regel ebenfalls komplex sind. Eine derartige Beschränkung auf reelle Abweichungen und reelle s-Werte kann allerdings, wie das folgende Beispiel deutlich macht, zu überbewerteten Abstandsmaßen führen.

Beispiel 3.4
Betrachtet wird ein System $(\mathbf{A}, \mathbf{B})$ mit

$$\mathbf{A} = \begin{bmatrix} 0 & -1 \\ 1 & 0 \end{bmatrix}, \quad \mathbf{b} = \begin{bmatrix} 1 \\ 0 \end{bmatrix}.$$

Eine Betrachtung von $\mathbf{P}_E(s)\mathbf{P}_E(s)^H$ mit $\mathbf{P}_E(s)^H$ der konjugiert transponierten von $\mathbf{P}_E(s) = [\, s\mathbf{I} - \mathbf{A}, \ \mathbf{b}\,]$ liefert für $s = \pm j\sqrt{15}/4$ einen minimalen singulären Wert von $\min_{s \in \mathbb{C}} \sigma_2[\, s\mathbf{I} - \mathbf{A}, \ \mathbf{b}\,] = 0.6614$. Für reelle s-Werte ergibt sich für $s = 0$ mit $\min_{s \in \mathbb{R}} \sigma_2[\, s\mathbf{I} - \mathbf{A}, \ \mathbf{b}\,] = 1$ dagegen ein fast doppelt so großes Abstandsmaß.

In der oben angegebenen Literatur werden eine Reihe von Algorithmen vorgeschlagen, die aber alle noch gewisse Schwachstellen (z.B. werden u.U. nur lokale Minima gefunden, vgl. Wicks and DeCarlo 1991) aufweisen, so daß auf diesem Bereich die Entwicklungen als noch nicht abgeschlossen betrachtet werden müssen. Ein relativ leicht zu realisierender Algorithmus zur Bestimmung eines derartigen (lokalen) Minimums, der nur ein Standardprogramm zur Singulärwertzerlegung einer reellen Matrix (vgl. Abschnitt 2.7) benötigt, ist der folgende:

Algorithmus 3.1 (Boley 1987)

Gegeben seien die Matrizen eines Systems $(\mathbf{A}, \mathbf{B})$ und ein reeller Wert s (z.B. ein reller Eigenwert der Matrix $\mathbf{A}$). Gesucht ist das Abstandsmaß entsprechend (3.24).

1. Berechnung des rechten Singulärvektors $\mathbf{v}$ von $[\, s\tilde{\mathbf{A}} - \tilde{\mathbf{B}} \,]$, der zum kleinsten Singulärwert σ_n gehört, wobei $\tilde{\mathbf{A}} = [\mathbf{I},\, \mathbf{0}]$ und $\tilde{\mathbf{B}} = [\mathbf{A},\, -\mathbf{B}]$ ist.

2. Berechnung eines Wertes s_{neu} durch

$$s_{neu} = \frac{\mathbf{v}^T \tilde{\mathbf{A}}^T \tilde{\mathbf{B}} \mathbf{v}}{\mathbf{v}^T \tilde{\mathbf{A}}^T \tilde{\mathbf{A}} \mathbf{v}},$$

   der näher an dem gesuchten s–Wert des (lokalen) Minimums liegt.

3. **if** $|s_{neu} - s| > \epsilon$ **then** $s := s_{neu}$; gehe nach 1

   else das Abstandsmaß 3.24 ergibt sich als der kleinste Singulärewert von $[\, s_{neu}\tilde{\mathbf{A}} - \tilde{\mathbf{B}} \,]$.

3.2.3 Steuerbarkeitsmaße

Die andere zuvor bereits angesprochene Betrachtungsweise geht zurück auf die Arbeit von Kalman, Ho und Narenda (1963) und beschäftigt sich mit der Fragestellung: „Wie hoch ist der Energieaufwand, um ein System von einem Punkt im Zustandsraum in einen anderen zu überführen?" Dazu wurden von einer Reihe von Autoren Maße zur quantitativen Beurteilung der Steuerbarkeit eines Systems vorgeschlagen. Deren konkrete Formulierung in der Form von Kennzahlen liefert z.B. Informationen über die Bedeutung der einzelnen Stellgrößen und ist insbesondere dann von Bedeutung, wenn die Struktur des zu regelnden Systems nicht fest vorgegeben ist, z.B. bei flexiblen Raumfahrtstrukturen (Viswanathan u.a. 1984, Benninger 1987) oder bei chemischen Prozessen (z.B. Morari 1983).

Einige dieser Steuerbarkeitsmaße wurden mit Hilfe der Mindestenergie

$$W_m(t_1, t_0, \mathbf{x}_0) = \int_{t_0}^{t_1} \mathbf{u}_m^T(\tau)\mathbf{u}_m(\tau)d\tau \tag{3.25}$$

definiert, die notwendig ist, um den Zustand $\mathbf{x}(t_0) = \mathbf{x}_0$ in den Ursprung $\mathbf{x}(t_1)$ $= \mathbf{0}$ zu überführen. Ist das System vollständig steuerbar, so läßt sich für diese kleinstmögliche Energie folgende Beziehung angeben (Kalman, Ho und Narenda 1963):

$$W_m(t_1, t_0, \mathbf{x}_0) = \mathbf{x}_0^T \mathbf{Q}_G^{-1}(t_1, t_0)\mathbf{x}_0, \tag{3.26}$$

mit der Gramschen Steuerbarkeitsmatrix

$$\mathbf{Q}_G(t_1, t_0) = \int_{t_0}^{t_1} e^{\mathbf{A}(t_0 - \tau)} \mathbf{B}\mathbf{B}^T e^{\mathbf{A}^T(t_0 - \tau)} d\tau. \tag{3.27}$$

Die ersten Arbeiten auf dem Gebiet der Steuerbarkeitsmaße betrafen die Bewertung der Steuerbarkeit und bezogen sich auf das komplette Zustandsraummodell (Kalman, Ho und Narenda 1963, Kreindler und Sacharik 1965, Müller und Weber 1972). Eine zusammenfassende Darstellung kann Arbel (1981) entnommen werden.

Von Lückel und Kaspar (1981) wurden dagegen Maßzahlen zur Bewertung der einzelnen Zustandsgrößen angegeben, mit denen sich darüber hinaus auch Aussagen über das Eigenverhalten machen lassen. Weitere modale (eigenwertbezogene) Steuerbarkeitsmaße wurden u.a. von Lückel und Müller (1975), Litz (1979), Hippe (1982) und Roth (1984) angegeben. Eine verallgemeinerte Form des Steuerbarkeitsmaßes wurde in verschiedenen Arbeiten eingeführt (Longman und Alfriend 1981, Viswanathan und Longman 1981, Viswanathan, Longman u.a. 1984).

Auf bis dahin nicht beachtete Schwierigkeiten bei der Verwendung der modalen Maßzahlen wurde von Juen (1982) und Litz (1983a) hingewiesen. Es zeigte sich, daß alle modalen Steuerbarkeitsmaße bei bestimmtem Systemen, die durchaus einen technischen Hintergrund haben können, den Verlust der Steuerbarkeit nicht richtig wiedergeben. Das bedeutet, daß diese Maßzahlen zu dem Kalmanschen Steuerbarkeitsbegriff nicht konsistent sind.

Definition 3.9

> Ein Steuerbarkeitsmaß heißt *konsistent* mit dem von *Kalman* eingeführten Steuerbarkeitsbegriff, wenn gilt: Ist das System $(\mathbf{A}, \mathbf{B})$ vollständig steuerbar, dann müssen die Maßzahlen für sämtliche Systemvariablen größer Null sein. Ist das System nicht vollständig steuerbar, so muß die Steuerbarkeitsmaßzahl für zumindest eine Systemvariable den Wert Null annehmen.

Erfüllt ist diese Konsistenzbedingung bei dem von Benninger und Rivoir (1986) vorgestellten Steuerbarkeitsmaß, das quantitative Aussagen über die Steuerbarkeit der einzelnen physikalischen Systemvariablen ermöglicht und leicht physikalisch interpretiert werden kann. Für eine nähere Betrachtung dieser Maße wird zusätzlich zu der Definition der Steuerbarkeit eines Systems der Begriff der *Steuerbarkeit einer Zustandsvariablen* eingeführt.

Definition 3.10
Eine Zustandsvariable x_f eines Systems heißt steuerbar, wenn alle Zustände $\mathbf{x}$ mit $x_f \neq 0$ und $x_i = 0$ für $i \neq f$ steuerbare Zustände sind, also alle Zustände der x_f-Zustandsachse steuerbare Zustände sind.

Die strenge Forderung, daß nicht nur die betrachtete Zustandsvariable x_f, sondern auch alle anderen zu Null werden müssen, schwächt die folgende Definition der *Beeinflußbarkeit einer Zustandsvariablen* ab.

Definition 3.11
Eine Zustandsvariable x_f eines Systems heißt beeinflußbar, wenn es zu jedem $\mathbf{x}(t_0)$ eine Steuerfunktion $\mathbf{u}(t)$ im Intervall $t_0 \leq t \leq t_1$ gibt, so daß $x_f(t_1) = 0$ gilt.

Entsprechend der Definition 3.10 ist die Steuerbarkeit einer Zustandsvariablen mit der Steuerbarkeit von Zuständen verknüpft, die auf der zugehörigen Zustandsachse liegen. Ein Zustand $\mathbf{x}_0^a$ gilt dann als *besser* steuerbar als ein anderer Zustand $\mathbf{x}_0^b$, wenn die Überführung von $\mathbf{x}_0^a$ nach $\mathbf{0}$ mit einer geringeren Steuerenergie erfolgen kann als diejenige von $\mathbf{x}_0^b$ nach $\mathbf{0}$.

Um die Steuerenergie als Vergleichsgrundlage heranziehen zu können, wird für die Definition der Steuer– und Beeinflußbarkeitsmaße die Mindestenergie W_m (3.25) betrachtet, die zur Überführung eines gegebenen Anfangszustandes $\mathbf{x}_0$ nach $\mathbf{0}$ erforderlich ist. Zur Festlegung von konkreten Zahlenwerten zur Beurteilung der Steuerbarkeit einer Zustandsvariablen wird eine Energie $W_m = 1$ vorgegeben und die zugehörigen Auslenkungen untersucht. Gute Steuerbarkeit einer Zustandsvariablen bedeutet dann, daß zu einer vorgegebenen Steuerenergie eine große Auslenkung gehört.

Sei $(\mathbf{Q}_G)_{ff}$ das f–te Hauptdiagonalelement von $\mathbf{Q}_G$, dann kann ein konsistentes Steuerbarkeitsmaß ms_f für die f–te Zustandsvariable mit Hilfe der Beziehung

$$ms_f = [(\mathbf{Q}_G)^{-1})_{ff}]^{-\frac{1}{2}} \tag{3.28}$$

berechnet werden. Für das Beeinflußbarkeitsmaß mb definiert man:

$$mb_f = [(\mathbf{Q}_G)_{ff}]^{\frac{1}{2}}. \tag{3.29}$$

Das Steuerbarkeitsmaß ms_f gibt dann die größtmögliche Auslenkung auf der x_f-Achse an (vergleiche Definition 3.10); das Beeinflußbarkeitsmaß dagegen gibt an, wie weit die f–te Komponente ausgelenkt werden kann, wenn auf die übrigen Komponenten keine Rücksicht genommen wird (vergleiche Definition 3.11).

Bedingt durch die Tatsache (Schwarz 1971), daß die Gramsche Steuerbarkeitsmatrix (3.27) für nicht steuerbare Systeme singulär (det $\mathbf{Q}_G = 0$) wird —
und somit nicht invertierbar ist —, muß für nicht steuerbare Systeme eine
weitergehende Betrachtung durchgeführt werden (siehe Benninger 1987:43f).

Im Gegensatz zur Inversen einer Matrix, die nur für reguläre Matrizen definiert
ist, existiert die sogenannte *Pseudoinverse* (siehe Abschnitt 2.7.2) sowohl für
rechteckige als auch für quadratische Matrizen mit verschwindender Determinante. Wenn die Pseudoinverse $\mathbf{Q}_G^+$ der Gramschen Steuerbarkeitsmatrix (3.27)
nun die Bedingung

$$\mathbf{Q}_G \mathbf{Q}_G^+ \mathbf{e}_f = \mathbf{e}_f \qquad (3.30)$$

erfüllt, wobei $\mathbf{e}_f$ der f–te Einheitsvektors ist, dann wird für die Zustandsvariable
x_f als Maßzahl

$$ms_f = [(\mathbf{Q}_G^+)_{ff}]^{-\frac{1}{2}} \qquad (3.31)$$

definiert. Ist die Bedingung (3.30) nicht erfüllt, so wird ms_f zu Null gesetzt.
Diese Berechnungsvorschrift gilt dabei sowohl für vollständig steuerbare, als
auch für nicht vollständig steuerbare Systeme, da die Pseudoinverse einer invertierbaren Matrix mit deren Inversen identisch ist, so daß Gl. (3.30) für beliebige
Einheitsvektoren immer erfüllt ist.

Ein freier Parameter bei der Berechnung dieser Maßzahlen ist die Steuerzeit
$T = t_1 - t_0$. Durch die Wahl von T können die Dynamikanteile eines Systems
verschieden gewichtet werden, da offensichtlich schnelle — stabile — Anteile
eine Überführung von $\mathbf{x}_0$ nach $\mathbf{x}_1 = \mathbf{0}$ begünstigen. Die Untersuchungen
von Benninger (1987) haben ergeben, daß die maßgebliche Zeitkonstante des
Systems für T eine sinnvolle Wahl darstellt. Obwohl die Abhängigkeit der
Ergebnisse von der Wahl der Steuerzeit gering ist, sollte T nicht zu klein
gewählt werden, da sonst die Abhängigkeit von der Dynamik verloren geht. Bei
einem zu groß gewähltem T wird dagegen die Dynamik überbewertet, d.h., der
Einfluß der Eingangsverstärkung schwindet.

Im folgenden soll auf die numerische Berechnung dieser Maßzahlen näher eingegangen werden. Benninger (1987) schlägt für die notwendige Bestimmung der
Gramschen Steuerbarkeitsmatrix (3.27) eine Berechnung mit Hilfe des modaltransformierten Systems vor. Dieses Verfahren setzt allerdings voraus, daß die
Systemmatrix $\mathbf{A}$ zur Klasse der *diagonalähnlichen* Matrizen (Zurmühl und Falk
1984) gehört. Das bedeutet, die Matrix $\mathbf{A}$ muß sich mit einer Ähnlichkeitstransformationen auf eine Jordan–Matrix in der speziellen Form einer Diagonalmatrix

transformieren lassen:

$$\mathbf{T}^{-1}\mathbf{A}\mathbf{T} \;=\; \mathbf{J}_d \;=\; \begin{bmatrix} \lambda_1 & 0 & \dots & 0 \\ 0 & \lambda_2 & & \vdots \\ \vdots & & \ddots & 0 \\ 0 & \dots & 0 & \lambda_n \end{bmatrix}, \tag{3.32}$$

wobei einzelne (oder alle) Eigenwerte λ_i auch gleich sein können.

Eine Methode zur numerischen Berechnung einer Näherung[6] der Gramschen Steuerbarkeitsmatrix (3.27), die keine Anforderungen an die Systemmatrix $\mathbf{A}$ stellt, wurde bereits 1981 von Moore angegeben. Dabei ist zunächst folgender Zusammenhang von Bedeutung: Sei $(\mathbf{A}_d, \mathbf{B}_d)$ mit

$$\mathbf{A}_d = e^{\mathbf{A}T_a}; \quad \mathbf{B}_d = \int\limits_0^{T_a} e^{\mathbf{A}\tau} \mathbf{B} \, d\tau \tag{3.33}$$

das zu $(\mathbf{A}, \mathbf{B})$ gehörende äquivalente zeitdiskrete Ersatzsystem (Schwarz 1979) für eine äquidistante Abtastung mit der Tastzeit T_a. Für ein lineares, zeitinvariantes System ist die Gramsche Steuerbarkeitsmatrix nur von der Zeitdifferenz $T = t_1 - t_0$ abhängig, so daß $t_0 = 0$ und $t_1 = T$ gesetzt werden kann. Die Abtastzeit T_a soll so gewählt sein, daß die Steuerzeit T ein ganzzahliges Vielfaches der Abtastzeit ist, d.h. $N = T/T_a$ eine ganze Zahl ist. Zwischen der Steuerbarkeitsmatrix

$$\mathbf{Q}_{s_d}(T_a) = [\,\mathbf{B}_d, \mathbf{A}_d\mathbf{B}_d, ..., \mathbf{A}_d^{N-1}\mathbf{B}_d\,] \tag{3.34}$$

des zeitdiskreten Ersatzsystems und der Gramschen Steuerbarkeitsmatrix (3.27) des zeitkontinuierlichen Systems besteht folgender Zusammenhang (Moore 1981):

$$\int\limits_0^T e^{\mathbf{A}t}\mathbf{B}\mathbf{B}^T e^{\mathbf{A}^T t} dt = \lim_{T_a \to 0} \left(\frac{1}{\sqrt{T_a}} \mathbf{Q}_{s_d}(T_a) \right) \left(\frac{1}{\sqrt{T_a}} \mathbf{Q}_{s_d}(T_a) \right)^T. \tag{3.35}$$

Eine numerische Berechnung der Matrix

$$\mathbf{D}_N = \frac{1}{\sqrt{T_a}} \mathbf{Q}_{s_d}(T_a) \tag{3.36}$$

ist mit Hilfe entsprechender Standardprogramme zur Bestimmung des zeitdis-

---

[6]Bei praktischen Untersuchungen sind weniger die exakten Werte der Maßzahlen als vielmehr deren Abstufungen von Interesse, so daß eine hochgenaue Berechnung der Gramschen Steuerbarkeitsmatrix nicht erforderlich ist.

kreten Ersatzsystems $(\mathbf{A}_d, \mathbf{B}_d)$, z.B. RPEAT1 in RASP (Grübel 1983), leicht zu realisieren. Eine ausreichend große Wahl von N (z.B. $N > 1000$) hat allerdings zur Folge, daß die Matrix $\mathbf{D}_N$ über eine sehr große Anzahl $(m \cdot N)$ von Spalten verfügt. Durch eine entsprechende Berücksichtigung der besonderen Eigenschaften (Symmetrie) der Gramschen Steuerbarkeitsmatrix (3.27) kann zur Berechnung der konsistenten Maßzahlen eine explizite Bildung der Matrix

$$\mathbf{Q}_N = \mathbf{D}_N \mathbf{D}_N^T \tag{3.37}$$

allerdings vermieden werden. Zur Verdeutlichung dieser Aussage betrachten wir zunächst die *Singulärwertzerlegung* (siehe Abschnitt 2.7)

$$\mathbf{D}_N = \mathbf{U} \mathbf{\Sigma} \mathbf{V}^T \tag{3.38}$$

der Matrix (3.36). Ein Einsetzen der Beziehung (3.38) in (3.37) liefert unter Berücksichtigung der Orthogonalität der Matrizen $\mathbf{U}$ und $\mathbf{V}$ für $\mathbf{Q}_N$:

$$\mathbf{Q}_N = \mathbf{U} \mathbf{\Sigma}^2 \mathbf{U}^T. \tag{3.39}$$

Damit kann eine Näherung der Gramschen Steuerbarkeitsmatrix alleine mit Hilfe der Singulärwerte und den zugehörigen linken singulären Vektoren der Matrix $\mathbf{D}_N$ berechnet werden. Auch für die Berechnung der Inversen der Matrix $\mathbf{Q}_N$ ist eine explizite Bestimmung dieser Matrix nicht erforderlich, da sich aus (3.39) für die Inverse

$$\mathbf{Q}_N^{-1} = \mathbf{U}^T \mathbf{\Sigma}^{-2} \mathbf{U} \tag{3.40}$$

ergibt.

Der Zusammenhang (3.39) verdeutlicht darüber hinaus, daß es aus numerischer Sicht nicht sinnvoll ist, die Matrix $\mathbf{Q}_N$ zur Berechnung der Inversen explizit mit Gl. (3.37) zu berechnen, da mit $\kappa_D = \sigma_1/\sigma_n$ (Verhältnis des größten zum kleinsten Singulärwert der Matrix $\mathbf{D}_N$) für die Konditionszahl κ_Q der Matrix $\mathbf{Q}_N$ gilt:

$$\kappa_Q = \kappa_D^2. \tag{3.41}$$

Der numerische Rang der Matrix $\mathbf{Q}_N$ kann also nur dann mit der gleichen Zuverlässigkeit wie der Rang der Matrix $\mathbf{D}_N$ bestimmt werden, wenn eine doppelte Rechengenauigkeit eingesetzt wird. Eine explizite numerische Invertierung der Matrix $\mathbf{Q}_N$ führt daher sehr schnell zu numerischen Problemen.

Für nicht vollständig steuerbare Systeme besitzt die Matrix $\mathbf{Q}_N$ und somit auch die Matrix $\mathbf{D}_N$ nicht den vollen Rang n. Die Singulärwertzerlegung (3.38) von

$\mathbf{D}_N$ weist dann die Form

$$\mathbf{D}_N = [\,\mathbf{U}_r \quad \mathbf{U}_{n-r}\,] \begin{bmatrix} \Sigma_r & \mathbf{0} \\ \mathbf{0} & \mathbf{0} \end{bmatrix} \begin{bmatrix} \mathbf{V}_r^T \\ \mathbf{V}_{n-r}^T \end{bmatrix} \tag{3.42}$$

auf. Hierbei ist die Matrix Σ_r eine Diagonalmatrix mit den von Null verschiedenen Singulärwerten von $\mathbf{D}_N$. Für diesen Fall ergibt sich für $\mathbf{Q}_N$ die Zerlegung

$$\mathbf{Q}_N = [\,\mathbf{U}_r \quad \mathbf{U}_{n-r}\,] \begin{bmatrix} \Sigma_r^2 & \mathbf{0} \\ \mathbf{0} & \mathbf{0} \end{bmatrix} \begin{bmatrix} \mathbf{U}_r^T \\ \mathbf{U}_{n-r}^T \end{bmatrix} \tag{3.43}$$

und für die zugehörige Pseudoinverse

$$\mathbf{Q}_N^{+} = [\,\mathbf{U}_r \quad \mathbf{U}_{n-r}\,] \begin{bmatrix} \Sigma_r^{-2} & \mathbf{0} \\ \mathbf{0} & \mathbf{0} \end{bmatrix} \begin{bmatrix} \mathbf{U}_r^T \\ \mathbf{U}_{n-r}^T \end{bmatrix} \tag{3.44}$$

Setzt man diese beiden Gleichungen in die Bedingung (3.30) ein, so ergibt sich folgende von $\mathbf{Q}_N$ unabhängige Formulierung:

$$\mathbf{U}_r \mathbf{U}_r^T \mathbf{e}_f = \mathbf{e}_f. \tag{3.45}$$

Die Gleichungen (3.43) – (3.45) verdeutlichen, daß die Kenntnis der Singulärwerte und der zugehörigen linken Singulärvektoren von $\mathbf{D}_N$ zur Bestimmung der konsistenten Steuer– und Beeinflußbarkeitsmaße ausreicht. Aus (3.29) bzw. (3.31) und der Zerlegung (3.43) bzw. (3.44) ergeben sich die Beeinflußbarkeitsmaße zu

$$mb_f = \sqrt{\sum_{i=1}^{r} u_{fi}^2 \sigma_i^2} \tag{3.46}$$

und die von Null verschiedenen Steuerbarkeitsmaße ms_f, für die die Bedingung (3.45) erfüllt ist, zu

$$ms_f = \sqrt{\sum_{i=1}^{r} u_{fi}^2 / \sigma_i^2}. \tag{3.47}$$

Für eine effiziente speicherplatzsparende Berechnung der konsistenten Maßzahlen ist von Interesse, daß sich die Matrix $\mathbf{Q}_N$ (vgl. Gl. (3.37)–(3.39)) nicht verändert, wenn die Matrix $\mathbf{D}_N$ von rechts mit einer beliebigen orthogonalen Matrix $\mathbf{V}_r$ multipliziert wird. Das bedeutet, daß eine Matrix $\mathbf{D}_i$, $(n < i \leq m \cdot N)$, die aus den ersten i Spalten der Matrix $\mathbf{D}_N$ gebildet wird, durch orthogonale

Zeilentransformationen (z.B. Householder–Transformationen (Stoer 1989)) auf eine $n \times n$ Matrix

$$\mathbf{D}_n = \mathbf{D}_i \mathbf{V_r} \tag{3.48}$$

reduziert werden kann, deren Singulärwerte und linke Singulärvektoren identisch sind (im Rahmen der Rechengenauigkeit) mit denen der Matrix $\mathbf{D}_i$.

Bei einer praktischen Durchführung der Berechnung kann z.B. zunächst eine Matrix $\mathbf{D}_{2n}$ gebildet werden, deren Spalten mit den ersten $2n$ Spalten von $\mathbf{D}_N$ übereinstimmen. Nach der in Gl. (3.48) angegebenen Reduzierung wird dann $\mathbf{D}_n$ vor einer weiteren Spaltenverdichtung um die nächsten n Spalten der Matrix $\mathbf{D}_N$ erweitert. Dieses wird solange wiederholt, bis alle Spalten der Matrix $\mathbf{D}_N$ berücksichtigt wurden.

Zusammenfassend erhält man für die numerische Berechnung der konsistenten Steuer- und Beeinflußbarkeitsmaße folgenden Algorithmus:

Algorithmus 3.2

Gegeben seien die $n \times n$ Matrix $\mathbf{A}$, die $n \times m$ Matrix $\mathbf{B}$, die Steuerzeit T und die Anzahl der Abtastintervalle N. Gesucht sind die Steuerbarkeitsmaße (3.31) und die Beeinflußbarkeitsmaße (3.29).

1. Berechnung der Matrizen $\mathbf{A}_d$, $\mathbf{B}_d$ des äquivalenten zeitdiskreten Ersatzsystems für $\mathbf{A} := -\mathbf{A}$ und eine Abtastzeit $T_a = T/N$.

2. Setze $i := n$.
   Bildung einer $n \times n$ Matrix $\mathbf{D}_n$ aus den ersten n Spalten der Steuerbarkeitsmatrix (3.34).

3. Erweiterung der Matrix $\mathbf{D}_n$ um die nächsten $\nu \leq n$ Spalten der Steuerbarkeitsmatrix (3.34).
   Setze $i := i + \nu$.

4. Berechnung der reduzierten Matrix (3.48) in der Form
   $$\mathbf{D}_n = \begin{bmatrix} * & 0 & \dots & 0 \\ \vdots & \ddots & \ddots & \vdots \\ \vdots & & \ddots & 0 \\ * & \dots & \dots & * \end{bmatrix}$$
   durch eine sukzessive Anwendung von orthogonalen Householder–Transformationen.

5. **if** $i < m \cdot N$ **then** gehe nach 3.

6. Berechnung des Ranges r, der Singulärwerte $\sigma_1, \sigma_2, ..., \sigma_r$ und der linken Singulärvektoren $\mathbf{u}_1, \mathbf{u}_2, ..., \mathbf{u}_r$ der Matrix $\mathbf{D}_n$.

7. Berechnung der Beeinflußbarkeitsmaße mit Hilfe der Gl. (3.46).

8. **if** $r = n$ **then**   Berechnung der Steuerbarkeitsmaße mit Hilfe der Gl. (3.47).

      else   Setze $ms_i := 0$ für $i = 1, 2, ..., n$.
Wenn Bedingung (3.45) erfüllt ist, dann Bestimmung des zugehörigen Steuerbarkeitsmaßes mit Hilfe der Gl. (3.47).

Ein bekanntes Maß (Johnson 1969) zur Beurteilung der Steuerbarkeit des kompletten Systems ist der kleinste Eigenwert der Gramschen Steuerbarkeitsmatrix (3.27). Aus der Gl. (3.39) folgt, daß das Quadrat σ_n^2 des kleinsten Singulärwert der Matrix $\mathbf{D}_N$, eine Approximation für dieses Maß ist. Die Determinante der Matrix $\mathbf{Q}_G$ (Kalman, Ho und Narendra 1961) stellt ein weiteres auf das gesamte System bezogene Maß dar. Eine Näherung für diese Determinante kann aus der Zerlegung (3.39) direkt abgelesen werden:

$$\det \mathbf{Q}_G \approx \sum_{i=1}^{n} \sigma_i^2 \, , \tag{3.49}$$

wenn σ_i, $i = 1, 2, ..., n$ die Singulärwerte der Matrix $\mathbf{D}_N$ sind.

Auf weitergehende Anwendungen der Steuerbarkeitsmaße, insbesondere in bezug auf die Modellreduktion (mit Hilfe balancierter Realisierungen), wird an dieser Stelle nicht weiter eingegangen. Diese Anwendungen gehen u.a. auf Moore (1981) zurück, und eine aktuelle Übersicht über dieses Gebiet kann Hinrichsen und Philippsen (1990) entnommen werden.

3.3   Numerische Untersuchung der Zustandssteuerbarkeit

Der rapide Preisverfall im Bereich der Rechner-Hardware und die steigenden Anforderungen an die Qualität komplexer Regelungssysteme haben das praktische Interesse an den in den letzten zwei Jahrzehnten entwickelten Zustandsraummethoden zur Analyse und Synthese linearer Mehrgrößensysteme verstärkt. Dabei spielt auch der Gesichtspunkt eine Rolle, daß diese modernen Regelungskonzepte immer leichter und preiswerter mit Hilfe digitaler Standardregler realisiert werden können.

Die einfache Umsetzbarkeit der Zustandsraummethoden in effiziente Berechungsalgorithmen wird als eine ihrer Stärken angesehen. Allerdings kann bei der Anwendung dieser Algorithmen nur in den einfachsten Fällen auf eine geeignete Rechnerunterstützung verzichtet werden. Galt diese Eigenschaft bis vor kurzem (Tolle 1983) noch als Handikap, so hat sich dies in den letzten Jahren durch die immens gestiegene Verfügbarkeit und Leistungsfähigkeit von Personalcomputer und der entsprechenden Software (z.B. MATLAB (Moler 1980, Little und Moler 1986), DORA-PC (Kahlert und Kiendl 1987)) ins Gegenteil verkehrt.

Die bei dem Einsatz dieser Verfahren im Bereich der Forschung und Lehre gemachten Erfahrungen zeigen allerdings immer wieder, daß es oft zu fehlerhaften — numerisch gewonnenen — Aussagen kommt, die, begünstigt durch eine allgemein zunehmenden Computergläubigkeit, häufig auf eine Mißachtung von elementaren Grundregeln aus dem Bereich der numerischen Mathematik zurückzuführen sind. Darüber hinaus tragen im Bereich der Analyse und Synthese von Regelungssystemen mit Hilfe von Zustandsraumverfahren folgende Umstände zu einer Vergrößerung dieser Problematik bei:

- Die ein reales physikalisches System beschreibenden Zustandsmodelle sind häufig numerisch schlecht konditioniert, d.h. die Elemente der Systemmatrizen weisen große Betragsunterschiede auf.

- Die in der Standardliteratur angegebenen Analyse- und Syntheseverfahren für Systeme in einer Zustandsraumdarstellung sind aus einer numerisch orientierten Sicht oft für eine numerische Untersuchung weniger gut geeignet.

Diese Problematik und einige grundlegenden Möglichkeiten zur Erhöhung der Zuverlässigkeit numerisch ermittelter Ergebnisse im Bereich der Analyse und Synthese von Regelungssystemen sollen daher im folgenden Abschnitt zunächst für das Kalman–Kriterium (3.1) anhand des Modelles eines elektrischen Antriebes einer Zahnradschleifmaschine näher erläutert werden.

3.3.1 Kalman–Kriterium

Zur numerischen Überprüfung der Zustandssteuerbarkeit stehen, wie zuvor beschrieben, u.a. folgende drei Verfahren zur Verfügung:

1. Überprüfung der Rangbedingung

$$\text{Rang } \mathbf{Q}_S = \text{Rang } [\,\mathbf{B}, \mathbf{AB}, ..., \mathbf{A}^{n-1}\mathbf{B}\,] = n. \tag{3.50}$$

2. Überprüfung, ob für alle Eigenwerte λ_i, $i = 1, ..., n$ der Matrix $\mathbf{A}$

$$\text{Rang } [\,\lambda \mathbf{I} - \mathbf{A}, \mathbf{B}\,] = n \tag{3.51}$$

erfüllt ist.

3. Berechnung der Eingangs–Entkopplungsnullstellen von $(\mathbf{A}, \mathbf{B})$, d.h. der endlichen Nullstellen von

$$\mathbf{P}_E(s) = [\,s\mathbf{I} - \mathbf{A}, \mathbf{B}\,]. \tag{3.52}$$

Ein System $(\mathbf{A}, \mathbf{B})$ ist dann und nur dann vollständig steuerbar, wenn es *keine* Eingangs–Entkopplungsnullstellen besitzt.

Die aufgeführte Reihenfolge dieser 3 Verfahren gibt in etwa deren Bekanntheitsgrad an. Das bedeutet, das erste Verfahren ist das Standardverfahren, das man praktisch in jedem Lehrbuch (z.B. Schwarz 1971, Tolle 1985 und Unbehauen 1985) findet. Im Gegensatz dazu wird das dritte Verfahren nur ansatzweise in neueren Werken (Tolle 1985, Schwarz 1991) angesprochen.

Bezüglich der numerischen Zuverlässigkeit muß diese Reihenfolge allerdings genau umgekehrt gesehen werden. Das erste Verfahren ist dann — wie im weiteren noch gezeigt wird — das unzuverlässigste und das dritte das numerisch zuverlässigste Verfahren (vgl. Paige 1981, Svaricek 1984).

Das Problem der Überprüfung der Steuerbarkeit eines linearen Systems $(\mathbf{A}, \mathbf{B})$ muß entsprechend seiner Natur zu den sehr sensiblen Problemstellungen gezählt werden, d.h., daß geringe relative Änderungen der Eingangsdaten große relative Fehler der Lösung zur Folge haben können. Diese Sensibilität des Steuerbarkeitsproblems hat ihre Ursache in der Tatsache, daß jedes nicht steuerbare System $(\mathbf{A}, \mathbf{B})$ durch eine geringfügige Änderungen der Elemente der Matrizen $\mathbf{A}, \mathbf{B}$ in ein steuerbares System überführt werden kann. Diese Tatsache ist insbesondere für die numerische Überprüfung der Steuerbarkeit von besonderer Bedeutung, da bedingt durch die Rundungsfehler der mit einer endlichen Wortlänge arbeitenden Gleitpunktarithmetik die gefundene Lösung bestenfalls eine exakte Lösung für ein schwach gestörtes System $(\mathbf{A} + \delta\mathbf{A}, \mathbf{B} + \delta\mathbf{B})$ darstellt.

Diese Sensibilität oder *Kondition* eines Problems ist dabei zunächst unabhängig von dem gewählten Lösungsverfahren. So wie zwischen mehr oder weniger sensiblen Problemen muß auch zwischen gut oder schlecht konditionierten numerischen Verfahren unterschieden werden. Ein numerisches Verfahren wird dabei als gut konditioniert bezeichnet, wenn seine Lösung die Lösung eines mathematischen Problems ist, das durch geringe relative Änderungen der Eingabedaten aus dem ursprünglich vorgelegten mathematischen Problem entsteht (Törnig 1979).

So gesehen ist das in der Literatur am häufigsten anzutreffende Verfahren (1) zu den schlecht konditionierten numerischen Verfahren zur Überprüfung der Steuerbarkeit zu zählen, da die zunächst zu berechnende Steuerbarkeitsmatrix (3.50) sehr sensibel auf kleine Änderungen der Eingangsdaten reagieren kann, so daß die Sensibilität dieses Verfahrens oft größer ist als die Sensibilität des Ausgangsproblems.

Bei der numerischen Lösung eines Problems sind daher zunächst zwei Gesichtspunkte zu berücksichtigen:

i) Die Sensibilität der vorliegenden Problemstellung muß bei der Interpretation der numerischen Lösung im Auge behalten werden.

ii) Es sollte ein numerisches Verfahren ausgewählt werden, das gut konditioniert ist.

Um die weiteren Möglichkeiten zur Erhöhung der numerischen Zuverlässigkeit eines Rechnerprogrammes zu demonstrieren, wird im weiteren die Überprüfung der Steuerbarkeit mit Hilfe des schlecht konditionierten Standardverfahrens (1) untersucht.

Die weiteren Betrachtungen sollen exemplarisch an einem praktischen Beispiel erfolgen. Die folgenden Matrizen $\mathbf{A},\mathbf{B},\mathbf{C}$ beschreiben das um einen Arbeitspunkt linearisierte Zustandsmodell eines elektrischen Vertikalantriebes einer Zahnradschleifmaschine auf der Basis der physikalischen Einheiten kg, m, s (Nebelung 1988).

$$
\mathbf{A} = \begin{bmatrix}
.000\text{D}+00 & .100\text{D}+01 & .000\text{D}+00 & .000\text{D}+00 & .000\text{D}+00 \\
-.544\text{D}+06 & -.689\text{D}+00 & .545\text{D}+06 & .000\text{D}+00 & .000\text{D}+00 \\
.000\text{D}+00 & .000\text{D}+00 & .000\text{D}+00 & .100\text{D}+01 & .000\text{D}+00 \\
.167\text{D}+06 & .000\text{D}+00 & -.167\text{D}+06 & -.791\text{D}+00 & \underline{.985\text{D}-03} \\
.000\text{D}+00 & .000\text{D}+00 & .000\text{D}+00 & \underline{-.281\text{D}+08} & -.167\text{D}+03
\end{bmatrix}
$$

$$
\mathbf{B} = \begin{bmatrix}
.000\text{D}+00 \\
.320\text{D}-02 \\
.000\text{D}+00 \\
.000\text{D}+00 \\
.000\text{D}+00
\end{bmatrix}
$$

$$
\mathbf{C} = \begin{bmatrix} .100\text{D}+01 & .000\text{D}+00 & .000\text{D}+00 & .000\text{D}+00 & .000\text{D}+00 \end{bmatrix}
$$

Für eine Rechengenauigkeit von 16 Dezimalstellen ist dieses Modell nicht mehr gut konditioniert (vgl. Betragsunterschiede der unterstrichenen Elemente). Zur Überprüfung der Steuerbarkeit mittels des Verfahrens (1) ist jetzt zunächst die Berechnung der Steuerbarkeitsmatrix

$$
\mathbf{Q}_S = [\,\mathbf{B}, \mathbf{AB}, \mathbf{A}^2\mathbf{B}, \mathbf{A}^3\mathbf{B}, \mathbf{A}^4\mathbf{B}\,] \tag{3.53}
$$

$$
= \begin{bmatrix}
.000\text{D}+00 & .320\text{D}-02 & \underline{-.221\text{D}-02} & -.174\text{D}+04 & .240\text{D}+04 \\
.320\text{D}-02 & -.221\text{D}-02 & \underline{-.174\text{D}+04} & .240\text{D}+04 & .124\text{D}+10 \\
.000\text{D}+00 & .000\text{D}+00 & .000\text{D}+00 & .536\text{D}+03 & -.794\text{D}+03 \\
.000\text{D}+00 & .000\text{D}+00 & .536\text{D}+03 & -.794\text{D}+03 & -.397\text{D}+09 \\
.000\text{D}+00 & .000\text{D}+00 & .000\text{D}+00 & -.151\text{D}+11 & \underline{.254\text{D}+13}
\end{bmatrix}
$$

notwendig. Diese Steuerbarkeitsmatrix ist für eine Rechengenauigkeit von 16 Dezimalstellen bereits sehr schlecht konditioniert.

Zur Überprüfung der Steuerbarkeit ist dann eine numerische Bestimmung des Ranges dieser schlecht konditionierten Matrix erforderlich. Hierbei muß jetzt noch berücksichtigt werden, daß bedingt durch die endliche Wortlänge der Zahlendarstellung im Digitalrechner nur eine Bestimmung des *numerischen* und nicht des wahren Ranges einer Matrix (vgl. Abschnitt 2.7.4) möglich ist.

Das z.Z. zuverlässigste — numerisch stabile — Verfahren zur Bestimmung des numerischen Ranges einer Matrix ist eine Berechnung der *Singulärwerte* mit den entsprechenden EISPACK– oder LINPACK–Programmen (Garbow u.a. 1977, Dongarra u.a. 1979). Die Singulärwerte σ_i, $i = 1, ..., n$ einer $n \times n$ Matrix $\mathbf{A}$ sind dabei die nach ihrer Größe geordneten $(\sigma_1 > \sigma_2 > \cdots > \sigma_n)$ positiven Wurzeln der Eigenwerte von $\mathbf{A}^T\mathbf{A}$. Die Anzahl der numerisch bestimmten Singulärwerte mit

$$\sigma_i \; > \; \epsilon \; = \; \sigma_1 \cdot \epsilon_m \cdot n \tag{3.54}$$

gibt den numerisch Rang der Matrix an (Paige 1981), wobei ϵ_m die Rechengenauigkeit der verwendeten Gleitpunktarithmetik ist. Dieser numerische Rang der Matrix $\mathbf{A}$ ist der wahre Rang einer Matrix $\mathbf{A} + \mathbf{F}$, wobei für die die Fehlermatrix $\mathbf{F}$ folgende Abschätzungen angegeben werden können (Laub 1985):

$$| \, \sigma_i(\mathbf{A} + \mathbf{F}) - \sigma_i(\mathbf{A}) \, | \; \leq \; \| \, \mathbf{F} \, \| \; \leq \; \sigma_1(\mathbf{F}) \tag{3.55}$$

mit

$$\| \, \mathbf{F} \, \| \; \leq \; N \cdot \epsilon_m \cdot \sigma_1(\mathbf{A}), \tag{3.56}$$

wobei N ein Produkt aus der Anzahl der benötigten Rechenoperationen und einem Polynom niedriger Ordnung der Matrixdimension n ist. Die Abschätzungen (3.55) besagt, daß die Singulärwerte einer *schwach* gestörten Matrix $\mathbf{A} + \mathbf{F}$ nur wenig von den Werten der Matrix $\mathbf{A}$ abweichen werden. Aufgrund dieser Eigenschaft, die die Eigenwerte einer Matrix beispielsweise nicht besitzen, werden die Singulärwerte auch als gut konditioniert bezeichnet (Paige 1981, Laub 1985). Ist die Norm der untersuchten Matrix klein, so wird aufgrund von (3.56) auch der absolute Fehler der numerisch berechneten Singulärwerte klein sein.

Die folgenden numerischen Untersuchungen wurden mit Hilfe eines HP–Rechners (HP1000/A900) mit doppelter Genauigkeit durchgeführt, so daß für die Rechengenauigkeit

$$\epsilon_m = 0.278 \cdot 10^{-16}. \tag{3.57}$$

gilt.

Für die Steuerbarkeitsmatrix (3.53) ergeben sich dann folgende Singulärwerte:

$$\sigma_1 = 0.254 \cdot 10^{13}, \quad \sigma_2 = 0.775 \cdot 10^7, \quad \sigma_3 = 0.199 \cdot 10^2,$$
$$\sigma_4 = 0.322 \cdot 10^{-2}, \quad \sigma_5 = 0.589 \cdot 10^{-5}. \tag{3.58}$$

Mit Hilfe des größten singulären Wertes σ_1 und der Rechengenauigkeit ϵ_m ergibt sich eine Nullschranke ϵ von

$$\begin{aligned} \epsilon &= \sigma_1 \cdot n \cdot \epsilon_m \\ &= 0.254 \cdot 10^{13} \cdot 5 \cdot 0.278 \cdot 10^{-16} \\ &= 0.353 \cdot 10^{-3} \end{aligned} \tag{3.59}$$

Aus

$$\sigma_4 = 0.322 \cdot 10^{-2} > \epsilon \tag{3.60}$$

und

$$\sigma_5 = 0.589 \cdot 10^{-5} < \epsilon \tag{3.61}$$

folgt, daß die Steuerbarkeitsmatrix (3.53) einen numerischen Rang von $4 < n$ besitzt, und demnach das Zustandsmodell des Schleifmaschinenantriebes als nicht vollständig steuerbar anzusehen ist.

Wenn dieses Ergebnis korrekt wäre, müßte bei der Bildung der Übertragungsfunktion eine Pol-/Nullstellenkürzung auftreten (Schwarz 1971). Eine Berechnung der Pole und Nullstellen liefert allerdings folgendes Ergebnis:

$$\begin{aligned} \text{Pole:} &\quad 0.0, \quad -1.13 \pm 847.6j, \quad -82.94 \pm 119.4j, \\ \text{Nullstellen:} &\quad -145.3, \quad -11.08 \pm 438.1j. \end{aligned}$$

Das bedeutet, daß dieses System noch nicht einmal eng beieinander liegende Pole und Nullstellen besitzt, und daß daher das zuvor ermittelte Ergebnis nicht korrekt sein kann.

Im weiteren wird sich zeigen, daß ein korrektes Ergebnis auch mittels des schlecht konditionierten Standardverfahrens (1) erzielt werden kann, wenn das Ausgangssystem entsprechend skaliert wird. Unter Skalierung versteht man dabei eine Angleichung der Beträge einer Matrix zur Verbesserung ihrer numerischen Kondition (Zurmühl und Falk 1986).

Für ein System in einer Zustandsraumdarstellung $\mathbf{A}, \mathbf{B}, \mathbf{C}$ ermöglicht die Ausführung einer Zustandstransformation

$$\tilde{\mathbf{x}}(t) = \mathbf{D}\mathbf{x}(t) \tag{3.62}$$

mit einer Diagonalmatrix $\mathbf{D}$ eine Skalierung der Systemmatrizen. Die Systemmatrizen des transformierten Systems ergeben sich dann zu:

$$\tilde{\mathbf{A}} = \mathbf{DAD}^{-1}, \quad \tilde{\mathbf{B}} = \mathbf{DB}, \quad \tilde{\mathbf{C}} = \mathbf{CD}^{-1}. \tag{3.63}$$

Bei der Bestimmung einer geeigneten Transformationsmatrix kann zwischen zwei Skalierungsverfahren unterschieden werden:

i) Verbesserung der Kondition der Matrizen $\mathbf{A},\mathbf{B},\mathbf{C}$ durch eine günstige Wahl der physikalischen Einheiten des Zustandsmodelles.

ii) Balancieren der Systemmatrizen (vgl. Joos 1983, Heister 1982).

Bei dem ersten Verfahren versucht man die physikalischen Einheiten des Zustandsvektors in der Form zu verändern, daß sich die Betragsunterschiede in den Systemmatrizen verringern. Diese Art der Skalierung bewirkt nur eine Änderungen der Einheiten an den Koordinatenachsen, so daß alle Ergebnisse, die anhand eines derartig skalierten Modelles gewonnen werden, ohne Rücktransformation physikalisch interpretierbar bleiben. So, wie die Normierung einer Analogrechenschaltung selbstverständlich ist, sollte eine derartige Skalierung eines linearen Zustandsmodelles immer vor weiteren numerischen Untersuchungen vorgenommen werden.

Bei dem Zustandsmodell des Werkzeugmaschinenantriebes repräsentiert die Zustandsvariable x_5 die Kraft in [N], die auf die Spindel des Werkzeugschlittens einwirkt. Wird diese Kraft in [kN] angesetzt, so entspricht dies einer Transformation (3.63) des Zustandsvektors mit

$$\mathbf{D} = \text{diag} \ [1, \ 1, \ 1, \ 1, \ 10^{-3}]. \tag{3.64}$$

Für unser transformiertes System (3.63) erhalten wir dann:

$$\tilde{\mathbf{A}} = \begin{bmatrix} .000\text{D}+00 & .100\text{D}+01 & .000\text{D}+00 & .000\text{D}+00 & .000\text{D}+00 \\ -.545\text{D}+06 & -.689\text{D}+00 & .545\text{D}+06 & .000\text{D}+00 & .000\text{D}+00 \\ .000\text{D}+00 & .000\text{D}+00 & .000\text{D}+00 & .100\text{D}+01 & .000\text{D}+00 \\ .167\text{D}+06 & .000\text{D}+00 & -.167\text{D}+06 & -.791\text{D}+00 & .985\text{D}+00 \\ .000\text{D}+00 & .000\text{D}+00 & .000\text{D}+00 & -.281\text{D}+05 & -.167\text{D}+03 \end{bmatrix},$$

$$\tilde{\mathbf{B}} = \begin{bmatrix} .000\text{D}+00 \\ .320\text{D}-02 \\ .000\text{D}+00 \\ .000\text{D}+00 \\ .000\text{D}+00 \end{bmatrix},$$

$$\tilde{\mathbf{C}} = \begin{bmatrix} .100\text{D}+01 & .000\text{D}+00 & .000\text{D}+00 & .000\text{D}+00 & .000\text{D}+00 \end{bmatrix}.$$

Die Kondition der Systemmatrix $\mathbf{A}$ konnte durch diese Änderung der physikalischen Einheit der auf die Spindel des Werkzeugschlittens einwirkenden Kraft erheblich verbessert werden (vgl. unterstrichene Elemente). Diese Verbesserung der Kondition der Ausgangsdaten spiegelt sich auch in der zugehörigen Steuerbarkeitsmatrix

$$\mathbf{Q}_S = [\,\mathbf{B}, \mathbf{AB}, \mathbf{A}^2\mathbf{B}, \mathbf{A}^3\mathbf{B}, \mathbf{A}^4\mathbf{B}\,] \tag{3.65}$$

$$= \begin{bmatrix}
.000\text{D}+00 & .320\text{D}-02 & \underline{-.221\text{D}-02} & -.174\text{D}+04 & .240\text{D}+04 \\
.320\text{D}-02 & -.221\text{D}-02 & -.174\text{D}+04 & .240\text{D}+04 & .124\text{D}+10 \\
.000\text{D}+00 & .000\text{D}+00 & .000\text{D}+00 & .536\text{D}+03 & -.794\text{D}+03 \\
.000\text{D}+00 & .000\text{D}+00 & .536\text{D}+03 & -.794\text{D}+03 & -.397\text{D}+09 \\
.000\text{D}+00 & .000\text{D}+00 & .000\text{D}+00 & -.151\text{D}+08 & \underline{.254\text{D}+13}
\end{bmatrix}$$

wieder. Für diese besser konditionierte Steuerbarkeitsmatrix (3.65) ergeben sich dann die Singulärwerte zu:

$$\sigma_1 = 0.285 \cdot 10^{10}, \quad \sigma_2 = 0.690 \cdot 10^7, \quad \sigma_3 = 0.199 \cdot 10^2,$$
$$\sigma_4 = 0.322 \cdot 10^{-2}, \quad \sigma_5 = 0.589 \cdot 10^{-5}. \tag{3.66}$$

Mit Hilfe des größten Singulärwertes σ_1 und der Rechengenauigkeit ϵ_m ergibt sich eine zugehörige Nullschranke von

$$\begin{aligned}
\epsilon &= \sigma_1 \cdot n \cdot \epsilon_m \\
&= 0.285 \cdot 10^{10} \cdot 5 \cdot 0.278 \cdot 10^{-16} \\
&= 0.396 \cdot 10^{-6}
\end{aligned} \tag{3.67}$$

Aus

$$\sigma_5 = 0.589 \cdot 10^{-5} > \epsilon \tag{3.68}$$

folgt, daß diese Steuerbarkeitsmatrix einen numerischen Rang von 5 besitzt, und das System somit vollständig steuerbar ist.

Eine weitere Möglichkeit zur Verbesserung der Kondition der Ausgangsdaten besteht in deren Balancierung (vgl. Joos 1983). Dieses Balancieren verringert mit Hilfe einer Zustandstransformation (3.62) die Norm der Matrizen und gleicht die Größenordnungen der Matrizenelemente an. Bei der von Joos (1983) vorgestellten numerischen Realisierung werden zur Transformation ausschließlich Diagonalmatrizen verwendet, deren Elemente ganzzahlige Potenzen der Rechnerbasis sind. Dadurch werden zusätzliche Rundungsfehler, sowohl bei der Transformation als auch bei der Rücktransformation ausgeschlossen.

Dieses Balancieren kann nun praktisch bei allen Problemstellungen, die gegenüber einer Zustandstransformation invariant sind (z.B. Pol– und Nullstellenberechnungen), angewendet werden. So wird bei einer Reihe von Unterprogrammen der regelungstechnischen Programmbibliothek RASP (Grübel 1983) die numerische Zuverlässigkeit durch ein derartiges — automatisches — Balancieren erhöht.

Das Balancierungsprogramm RPEQIL in RASP transformiert das Modell des Werkzeugschlittenantriebes mittels

$$\mathbf{D}^{-1} = \text{diag } [2^{-11}, \ 2^{-1}, \ 2^{-12}, \ 2^{-3}, \ 2^{+14}]$$
$$= \text{diag } [0.49 \cdot 10^{-3}, \ 0.5, \ 0.24 \cdot 10^{-3}, \ 0.125, \ 0.16 \cdot 10^{5}]$$

(3.69)

auf folgende Form:

$$\tilde{\mathbf{A}} = \begin{bmatrix} .000\text{D}{+}00 & .102\text{D}{+}04 & .000\text{D}{+}00 & .000\text{D}{+}00 & .000\text{D}{+}00 \\ -.532\text{D}{+}03 & -.689\text{D}{+}00 & .266\text{D}{+}03 & .000\text{D}{+}00 & .000\text{D}{+}00 \\ .000\text{D}{+}00 & .000\text{D}{+}00 & .000\text{D}{+}00 & .512\text{D}{+}03 & .000\text{D}{+}00 \\ .654\text{D}{+}03 & .000\text{D}{+}00 & -.327\text{D}{+}03 & -.791\text{D}{+}00 & .129\text{D}{+}03 \\ .000\text{D}{+}00 & .000\text{D}{+}00 & .000\text{D}{+}00 & -.215\text{D}{+}03 & -.167\text{D}{+}03 \end{bmatrix},$$

$$\tilde{\mathbf{B}} = \begin{bmatrix} .000\text{D}{+}00 \\ .641\text{D}{-}02 \\ .000\text{D}{+}00 \\ .000\text{D}{+}00 \\ .000\text{D}{+}00 \end{bmatrix},$$

$$\tilde{\mathbf{C}} = \begin{bmatrix} .490\text{D-}03 & .000\text{D}{+}00 & .000\text{D}{+}00 & .000\text{D}{+}00 & .000\text{D}{+}00 \end{bmatrix}.$$

Die Kondition der Systemmatrix $\mathbf{A}$ konnte durch das Balancieren nochmals erheblich verbessert werden (vgl. unterstrichene Elemente). Bei der Steuerbarkeitsmatrix

$$\mathbf{Q}_S = [\mathbf{B}, \mathbf{AB}, \mathbf{A}^2\mathbf{B}, \mathbf{A}^3\mathbf{B}, \mathbf{A}^4\mathbf{B}]$$

(3.70)

$$= \begin{bmatrix} .000\text{D}{+}00 & .656\text{D}{+}01 & -.452\text{D}{+}01 & -.357\text{D}{+}07 & .492\text{D}{+}07 \\ .641\text{D}{-}02 & -.441\text{D}{-}02 & -.349\text{D}{+}04 & .480\text{D}{+}04 & .248\text{D}{+}10 \\ .000\text{D}{+}00 & .000\text{D}{+}00 & .000\text{D}{+}00 & .220\text{D}{+}07 & -.325\text{D}{+}07 \\ .000\text{D}{+}00 & .000\text{D}{+}00 & .429\text{D}{+}04 & -.645\text{D}{+}04 & -.317\text{D}{+}10 \\ .000\text{D}{+}00 & .000\text{D}{+}00 & .000\text{D}{+}00 & -.921\text{D}{+}06 & .155\text{D}{+}09 \end{bmatrix}$$

hat dies zwar zu keiner weiteren Reduktion der Betragsunterschiede geführt, aber es erfolgte eine sichtbare Angleichung der Zeilennormen. Eine Beurteilung dieser Skalierungsmethode kann jetzt leichter anhand der zugehörigen numerisch berechneten Singulärwerten durchgeführt werden.

$$\sigma_1 = 0.403 \cdot 10^{10}, \quad \sigma_2 = 0.429 \cdot 10^7, \quad \sigma_3 = 0.321 \cdot 10^3,$$
$$\sigma_4 = 0.347 \cdot 10^1, \quad \sigma_5 = 0.439 \cdot 10^{-2}. \tag{3.71}$$

Mit Hilfe des größten singulären Wertes σ_1 und der Rechengenauigkeit ϵ_m ergibt sich eine zugehörige Nullschranke von

$$\begin{aligned}
\epsilon &= \sigma_1 \cdot n \cdot \epsilon_m \\
&= 0.403 \cdot 10^{10} \cdot 5 \cdot 0.278 \cdot 10^{-16} \\
&= 0.396 \cdot 10^{-6}
\end{aligned} \tag{3.72}$$

Aus

$$\sigma_5 = 0.439 \cdot 10^{-2} > \epsilon \tag{3.73}$$

folgt, daß diese Steuerbarkeitsmatrix ebenfalls einen numerischen Rang von 5 besitzt, und das System somit vollständig steuerbar ist. Die Auswirkungen des Balancierens werden jetzt durch den vergrößerten Abstand des kleinsten singulären Wertes von der Nullschranke ϵ verdeutlicht. Obwohl das Balancieren die Betragsunterschiede in der Steuerbarkeitsmatrix (3.70) gegenüber (3.65) nicht weiter verringern konnte, besitzt die Matrix (3.70) einen kleinsten Singulärwert, der um drei Zehnerpotenzen größer ist als der entsprechende Wert von (3.65) bei identischer Nullschranke ϵ.

Der Einfluß der beiden Skalierungsmethoden wird besonders deutlich anhand der jeweiligen Konditionszahlen der einzelnen Steuerbarkeitsmatrizen. Die Konditionszahl κ einer regulären Matrix $\mathbf{Q}$ ist dabei durch

$$\kappa = \| \mathbf{Q} \| \cdot \| \mathbf{Q}^{-1} \| . \tag{3.74}$$

definiert.

Wird in (3.74) die Spektralnorm (vgl. Abschnitt 2.7.1) der Berechnung der Konditionszahl zugrunde gelegt, so erhält man mit den Singulärwerten $\sigma_i(\mathbf{Q})$

$$\kappa = \max \sigma_i(\mathbf{Q}) \cdot \max \left(\frac{1}{\sigma_i(\mathbf{Q})} \right) = \frac{\max \sigma_i(\mathbf{Q})}{\min \sigma_i(\mathbf{Q})} . \tag{3.75}$$

Mit anderen Worten ergibt sich die Konditionszahl aus dem Quotienten des größten und des kleinsten singulären Wertes, so daß eine singuläre Matrix die Konditionszahl ∞ aufweist.

Die folgende Tabelle enthält die entsprechenden Konditionszahlen der jeweiligen Steuerbarkeitsmatrizen für skalierte bzw. nicht skalierte Ausgangsdaten.

Kraft in N	$\kappa = \dfrac{\sigma_1}{\sigma_5} = \dfrac{0.254 \cdot 10^{13}}{0.589 \cdot 10^{-5}} = 0.431 \cdot 10^{18}$
Kraft in kN	$\kappa = \dfrac{\sigma_1}{\sigma_5} = \dfrac{0.285 \cdot 10^{10}}{0.589 \cdot 10^{-5}} = 0.483 \cdot 10^{15}$
Balanciert	$\kappa = \dfrac{\sigma_1}{\sigma_5} = \dfrac{0.403 \cdot 10^{13}}{0.439 \cdot 10^{-2}} = 0.918 \cdot 10^{12}$

Tabelle 2.1. Konditionszahlen der untersuchten Steuerbarkeitsmatrizen

Diese Tabelle zeigt, daß das Balancieren der Systemdaten zu einer erheblichen Verbesserung ($\approx$ 6 Zehnerpotenzen) der Kondition der Steuerbarkeitsmatrix geführt hat. Aber bereits die günstigere Wahl der physikalischen Einheiten ergab eine so deutlich verbesserte Konditionszahl, daß eine erfolgreiche Rangbestimmung möglich wurde.

Als letztes soll jetzt ein Gesichtspunkt angesprochen werden, der für jeden, der die Grenzen numerischer Berechnungsverfahren kennt und berücksichtigt, selbstverständlich ist, der aber für viele, die vielleicht zum ersten Mal mit digitalen Lösungsverfahren in Berührung kommen, nicht unbedingt selbstverständlich sein muß. Es geht um eine, wie auch immer geartete, Verifikation der numerisch berechneten Lösung.

Bei dem weiter oben diskutierten Beispiel der Überprüfung der Steuerbarkeit wurde bereits eine derartige Kontrollmöglichkeit angegeben und eingesetzt. Für viele regelungstechnische Analyseprobleme bietet sich allerdings eine weitaus einfachere und praxisgerechtere Vorgehensweise an, und zwar eine parameterunabhängige Verifikation der numerischen Lösung mit Hilfe graphentheoretischer Verfahren.

Diese Verfahren werden auf den sogenannten Strukturgraphen eines Systems angewendet, der als eine weitere Abstraktion des klassischen Signalflußplanes angesehen werden kann, und liefern beispielsweise Ja/Nein–Aussagen über die Steuerbarkeit eines linearen Systems, die unabhängig von den exakten numerischen Werten der Systemparameter sind. Diese parameterunabhängigen qualitativen Aussagen sind für die Praxis oft interessanter als zweifelhafte numerische Aussagen, die anhand eines nur ungenügend bekannten quantitativen Modells gewonnen werden.

Ein weiterer Vorteil dieser Verfahren besteht darin, daß mit ihnen auch größere Systeme noch von Hand untersucht werden können, d.h. nur mit Papier und Bleistift und ohne Rechnerunterstützung. Eine detallierte Beschreibung dieser Verfahren an dieser Stelle würde den Rahmen dieser Arbeit sprengen, so daß für eine aktuelle Übersicht z.B. auf (Reinschke 1988) und (Wend 1991) verwiesen werden muß.

Trotzdem werden im weiteren auch Algorithmen vorgestellt und diskutiert, die auf diesen Verfahren basieren und mit Hilfe zuverlässiger graphentheoretischer Standardalgorithmen derartige qualitative Aussagen liefern. Dabei besitzen Realisierungen dieser Algorithmen die aus numerischer Sicht angenehme Eigenschaft, daß sie neben logischen Operationen nur ganzzahlige Rechenoperationen einsetzen, so daß durch Rundungsfehler bedingte numerische Probleme nicht auftreten können. Damit sind die Ergebnisse dieser Programme von der Größe des untersuchten Systems unabhängig und immer exakt. Sie eignen sich daher ganz besonders zur Verifikation konventioneller Programme, die für parameterabhängige Systeme eine Gleitpunktarithmetik verwenden müssen (Svaricek 1988).

Abschließend sollen die Hauptaussagen dieses Abschnittes noch einmal wie folgt zusammengefaßt werden:

- Unter der Berücksichtigung der Sensibilität des Problems sollte nur ein entsprechend gut konditioniertes Verfahrens ausgewählt werden.

- Anschließend sollte nur eine numerisch stabile Implementierung des gewählten Verfahrens unter weitgehender Verwendung bewährter Standardsoftware (RASP, EISPACK, LINPACK) eingesetzt werden.

- Die physikalischen Einheiten sollten in der Form gewählt werden, daß die Eingangsdaten möglichst gut konditioniert sind.

- Wenn die Problemstellung es zuläßt, sollten die Eingangsdaten zur weiteren Verbesserung der Kondition balanciert werden.

- Die numerisch berechnete Lösung ist mit Hilfe anderer Verfahren (z.B. zuverlässigen parameterunabhängigen Verfahren) zu verifizieren.

Eine weitere Verbesserung der numerischen Zuverlässigkeit verspricht eine in den letzten Jahren neu entwickelte Rechnerarithmetik mit darauf basierenden Einschließungsverfahren (Kulisch und Miranker 1983). Ein erster interessanter Überblick über die Einsatzmöglichkeiten dieser neuen Verfahren im Bereich der Analyse und Synthese von Regelungssystemen wird von Ludyk (1990) gegeben. Einer weiteren Verbreitung dieser Methoden und Verfahren steht zur Zeit allerdings entgegen, daß entsprechende Programme — außerhalb der PC–Welt — nur auf den Rechnern einiger bestimmter Hersteller implementiert werden können.

3.3.2 Hautus–Kriterium

Im vorhergehenden Abschnitt wurde anhand des Modells eines realen Systems anschaulich demonstriert, daß eine numerische Untersuchung der Zustandssteuerbarkeit mit Hilfe des Kalman–Kriteriums (3.1) nicht empfehlenswert ist, da die eigentlich schon schwierige Rangbestimmnung einer Matrix bei der Steuerbarkeitsmatrix noch schwieriger wird, weil die Spaltenvektoren dieser Matrix mit steigender Potenz von $\mathbf{A}$ immer „linear abhängiger" werden (vgl. auch Ludyk 1990:101ff). Im Gegensatz dazu ist die Überprüfung des Hautus–Kriterium (Rang $[\lambda_i \mathbf{I} - \mathbf{A}, \mathbf{B}] = n$ für jeden Eigenwert λ_i der Matrix $\mathbf{A}$) ein wesentlich besser konditioniertes Verfahren, wenn die Eigenwerte exakt bekannt sind. Allerdings existieren Matrizen, deren Eigenwerte sehr schlecht konditioniert sind (Wilkinson 1965:90ff). Die Eigenwerte derartiger Matrizen reagieren dann sehr empfindlich auf kleine Änderungen der Eingangsdaten bzw. auf numerisch bedingte Rundungsfehler.

Von Paige (1981) wird hierzu ein nichtsteuerbares System

$$\mathbf{A} = \mathbf{U}\hat{\mathbf{A}}\mathbf{U}^T, \quad \mathbf{B}^T = [1\ 1\ \dots\ 1\ 0]^T\ \mathbf{U} \tag{3.76}$$

mit

$$\hat{\mathbf{A}} = \begin{bmatrix} 20 & 20 & 0 & 0 & 0 & 0 & 0 \\ 0 & 19 & 20 & 0 & 0 & 0 & 0 \\ 0 & 0 & 18 & 20 & 0 & 0 & 0 \\ & & & \ddots & \ddots & & \\ 0 & 0 & 0 & 0 & 3 & 20 & 0 \\ 0 & 0 & 0 & 0 & 0 & 2 & 20 \\ 0 & 0 & 0 & 0 & 0 & 0 & 1 \end{bmatrix} \tag{3.77}$$

und einer zufälligen orthogonalen Matrix $\mathbf{U}$ angegeben, das mit Hilfe des Hautus–Kriteriums auf Steuerbarkeit untersucht wird. Nach der numerischen Berechnung der Eigenwerte der Matrix $\mathbf{A}$ wurde für jeden dieser Eigenwerte λ_i die Konditionszahl (3.75) (Verhältnis des kleinsten zum größten singulären Wert) der Matrix $[\lambda_i \mathbf{I} - \mathbf{A}, \mathbf{B}]$ bestimmt. Aufgrund der nicht gegebenen vollständigen Steuerbarkeit des betrachteten Systems hätte eine dieser Konditionszahlen identisch Null oder zumindestens sehr klein sein müssen. Als kleinste Konditionszahl ergab sich ein Wert von 0.002, der mehr als vier Zehnerpotenzen über der verwendeten Rechengenauigkeit lag. Bei einer Verwendung der bekannten korrekten Eigenwerte wurde der Verlust der vollständigen Steuerbarkeit durch eine kleinste Konditionszahl im Bereich der Rechengenauigkeit richtig angezeigt.

Das bedeutet, daß über die Zuverlässigkeit dieser mit Hilfe von Standardprogrammen aus den EISPACK– und LINPACK–Bibliotheken leicht zu realisierenden Methode weniger die Genauigkeit der Rangbestimmung als vielmehr die Genauigkeit der numerisch berechneten Eigenwerte entscheidet. Darüber hinaus können mit diesem Verfahren, wie bereits im Abschnitt 3.1.1 erläutert, für nicht vollständig steuerbare Systeme mit mehrfachen Eigenwerten keine zuverlässigen Aussagen über die Dimension des steuerbaren Unterraumes gemacht werden.

3.3.3 Rosenbrocks Eingangs–Entkopplungsnullstellen

Von den im Abschnitt 3.1.1 vorgestellten Kriterien zur Überprüfung der Zustandssteuerbarkeit ist aus numerischer Sicht die Berechnung der Anzahl der Eingangs–Entkopplungsnullstellen mit Hilfe geeigneter Normalformen als die zuverlässigste Methode anzusehen. Die numerische Berechnung der Eingangs–Entkopplungsnullstellen (EEN) basiert dabei auf einem Steuerbarkeitskriterium, das für eine Steuerbarkeitsprüfung von Hand weniger gut geeignet ist. Dieses Kriterium, das auch für die numerische Berechnung des vollständig steuerbaren Systemteils von großer Bedeutung ist, geht ebenso wie die Definition der Eingangs–Entkopplungsnullstellen auf Rosenbrock (1970) zurück.

Satz 3.7

Ein dynamisches System $(\mathbf{A}, \mathbf{B})$ ist genau dann vollständig steuerbar, wenn keine Transformationsmatrix $\mathbf{T}$ existiert, so daß die transformierten Matrizen

$$\tilde{\mathbf{A}} = \mathbf{T}^{-1}\mathbf{A}\mathbf{T} \quad \text{und} \quad \tilde{\mathbf{B}} = \mathbf{T}^{-1}\mathbf{B} \tag{3.78}$$

diese Gestalt besitzen:

$$\tilde{\mathbf{A}} = \begin{bmatrix} \tilde{\mathbf{A}}_{11} & \mathbf{0} \\ \tilde{\mathbf{A}}_{21} & \tilde{\mathbf{A}}_{22} \end{bmatrix} \quad \text{und} \quad \tilde{\mathbf{B}} = \begin{bmatrix} \mathbf{0} \\ \tilde{\mathbf{B}}_2 \end{bmatrix}, \tag{3.79}$$

wobei die Matrix $\tilde{\mathbf{A}}_{11}$ eine quadratische Matrix der Dimension ρ mit $\rho > 0$ und die Matrix $\tilde{\mathbf{B}}_2$ eine $(n - \rho) \times m$ Matrix ist.

Kann ein System $(\mathbf{A}, \mathbf{B})$ mit Hilfe einer geeigneten Transformationsmatrix $\mathbf{T}$ auf die Form (3.79) transformiert werden, so ergibt sich die Definitionsmatrix $\mathbf{P}_E(s) = [\, s\mathbf{I} - \mathbf{A}, \ \mathbf{B} \,]$ der Eingangs–Entkopplungsnullstellen zu:

$$\mathbf{P}_E(s) = \begin{bmatrix} s\mathbf{I}_\rho - \tilde{\mathbf{A}}_{11} & \mathbf{0}_{\rho,n-\rho} & \mathbf{0}_{\rho,m} \\ -\tilde{\mathbf{A}}_{21} & s\mathbf{I}_{n-\rho} - \tilde{\mathbf{A}}_{22} & \tilde{\mathbf{B}}_2 \end{bmatrix}. \tag{3.80}$$

Offensichtlich ist der Rang dieser Polynommatrix kleiner als n, wenn s mit einem Eigenwert der Matrix $\tilde{\mathbf{A}}_{11}$ identisch ist. Das bedeutet, die Anzahl n_{EEN} der EEN ist gleich der Dimension ρ der Matrix $\tilde{\mathbf{A}}_{11}$, wenn das Teilsystem $(\tilde{\mathbf{A}}_{22}, \tilde{\mathbf{B}}_2)$ vollständig steuerbar ist.

Bereits Rosenbrock (1970:78) gab einen Algorithmus an, der eine Transformationsmatrix $\mathbf{T}$ in der Form bestimmt, daß die vollständige Steuerbarkeit des Teilsystems $(\tilde{\mathbf{A}}_{22}, \tilde{\mathbf{B}}_2)$ sichergestellt ist. Die von Rosenbrock verwendeten Transformationen können allerdings zu sehr schlecht konditionierten Matrizen $\tilde{\mathbf{A}}, \tilde{\mathbf{B}}$ führen, so daß dieser Algorithmus mit Hilfe der von Rosenbrock vorgeschlagenen Transformationen nicht numerisch stabil realisiert werden kann. Numerisch stabile Versionen des Algorithmus, die sich durch eine Verwendung von orthogonalen Transformationen (z.B. Householder–Transformationen) auszeichnen, wurden unabhängig voneinander, z.B. von Nour Eldin (1977), Van Dooren (1981), Paige (1981) und Patel (1981) entwickelt.

Der folgende einfache Algorithmus (Van Dooren 1981) verwendet orthogonale Transformationen zur Zeilenverdichtung einer rechteckigen Matrix. Sei $\mathbf{U}_1$ eine orthogonale Matrix $(\mathbf{U}_1 \mathbf{U}_1^T = \mathbf{I})$ derart, daß $\mathbf{U}_1 \mathbf{B}$ eine zeilenverdichtete Matrix vom Rang τ_1 ist. Dann sind $\mathbf{A}_1, \mathbf{B}_1$ und $\mathbf{Z}_1$ Matrizen entsprechender Dimensionen, die sich aus der Zerlegung

$$\mathbf{U}_1^T \mathbf{A} \mathbf{U}_1 = \underbrace{\left[\begin{array}{c|c} \mathbf{A}_1 & \mathbf{B}_1 \\ \hline * & * \end{array}\right]}_{\rho_1 \quad \tau_1} \begin{array}{l} \}\rho_1 \\ \}\tau_1 \end{array} \quad ; \quad \mathbf{U}_1^T \mathbf{B} = \left[\begin{array}{c} \mathbf{0} \\ \hline \mathbf{Z}_1 \end{array}\right] \begin{array}{l} \}\rho_1 \\ \}\tau_1 \end{array} \tag{3.81}$$

ergeben, wenn $\mathbf{Z}_1$ vollen Zeilenrang τ_1 besitzt. Für das Verständnis des im folgenden angegebenen Algorithmus 3.3 ist der Zusammenhang von Bedeutung, daß bei Anwendung der Zustandstransformation

$$\mathbf{T} = \left[\begin{array}{c|c} \mathbf{U}_2 & \mathbf{0} \\ \hline \mathbf{0} & \mathbf{I}_{\tau_1} \end{array}\right] \tag{3.82}$$

auf (3.81) die Matrix $\mathbf{Z}_1$ nicht mehr verändert wird. Wenn $\mathbf{B}_1$ von Null verschieden ist, aber keinen vollen Zeilenrang besitzt, so kann $\mathbf{U}_2$ zur Zeilenverdichtung dieser Matrix verwendet werden. Anschließend ist eine weitere Zerlegung der Form (3.81) von $\mathbf{U}_2^T \mathbf{A}_1 \mathbf{U}_2$ und $\mathbf{U}_2 \mathbf{B}_1$ möglich. Eine weitere Zerlegung ist genau dann nicht mehr durchführbar, wenn die Matrix $\mathbf{B}_k$ entweder den Rang Null $(\tau_k = 0)$ oder vollen Rang $(\rho_k = 0)$ aufweist.

Algorithmus 3.3

Gegeben seien die $n \times n$ Matrix $\mathbf{A}$, die $n \times m$ Matrix $\mathbf{B}$. Gesucht ist die Anzahl n_{EEN} der Eingangs–Entkopplungsnullstellen (die Dimension des nicht vollständig steuerbaren Unterraumes).

1. Initialisierung: $\mathbf{T} := \mathbf{I}_n;\quad \mathbf{A}_0 := \mathbf{A};\quad \mathbf{B}_0 := \mathbf{B};\quad \delta_0 := 0;\quad \rho_0 := n;\quad i := 1.$

2. Berechnung einer orthogonalen Transformation $\mathbf{U}_i$ zur Zeilenverdichtung der Matrix $\mathbf{B}_{i-1}$:

$$\begin{matrix} \rho_i\{ \\ \tau_i\{ \end{matrix} \left[\begin{array}{c} \mathbf{0} \\ \hline \mathbf{Z}_i \end{array} \right] := \mathbf{U}_i^T \mathbf{B}_{i-1}.$$

if $\tau_i = 0$ **then** $n_{EEN} = \rho = \rho_{i-1}$ (ENDE).
if $\rho_i = 0$ **then** $n_{EEN} = \rho = 0$ (ENDE).

3. Transformierung und Aufteilung der Matrix $\mathbf{A}_{i-1}$ wie folgt:

$$\begin{matrix} \rho_i\{ \\ \tau_i\{ \end{matrix} \underbrace{\left[\begin{array}{c|c} \mathbf{A}_i & \mathbf{B}_i \\ \hline * & * \end{array} \right]}_{\rho_i \quad \tau_i} := \mathbf{U}_i^T \mathbf{A}_{i-1} \mathbf{U}_i.$$

4. Aktualisierung der Transformationsmatrix

$$\mathbf{T} := \mathbf{T} \left[\begin{array}{c|c} \mathbf{U}_i & \mathbf{0} \\ \hline \mathbf{0} & \mathbf{I}_{\delta_{i-1}} \end{array} \right].$$

5. Setze $\delta_i := \delta_i + \tau_i$; $\quad i := i + 1$ und gehe nach 2.

Eine Anwendung der mit Hilfe des Algorithmus 3.3 berechneten Zustandstransformation $\mathbf{T}$ auf das System $(\mathbf{A}, \mathbf{B})$ liefert (z.B. für $\tau_4 = 0$ nach Schritt 6):

$$[\, \mathbf{T}^T \mathbf{A} \mathbf{T} \mid \mathbf{T}^T \mathbf{B} \,] = \left[\begin{array}{c|c|c|c|c} \tilde{\mathbf{A}}_{11} & \mathbf{0} & \mathbf{0} & \mathbf{0} & \mathbf{0} \\ \hline * & * & \mathbf{Z}_3 & \mathbf{0} & \mathbf{0} \\ \hline * & * & * & \mathbf{Z}_2 & \mathbf{0} \\ \hline * & * & * & * & \mathbf{Z}_1 \end{array} \right] \begin{matrix} \}\rho \\ \}\tau_3 \\ \}\tau_2 \\ \}\tau_1 \end{matrix} \tag{3.83}$$
$$\underbrace{}_{\rho} \quad \underbrace{}_{\delta_3} \quad \underbrace{}_{m}$$

$$= \left[\begin{array}{c|c|c} \tilde{\mathbf{A}}_{11} & \mathbf{0} & \mathbf{0} \\ \hline * & \tilde{\mathbf{A}}_{22} & \tilde{\mathbf{B}}_2 \end{array} \right] \begin{matrix} \}\rho \\ \}\delta_3 \end{matrix} \tag{3.84}$$
$$\underbrace{}_{\rho} \underbrace{}_{\delta_3} \underbrace{}_{m} \quad ,$$

wobei die Matrizen $\mathbf{Z}_i$ über einen vollen Zeilenrang verfügen. Für Systeme mit einer Eingangsgröße ist (3.83) eine *Hessenberg-Matrix* (vgl. Abschnitt 2.6).

Bildet man für das transformierte System $(\tilde{\mathbf{A}}, \tilde{\mathbf{B}}) = (\mathbf{T}^T \mathbf{A}\mathbf{T}, \mathbf{T}^T \mathbf{B})$ die Steuerbarkeitsmatrix

$$
\mathbf{Q}_S = [\,\tilde{\mathbf{B}}, \ \tilde{\mathbf{A}}\tilde{\mathbf{B}}, \ \tilde{\mathbf{A}}^2\tilde{\mathbf{B}}, \ \tilde{\mathbf{A}}^3\tilde{\mathbf{B}}, \ \ldots\,]
$$

$$
= \left[\begin{array}{c|c|c|c|c}
\mathbf{0} & \mathbf{0} & \mathbf{0} & \mathbf{0} & \cdots \\ \hline
\mathbf{0} & \mathbf{0} & \mathbf{Z}_3\mathbf{Z}_2\mathbf{Z}_1 & * & \cdots \\ \hline
\mathbf{0} & \mathbf{Z}_2\mathbf{Z}_1 & * & * & \cdots \\ \hline
\mathbf{Z}_1 & * & * & * & \cdots
\end{array}\right]
\begin{array}{l}
\}\rho \\[6pt]
\}\tau_3 \\[6pt]
\}\tau_2 \\[6pt]
\}\tau_1
\end{array}
\qquad\qquad (3.85)
$$

$$
\underbrace{\qquad}_{m}\;\underbrace{\qquad}_{m}\;\underbrace{\qquad}_{m}
$$

so erkennt man folgenden Zusammenhang:

Aus der Eigenschaft der Zeilenregularität der Matrizen $\mathbf{Z}_i$ (Rang $\mathbf{Z}_i = \tau_i$) folgt, daß auch deren Produkte $\mathbf{Z}_k \cdots \mathbf{Z}_2\mathbf{Z}_1$ vollen Zeilenrang τ_k besitzen (vgl. Satz 2.3). Anhand der Form (3.85) ergibt sich dann, daß das transformierte System $(\tilde{\mathbf{A}}, \tilde{\mathbf{B}})$ beispielsweise τ_1 Steuerbarkeitsindizes κ_i (vgl. Abschnitt 3.2) größer oder gleich 1 hat:

$$
\kappa_{i_1} \geq \kappa_{i_2} \geq \cdots \kappa_{i_{\tau_1}} \geq 1. \qquad\qquad (3.86)
$$

Dies kann zu

$$
\kappa_{i_1} \geq \kappa_{i_2} \geq \cdots \kappa_{i_{\tau_k}} \geq k \qquad\qquad (3.87)
$$

verallgemeinert werden, und man erhält eine einfache Vorschrift zur Berechnung der geordneten Liste

$$
\kappa_{i_1} \geq \kappa_{i_2} \geq \cdots \geq \kappa_{i_m} \qquad\qquad (3.88)
$$

der Steuerbarkeitsindizes, die auch *Kroneckerindizes* genannt werden:

Das System $(\tilde{\mathbf{A}}, \tilde{\mathbf{B}})$ besitzt

$$
\tau_k - \tau_{k+1} \text{ Kroneckerindizes der Größe } k,
$$

wobei $\tau_0 = m$ gesetzt wird.

Aufgrund der Invarianzeigenschaften der Kroneckerindizes gegenüber Transformationen des Zustandsvektors sind dies auch die Kroneckerindizes des Systems $(\mathbf{A}, \mathbf{B})$.

Als numerisch zuverlässigste Methode zur Durchführung der erforderlichen Zeilenverdichtungen

$$\mathbf{U}_i^T \mathbf{B}_{i-1} = \left[\begin{array}{c} \mathbf{0} \\ \hline \mathbf{Z}_i \end{array} \right] \begin{array}{l} \}\rho_i \\ \}\tau_i \end{array} \tag{3.89}$$

ist eine Berechnung der Transformationsmatrizen $\mathbf{U}_i$ anhand der Singulärwertzerlegung

$$\mathbf{B}_{i-1} = \mathbf{U}_i \Sigma_i \mathbf{V}_i^T \tag{3.90}$$

der Matrizen $\mathbf{B}_i$ anzusehen (vgl. Abschnitt 2.7). Bei einer aus numerischer Sicht akzeptablen Alternative, die weniger rechenzeitintensiv ist, werden die Zeilenverdichtungen (3.89) durch sukzessives Anwenden von Householder–Transformationen mit Spalten–Pivotisierung (Van Dooren 1981, Golub und Van Loan 1989:233ff) realisiert. Beispielsweise basiert das von Emami–Naeini und Van Dooren (1982) entwickelte FORTRAN–Programm ZEROS zur Berechnung der endlichen Nullstellen von linearen Mehrgrößensystemen auf einer konsequenten Anwendung derartiger Transformationen. Dieses Programm, das inzwischen als besonders zuverlässig bekannt ist (Laub 1985:109), stellt keine Forderungen an den Rang der Matrizen $\mathbf{A}$, $\mathbf{B}$, $\mathbf{C}$ eines linearen Systems, so daß für $\mathbf{C} = \mathbf{0}$ die EEN des Systems berechnet werden. Steht dieses Programm zur Verfügung (z.B. auch unter dem Namen RPMZE1 in RASP'89 enthalten), so kann eine einfache, aber sehr zuverlässige Überprüfung der Steuerbarkeit mittels des folgenden Algorithmus (Svaricek 1984) durchgeführt werden.

Für die Bestimmung des numerischen Ranges der Matrizen $\mathbf{B}_i$ ist eine Vorabberechnung einer sogenannten *Nullschranke* ϵ notwendig. Während der Zeilenverdichtungen werden alle Spaltenvektoren, deren Norm kleiner als ϵ ist, als Nullvektoren betrachtet. Von Emami–Naeini und Van Dooren (1982) wird empfohlen, diese Nullschranke entsprechend der Genauigkeit der Eingabedaten zu wählen, wobei eine untere Schranke von

$$\epsilon = 10 \cdot \epsilon_m \cdot \left\| \left[\begin{array}{cc} \mathbf{A} & \mathbf{B} \\ \mathbf{C} & \mathbf{0} \end{array} \right] \right\|_2 \tag{3.91}$$

mit

ϵ_m　　Rechengenauigkeit der Gleitpunktarithmetik,

$\| \cdot \|_2$　　Spektralnorm

nicht unterschritten werden sollte. Sind keine Informationen über die Genauigkeit der Eingabedaten vorhanden, so sollte die Nullschranke auf den in (3.91) angegebenen Wert gesetzt werden.

Algorithmus 3.4

Gegeben seien die $n \times n$ Matrix $\mathbf{A}$, die $n \times m$ Matrix $\mathbf{B}$. Gesucht ist die Anzahl n_{EEN} der Eingangs–Entkopplungsnullstellen (die Dimension des nicht vollständig steuerbaren Unterraumes).

1. Initialisierung: $\mathbf{A}_f := [\,\mathbf{A}\mid\mathbf{B}\,]$; $\mathbf{C} := \mathbf{0}$.

2. Berechnung der Singulärwerte σ_i, $i = 1, \ldots n$ der Matrix $\mathbf{A}_f$.

3. Berechnung der Nullschranke $\epsilon = 10 \cdot \epsilon_m \cdot \sigma_1$ ($\epsilon_m = $ Rechengenauigkeit der verwendeten Gleitpunktarithmetik).

4. Berechnung der Anzahl n_{EEN} der Eingangs–Entkopplungsnullstellen mit Hilfe des Programmes ZEROS.

5. **if** $n_{EEN} > 0$ **then**   das System $(\mathbf{A}, \mathbf{B})$ ist *nicht* vollständig steuerbar (ENDE).

   else   das System $(\mathbf{A}, \mathbf{B})$ ist vollständig steuerbar (ENDE).

Andere Programme zur Berechnung der Dimension des nicht vollständig steuerbaren Unterraumes (z.B. RPRHES in RASP'89 von Nour Eldin und Heister 1980) berechnen die Stufenform (3.83) zwar auch mittels der orthogonalen Householder–Transformationen; bedingt durch die nicht durchgeführten Spaltenpivotisierungen muß deren numerische Zuverlässigkeit im Vergleich zu dem Programm ZEROS als geringer eingeschätzt werden.

3.4 Qualitative Überprüfung der Zustandssteuerbarkeit

Die Ausführungen in den letzten Abschnitten haben aufgezeigt, welche Schwierigkeiten bei der numerischen Überprüfung der Zustandssteuerbarkeit auftreten können. In diesem Zusammenhang ist von Interesse, daß weniger die numerische Bestimmung der Steuerbarkeit als vielmehr die sichere Ermittlung einer ggf. *nicht* vorhandenen Steuerbarkeit problematisch ist. In der Regel wird ein solcher Verlust der Steuerbarkeit nicht durch eine ungünstige Kombination der Zahlenwerte der Systemparameter, sondern durch ein strukturelles Defizit (z.B. fehlende oder nicht geeignete Steuereingriffe) hervorgerufen. Mit den in diesem Abschnitt behandelten parameterunabhängigen Kriterien und Methoden kann das Vorhandensein eines derartigen Defizits mit absoluter Sicherheit erkannt und genauer lokalisiert werden.

Das zuletzt dargestellte zuverlässigste Verfahren zur Überprüfung der Zustandssteuerbarkeit eines Systems $(\mathbf{A}, \mathbf{B})$ basierte auf der numerisch stabilen Berechnung einer Ähnlichkeitstransformation, mit der die Matrizen $\mathbf{A}$ und $\mathbf{B}$ auf die spezielle Form (3.83) transformiert werden, eine sogenannten *Block–Hessenberg–Form* (Ludyk 1990). Es ist allerdings bekannt (Laub und Linnemann 1986, vgl. Beispiel 4.3), daß auch derartige Hessenberg-Formen sehr schlecht konditioniert sein können. Das bedeutet, auch ein *numerisch stabiler* Algorithmus, der von Hessenberg–Formen Gebrauch macht, kann zu völlig falschen Resultaten kommen.

Abgesehen von den bereits angesprochenen Fehlerquellen existiert für Verfahren, die mit orthogonalen Transformationen arbeiten, eine weitere in der Form sogenannter *Systeme von schwieriger Struktur.* Sind die numerischen Schwierigkeiten für das Beispiel 4.3 von Laub und Linnemann durch die spezielle Kombination der Werte der Matrizenelemente bedingt, so werden die numerischen Probleme bei Systemen von schwieriger Struktur in erster Linie durch die Struktur, d.h. die Besetzungsmuster der Matrizen hervorgerufen.

Hinrichsen und Linnemann (1984) konnten für numerisch stabile Programme, die z.B. orthogonale Householder–Transformationen verwenden, schlecht konditionierte Systemstrukturen angeben, die bereits mit sehr gut konditionierten Zahlenwerten hohe Fehlerquoten erzeugen. Ein derartiges System von schwieriger Struktur konnte von Svaricek (1988) dann auch für das Programm ZEROS aufgestellt werden. Als Auslösungsmechanismus der numerischen Probleme muß dabei angesehen werden, daß ein Algorithmus, der orthogonale Transformationen einsetzt, die in den Systemmatrizen bereits vorhandenen Nullen nicht vollständig ausnutzen kann (vgl. Abschnitt 5.7). Dieses verdeutlicht noch einmal, wie wichtig eine Verifikation numerischer Ergebnisse ist, wenn diese bedingt durch den Einsatz einer Gleitpunktarithmetik mit Rundungsfehlern behaftet sind.

So interessant das Beispiel von Laub und Linnemann aus numerischer Sicht auch ist, so müssen durch schlecht konditionierte Hessenberg-Formen bedingte Probleme aus praktischer Sicht als weniger relevant eingestuft werden als z.B. Probleme, denen schlecht konditionierte Matrizen (vgl. Beispiel im Abschnitt 3.3) und Systemstrukturen zugrunde liegen. Hierbei ist noch zu berücksichtigen, daß die Systemparameter und somit auch die Matrizen **A,B,C** eines realen Systems in den seltensten Fällen exakt bekannt sein werden. Unter diesen Voraussetzungen bieten sich zur Verifikation von ggf. fehlerhaften numerischen Ergebnissen die sogenannten strukturellen, qualitativen Untersuchungsmethoden (Reinschke 1988, Wend 1991) an.

3.4.1 Strukturelle Steuerbarkeit

Seit der Arbeit von Lin (1974) ist bekannt, daß wichtige Systemeigenschaften, wie beispielsweise die Steuerbarkeit, ihrem Wesen nach strukturelle Eigenschaften sind und mit Hilfe von Strukturmodellen beschrieben und untersucht werden können. Im einfachsten Fall geht man dabei davon aus, daß nur die Nullelemente in den Matrizen **A,B,C** exakt bekannt sind, und daß alle anderen Matrizenelemente — unabhängig voneinander — beliebige von Null verschiedene Werte annehmen können. Ein derartiges Strukturmodell läßt sich dann mit Hilfe sogenannter *Strukturmatrizen* darstellen. Eine Strukturmatrix $\mathbf{A}^*$ erhält man dadurch, daß für jedes nicht identisch verschwindende Element der Matrix $\mathbf{A}$ ein „∗" oder für eine rechnergestützte Handhabung günstiger eine „1" an der entsprechenden Stelle von $\mathbf{A}^*$ eingesetzt und jedem Nullelement von $\mathbf{A}$ eine „0" oder eine Leerstelle in $\mathbf{A}^*$ zugeordnet wird.

Das Strukturmodell eines Systems ist im Grunde näher an der physikalischen Realität als ein auf unzureichend bekannten Daten beruhendes quantitatives Modell, da für ein Strukturmodell nur die Information benötigt wird, ob eine Variable Bestandteil einer Systemgleichung ist oder nicht. Die anhand eines Strukturmodells gefundenen Aussagen gelten dann nicht nur für ein spezielles quantitatives Systemmodell, sondern immer für eine ganze Klasse von Systemen, die durch die zugehörigen Strukurmatrizen $\mathbf{A}^*, \mathbf{B}^*, \mathbf{C}^*$ beschrieben wird.

Das Konzept der *strukturellen Steuerbarkeit* wurde von Lin (1974) zunächst nur für Systeme mit einer Eingangsgröße eingeführt und dann von Wassel (1976), Shields und Pearson (1976) sowie Glover und Silverman (1976) auf Systeme mit mehreren Eingängen erweitert.

Definition 3.12
> Ein dynamisches System $(\mathbf{A}, \mathbf{B})$ ist strukturell steuerbar, wenn ein vollständig steuerbares System $(\tilde{\mathbf{A}}, \tilde{\mathbf{B}})$ mit gleicher Struktur existiert.

Die Systeme $(\mathbf{A}, \mathbf{B}, \mathbf{C})$, $(\tilde{\mathbf{A}}, \tilde{\mathbf{B}}, \tilde{\mathbf{C}})$ sind dann von gleicher Struktur wenn die folgenden Voraussetzungen erfüllt sind:

i) Die Systeme besitzen die gleichen Dimensionen (n, m, l).

ii) Eine orthogonale Permutationsmatrix $\mathbf{P}$ mit

$$\hat{\mathbf{A}} = \mathbf{P}\tilde{\mathbf{A}}\mathbf{P}^T \, , \quad \hat{\mathbf{B}} = \mathbf{P}\tilde{\mathbf{B}} \, , \quad \hat{\mathbf{C}} = \tilde{\mathbf{C}}\mathbf{P}^T \tag{3.92}$$

existiert so, daß die Strukturmatrizen des Systems $(\hat{\mathbf{A}}, \hat{\mathbf{B}}, \hat{\mathbf{C}})$ mit den Strukturmatrizen des Systems $(\mathbf{A}, \mathbf{B}, \mathbf{C})$ übereinstimmen.

Eine Permutationsmatrix ist dabei eine quadratische Matrix, die in jeder Zeile und Spalte genau eine „1" als einziges von Null verschiedenes Element besitzt.

Im Gegensatz zu Lin, der eine graphentheoretische Charakterisierung der strukturellen Steuerbarkeit vorschlägt, geben sowohl Shields und Pearson als auch Glover und Silverman rein algebraische Beschreibungen an. Da im weiteren ausschließlich auf die rechnergestützte Ermittlung der strukturellen Steuerbarkeit näher eingegangen werden soll, wird an dieser Stelle auf eine Darstellung der graphentheoretischen Charakterisierung und Bestimmung der strukturellen

Steuerbarkeit verzichtet. Eine aktuelle Übersicht über diese graphentheoretischen Kriterien, die für eine Untersuchung von Hand sicherlich besser geeignet sind als die folgenden algebraischen Kriterien, kann Wend (1991) entnommen werden.

Die effizienteste Methode zur numerische Überprüfung der Steuerbarkeit eines *quantitativen* Zustandsmodells basiert, wie im vorherigen Abschnitt dargestellt, auf der numerisch stabilen Berechnung einer Ähnlichkeitstransformation (3.78), so daß das transfomierte System $(\mathbf{T}^{-1}\mathbf{AT}, \mathbf{T}^{-1}\mathbf{B})$ in der Normalform (3.79) vorliegt. Eine allgemeine Ähnlichkeitstransformation wird dabei eine vorhandene Nullstruktur (Anordnung der Nullelemente einer Matrix) der Matrizen $\mathbf{A}$ und $\mathbf{B}$ zerstören, bzw. neue Nullelemente erzeugen, so daß für strukturelle Untersuchungen nur gewisse Ähnlichkeitstransformationen und zwar nur die Permutationstransformationen (Zeilen- und Spaltenvertauschungen) eingesetzt werden dürfen. Die physikalische Bedeutung einer Zustandsvariablen bleibt dabei — anders als bei beliebigen Ähnlichkeitstransformationen — erhalten.

Eine Normalform des Systems $(\mathbf{A}, \mathbf{B})$ bezüglich Permutationstransformationen, in der Literatur als *Form I* bekannt (Lin 1974, Glover und Silverman 1976, Shields und Pearson 1976), kann daher auch als Spezialfall der Form (3.79) angesehen werden.

Definition 3.13

Ein dynamisches System $(\mathbf{A}, \mathbf{B})$ besitzt die Form I, falls eine Permutationsmatrix $\mathbf{P}$ derart existiert, daß

$$\mathbf{PAP}^T = \begin{bmatrix} \mathbf{A}_{11} & \mathbf{0} \\ \mathbf{A}_{21} & \mathbf{A}_{22} \end{bmatrix} \tag{3.93}$$

und

$$\mathbf{PB} = \begin{bmatrix} \mathbf{0} \\ \mathbf{B}_2 \end{bmatrix} \tag{3.94}$$

mit dim $(\mathbf{A}_{11}) > 0$ gilt.

Besitzt ein System die Form I, so werden die zu der Matrix $\mathbf{A}_{11}$ gehörenden Zustandsgrößen als *strukturell nicht erreichbar*[7] bezeichnet. Die Dimension des strukturell erreichbaren Unterraumes ist dann identisch mit der Dimension der quadratischen Matrix $\mathbf{A}_{22}$.

Im Gegensatz zur Steuerbarkeit eines quantitativen Modells, die garantiert ist, wenn ein System mit Hilfe einer allgemeinen Ähnlichkeitstransformation

---

[7]Unter Erreichbarkeit versteht man im strukturellen Sinn, daß in einem entsprechend definierten Systemgraph jeder Zustandsknoten von zumindest einem Eingangsknoten aus erreicht werden kann (vgl. Wend 1991). Strukturelle Steuer- und Erreichbarkeit sind daher *keine* äquivalenten Eigenschaften.

nicht auf die Form I transformiert werden kann, reicht diese Bedingung bei einer ausschließlichen Berücksichtigung von Permutationstransformationen für die Sicherstellung der strukturellen Steuerbarkeit nicht aus. Wenn ein System $(\mathbf{A}, \mathbf{B})$ nicht die Form I aufweist, so muß für die strukturelle Steuerbarkeit zusätzlich noch überprüft werden, ob das System nicht in der im folgenden definierten Form II vorliegt.

Definition 3.14

Ein dynamisches System $(\mathbf{A}, \mathbf{B})$ besitzt die Form II, falls

$$\text{g--Rang} \, [\, \mathbf{A} \mid \mathbf{B} \,] < n \tag{3.95}$$

gilt.

Der g–Rang (generischer Rang) einer Matrix ist dabei der Rang, den die Matrix bei freier Variation der von Null verschiedenen Elemente maximal annehmen kann (vgl. Abschnitt 2.2.2).

Anmerkung:

Aus dem Hautus–kriterium folgt sofort, daß ein System der Form II über nicht steuerbare Eigenwerte, d.h. Eingangs-Entkopplungsnullstellen bei $\lambda = 0$ verfügt.

Mit Hilfe dieser beiden Definitionen ergeben sich für die strukturelle Steuerbarkeit folgende notwendigen und hinreichenden Bedingungen:

Satz 3.8 (Glover und Silverman 1976)

Ein dynamisches System $(\mathbf{A}, \mathbf{B})$ ist dann und nur dann strukturell steuerbar, wenn das Paar $(\mathbf{A}, \mathbf{B})$ weder Form I noch Form II aufweist.

Dieses Konzept der strukturellen Steuerbarkeit ist aus praktischer Sicht aus folgenden Gründen von besonderem Interesse:

i) Die Steuerbarkeit ist weniger eine numerische, als vielmehr eine strukturelle Eigenschaft eines Systems und wird daher in erster Linie durch den technischen (z.B. Wahl der Stelleingriffe) und physikalischen Aufbau eines Systems festgelegt.

ii) Ist ein System $(\mathbf{A}, \mathbf{B})$ strukturell steuerbar, so sind *fast alle* Systeme mit gleicher Struktur auch im numerischen Sinn vollständig steuerbar (Lin 1974, Shields und Pearson 1976). Das bedeutet, ist ein System strukturell steuerbar, so kann die vollständige Steuerbarkeit — bedingt durch numerische Auslöschungseffekte — nur für ganz bestimmte numerische Werte bzw. Wertekombinationen der nicht exakt bestimmten Matrizenelemente verloren gehen. Durch eine geringfügige Variation der von Null verschiedenen Matrizenelemente kann allerdings ein derartiges System immer in ein vollständig steuerbares System überführt werden.

iii) Die Diskussion in den vorhergehenden Abschnitten hatte bereits gezeigt, daß mit Hilfe von numerischen Verfahren, die eine Gleitpunktarithmetik verwenden, eine zuverlässige Ermittlung der *Nichtsteuerbarkeit* eines Systems gar nicht möglich ist. Im Gegensatz dazu kann ein Steuerbarkeitsdefizit, das durch einen Mangel im strukturellen (physikalischen) Aufbau des Systems verursacht wird, mittels der zuvor angegebenen parameterunabhängigen Kriterien absolut zuverlässig ermittelt werden.

iv) Ist ein System strukturell *nicht* steuerbar, so erübrigt sich jede weitere numerische Steuerbarkeitsprüfung, da für ein strukturell *nicht* steuerbares System *kein* System mit gleicher Struktur existiert, das im numerischen Sinn steuerbar ist.

Zur Überprüfung, ob ein System $(\mathbf{A}, \mathbf{B})$ die Form I besitzt, soll an dieser Stelle ein Vorschlag von Heister (1982) aufgegriffen werden, der aus numerischer Sicht eigentlich sehr naheliegend ist, aber in der einschlägigen Literatur (z.B. Lin 1974, Glover und Silverman 1976, Shields und Pearson 1976, Wassel 1976, Söte 1979, Franksen u.a. 1979, Hosoe 1980, Reinschke 1988, Siljak 1990, Wend 1991) nirgends explizit angegeben und untersucht wurde. Ähnlich wie bei dem Algorithmus 3.3 wird ein System $(\mathbf{A}, \mathbf{B})$ hierbei auf eine spezielle Form transformiert (hier permutiert), anhand der sofort abgelesen werden kann, ob ein System die Form I besitzt.

Algorithmus 3.5   (Dimension des strukturell erreichbaren Unterraums)
Gegeben sei System $(\mathbf{A}, \mathbf{B})$ mit n Zuständen und m Eingängen. Gesucht ist die Dimension n_e des strukturell erreichbaren Unterraumes.

1. Initialisierung: $i := n$; $j := n + m$; $n_e := n$.

2. **if** $i = j$ **then** go to 5.

3. **if** $[\,\mathbf{A}, \mathbf{B}\,]_{ij} \neq 0$ **then** $i := i - 1$.

    else Setze i_z gleich dem Zeilenindex des ersten von Null verschiedenen Elementes in der Spalte j der $i \times j$ Teilmatrix von $[\,\mathbf{A}, \mathbf{B}\,]$ bzw. $i_z = 0$, falls kein solches Element existiert.
       if $i_z = 0$ **then** $j := j - 1$
         go to 2.

        else Vertauschung der Zeilen i_z und i der Matrizen $\mathbf{A}$ und $\mathbf{B}$ und Vertauschung der Spalten i_z, i der Matrix $\mathbf{A}$.
           Setze $i := i - 1$.

    4. **if** $i = 0$ **then**   go to 6.

                   else   go to 3.

    5. Dimension n_e des strukturell erreichbaren Unterraumes $= n - i$.

    6. Ende

Diesem Algorithmus von Heister (1982) liegt dabei folgende Strategie zugrunde: Mit Hilfe von Zeilenvertauschungen werden nacheinander die Spalten $\mathbf{b}_m$, $\mathbf{b}_{m-1}$, ..., $\mathbf{b}_1$, $\mathbf{a}_n$, $\mathbf{a}_{n-1}$, ..., $\mathbf{a}_{n-n_e}$ von unten nach oben mit von Null verschiedenen Elementen aufgefüllt, bis sich (bei strukturell nicht erreichbaren Systemen) die Matrix $\mathbf{A}_{11}$ abspaltet.

Eine Abschätzung der Komplexität liefert für diesen Algorithmus $O(n^2)$. Das *Landausche* Symbol „O" beschreibt dabei den asymptotischen Wert für große Werte von n. Ein konstanter Faktor spielt dabei keine Rolle, also $n^2 = O(n^2)$ und $3n^2 = O(n^2)$, aber $0.0001 \cdot n^{2.01} = O(n^{2.01}) \neq O(n^2)$. Die Komplexität $O(n^2)$ ist vergleichbar mit der Komplexität der besten Algorithmen, die auf *graphentheoretischen* Verfahren basieren (vgl. Wend 1991). Zur weiteren Veranschaulichung des Algorithmus dient das folgende Beispiel.

Beispiel 3.5   (Davison 1977)

    Betrachtet werden die Strukturmatrizen eines System $(\mathbf{A}, \mathbf{B})$ mit 9 Zustandsvariablen und 2 Eingängen, das strukturell nicht erreichbar ist:

$$
\mathbf{A}^* = \begin{bmatrix}
* & & & & & & & & * \\
* & * & & & & & & & \\
& * & & & & & & & \\
& & & * & & & & & \\
& * & & * & * & & & & \\
& & & & & & * & & \\
& & & & & & * & * & \\
& & & & & & * & & *
\end{bmatrix}, \quad
\mathbf{B}^* = \begin{bmatrix}
* & \\
& \\
& \\
& * \\
& \\
& \\
& * \\
\end{bmatrix}.
$$

Gesucht wird die Dimension des strukturell erreichbaren Unterraumes.

Mit Hilfe von Zeilenvertauschungen i, j in $\mathbf{A}, \mathbf{B}$ und Spaltenvertauschungen i, j in $\mathbf{A}$, wobei für i, j nacheinander folgende Werte einzusetzen sind:

$$
\left| \begin{array}{c|c|c|c|c|c|c|c}
i & 9 & 8 & 7 & 6 & 5 & 4 & 3 \\
\hline
j & 7 & 1 & 4 & 1 & 4 & 2 & 2
\end{array} \right| ,
$$

ergibt sich ein permutiertes System

$$\mathbf{PA}^*\mathbf{P}^T = \begin{bmatrix} & & & & & & & & \\ & * & & & & & & \\ & * & * & & * & & \\ & & * & & & * & \\ & & & * & & & * \\ & & & & * & & * \\ & & & & & * & \\ & & & * & & * & \\ & & & & & & * \end{bmatrix} \qquad \mathbf{PB}^* = \begin{bmatrix} \\ \\ \\ \\ \\ * \\ * \\ * \end{bmatrix} \quad ,$$

dem sofort entnommen werden kann, daß dieses System die Form I besitzt mit dim $(\mathbf{A}_{11}) = 1$. Die Dimension n_e des strukturell erreichbaren Unterraumes ergibt sich damit zu $n_e = 8$.

Für die Überprüfung der zweiten Bedingung, g–Rang $[\,\mathbf{A},\mathbf{B}\,] = n$, stehen effiziente Standardprogramme (z.B. MC21A von Duff 1981b) zur Verfügung.

Ist neben einer reinen Ja/Nein–Aussage in bezug auf die strukturelle Steuerbarkeit auch die Dimension des strukturell steuerbaren Unterraumes eines Systems $(\mathbf{A},\mathbf{B})$ gefragt, so wird diese von Heister (1982) zu

$$n_G = \text{g–Rang}\,[\,\mathbf{A}_{22},\mathbf{B}_2] \tag{3.96}$$

angegeben, wobei $\mathbf{A}_{22},\mathbf{B}_2$ die entsprechenden Teilmatrizen der Form I sind. Daß diese Aussage nicht korrekt ist, kann an einem kleinen Beispiel leicht gezeigt werden.

Beispiel 3.6

Betrachtet wird ein strukturell erreichbares System $(\mathbf{A},\mathbf{B})$ mit $n = 4$ und $m = 1$:

$$\mathbf{A} = \begin{bmatrix} 0 & 0 & a_{13} & 0 \\ 0 & 0 & 0 & a_{24} \\ 0 & 0 & 0 & 0 \\ 0 & 0 & 0 & 0 \end{bmatrix}, \qquad \mathbf{b} = \begin{bmatrix} 0 \\ 0 \\ b_3 \\ b_4 \end{bmatrix}.$$

Betrachtet man die Unterdeterminante, die mit Hilfe der ersten 3 Zeilen und den letzten 3 Spalten von $[\,\mathbf{A},\mathbf{b}\,]$ gebildet werden kann, so besteht diese Unterdeterminante nur aus dem Term $a_{13}a_{24}b_3$. Das bedeutet, die Matrix $[\,\mathbf{A},\mathbf{b}\,]$ besitzt einen generischen Rang von 3, so daß für die Dimension des strukturell steuerbaren Unterraumes $n_G = 3$ gelten müßte. Die zugehörige Steuerbarkeitsmatrix

$$\mathbf{Q}_s = [\,\mathbf{b},\ \mathbf{AB},\ \mathbf{A}^2\mathbf{b},\ \mathbf{A}^3\mathbf{b}\,]$$

$$= \begin{bmatrix} 0 & a_{13}b_3 & 0 & 0 \\ 0 & a_{24}b_4 & 0 & 0 \\ b_3 & 0 & 0 & 0 \\ b_4 & 0 & 0 & 0 \end{bmatrix}$$

liefert allerdings, daß der Rang dieser Matrix und damit auch die Dimension des steuerbaren Unterraumes nicht größer als 2 werden kann.

Die von Hosoe (1980) angegebenen algebraischen und graphentheoretischen Charakterisierungen der Dimension des strukturell steuerbaren Unterraumes verdeutlichen, daß diese Fragestellung eine komlexere Lösung besitzt. Hier soll eine neue algebraische Charakterisierung vorgestellt werden, die neben einer einfachen programmtechnischen Auswertung auch eine Verallgemeinerung in Richtung „Dimension des strukturell *ausgangssteuerbaren* Unterraumes" ermöglicht.

Bereits von Shields und Pearson (1976) wurde die von Rosenbrock (1970:72) eingeführte — erweiterte — Steuerbarkeitsmatrix

$$\begin{bmatrix} \mathbf{I}_n & \mathbf{0} & \ldots & \mathbf{0} & \mathbf{0} & \mathbf{0} & \ldots & \mathbf{0} & \mathbf{0} & \mathbf{B} \\ -\mathbf{A} & \mathbf{I}_n & \ldots & \mathbf{0} & \mathbf{0} & \mathbf{0} & \ldots & \mathbf{0} & \mathbf{B} & \mathbf{0} \\ \mathbf{0} & -\mathbf{A} & \ldots & \mathbf{0} & \mathbf{0} & \mathbf{0} & \ldots & \mathbf{B} & \mathbf{0} & \mathbf{0} \\ \vdots & \vdots & & \vdots & \vdots & \vdots & & \vdots & \vdots & \vdots \\ \mathbf{0} & \mathbf{0} & \ldots & \mathbf{I}_n & \mathbf{0} & \mathbf{B} & \ldots & \mathbf{0} & \mathbf{0} & \mathbf{0} \\ \mathbf{0} & \mathbf{0} & \ldots & -\mathbf{A} & \mathbf{B} & \mathbf{0} & \ldots & \mathbf{0} & \mathbf{0} & \mathbf{0} \end{bmatrix} \tag{3.97}$$

zur Überprüfung der strukturellen Steuerbarkeit eingesetzt. Bevor das dort bewiesene Ergebnis angegeben wird, ist an dieser Stelle eine Diskussion der Begriffe *generischer Rang* und *Term–Rang* angebracht.

Unter dem generischen Rang wurde bisher der Rang einer Matrix verstanden, den die Matrix bei freier Variation der von Null verschiedenen Elemente maximal annehmen kann. Hierbei wurde stillschweigend davon ausgegangen, daß alle von Null verschiedenen Elemente unabhängig voneinander variiert werden können. Für die Bestimmung des generischen Ranges ist dabei von entscheidender Bedeutung, daß der generische Rang einer $n \times m$ Matrix $\mathbf{M}$ unter dieser Voraussetzung mit der Anzahl t der Elemente eines nichtverschwindenden Unterdeterminanten–Terms der Form

$$m_{i_1 j_1} m_{i_2 j_2} \cdots m_{i_t j_t} \tag{3.98}$$

identisch ist, der eine maximale Anzahl von Elementen besitzt. Dieser Term läßt sich auch dadurch charakterisieren, daß die t Elemente sowohl zu t verschiedenen Zeilen als auch zu t verschiedenen Spalten der Matrix gehören. Die maximal mögliche Ordnung t eines Terms (3.98) legt dann den sogenannten *Term–Rang* der Matrix fest.

Ein Blick auf die erweiterte Steuerbarkeitsmatrix (3.97) zeigt allerdings, daß nicht alle von Null verschiedenen Elemente dieser Matrix frei variierbar sind. Beispielsweise können die Diagonalelemente der Einheitsmatrizen überhaupt nicht verändert werden und müssen daher als feste Elemente mit dem Wert „1" angesehen werden. Es kann also zunächst nicht ausgeschlossen werden, daß der generische Rang der Matrix (3.97) kleiner ist als der zugehörige Term–Rang. Ein wichtiges Ergebnis von Shields und Pearson (1976) besagt aber: Ein System $(\mathbf{A}, \mathbf{B})$ ist dann und nur dann *nicht* strukturell steuerbar, wenn der Term–Rang der $n^2 \times n(n + m - 1)$ Matrix kleiner als n^2 ist. Für strukturell steuerbare Systeme sind demnach der Term–Rang und der generische Rang der Matrix (3.97) immer identisch. Erst kürzlich wurde aufgedeckt (Svaricek 1991c), daß diese Aussage auch dann richtig ist, wenn ein System *nicht* strukturell steuerbar ist.

Satz 3.9 (Svaricek 1991c)

Der generische Rang der erweiterten Steuerbarkeitsmatrix (Rosenbrock 1970:72)

$$
\begin{bmatrix}
\mathbf{I}_n & \mathbf{0} & \ldots & \mathbf{0} & \mathbf{0} & \mathbf{0} & \ldots & \mathbf{0} & \mathbf{0} & \mathbf{B} \\
-\mathbf{A} & \mathbf{I}_n & \ldots & \mathbf{0} & \mathbf{0} & \mathbf{0} & \ldots & \mathbf{0} & \mathbf{B} & \mathbf{0} \\
\mathbf{0} & -\mathbf{A} & \ldots & \mathbf{0} & \mathbf{0} & \mathbf{0} & \ldots & \mathbf{B} & \mathbf{0} & \mathbf{0} \\
\vdots & \vdots & & \vdots & \vdots & \vdots & & \vdots & \vdots & \vdots \\
\mathbf{0} & \mathbf{0} & \ldots & \mathbf{I}_n & \mathbf{0} & \mathbf{B} & \ldots & \mathbf{0} & \mathbf{0} & \mathbf{0} \\
\mathbf{0} & \mathbf{0} & \ldots & -\mathbf{A} & \mathbf{B} & \mathbf{0} & \ldots & \mathbf{0} & \mathbf{0} & \mathbf{0}
\end{bmatrix}
\tag{3.99}
$$

ist immer mit dem Term–Rang dieser Steuerbarkeitsmatrix identisch.

Der Term–Rangdefekt der erweiterten Steuerbarkeitsmatrix gibt demnach die Dimension des strukturell *nicht* steuerbaren Unterraumes an. Daraus bestimmt sich mit n_T = Term–Rang der Matrix (3.99) die Dimension n_G des strukturell steuerbaren Unterraumes zu

$$
n_G = n - (n^2 - n_T). \tag{3.100}
$$

Für eine rechnergestützte Ermittlung des Term–Ranges der Matrix (3.99) ist das zuvor bereits angesprochene Programm MC21A von Duff (1981b) besonders gut geeignet, da dieses Programm mit einer Komplexität von $O(n\tau)$, wobei τ die Anzahl der von Null verschiedenen Elemente ist, speziell für die Untersuchung großer schwach besetzter Matrizen entwickelt wurde. Unabhängig von der Anzahl der von Null verschiedenen Elemente in den Matrizen $\mathbf{A}$, $\mathbf{B}$ und $\mathbf{C}$ ist die erweiterte Steuerbarkeitsmatrix (3.99) immer eine schwach besetzte Matrix.

3.4.2 Strenge strukturelle Steuerbarkeit

Die Voraussetzung einer freien Variierbarkeit der von Null verschiedenen Elemente einer Matrix ist häufig nicht nur bei der erweiterten Steuerbarkeitsmatrix

(3.99), sondern bereits bei den Matrizen **A,B,C** eines Zustandsraummodells verletzt. Dies hat bei Modellen realer Systeme in erster Linie zwei Gründe:

i) Eine oder mehrere Zustandsgrößen (Geschwindigkeiten) sind häufig zeitliche Ableitungen anderer Zustandsgrößen (Positionen). Die Systemmatrix **A** besitzt dann an den entsprechenden Stellen feste 1–Werte.

ii) Die Anzahl der unabhängigen physikalischen Parameter, wie z.B. Massen, Längen, Steifigkeiten usw., ist häufig wesentlich geringer als die Anzahl der von Null verschiedenen Elemente in den Matrizen **A,B,C**. Dies kann zur Folge haben, daß nicht mehr alle von Null verschiedenen Matrizenelemente unabhängig voneinander verändert werden können.

Diese Abhängigkeiten zwischen den Matrizenelementen können auch bei Modellen von realen technischen Systemen dazu führen (vgl. z.B. Willems 1986, Reinschke 1988), daß für ein System — obwohl strukturell steuerbar — kein die vollständige Steuerbarkeit im numerischen Sinn sicherstellender Parametersatz gefunden werden kann. Verfügt ein System allerdings über die Eigenschaft der *strengen strukturellen Steuerbarkeit*, so sind derartige Probleme ausgeschlossen.

Definition 3.15
Ein dynamisches System $(\mathbf{A}, \mathbf{B})$ ist streng strukturell steuerbar, wenn *jedes* System $(\tilde{\mathbf{A}}, \tilde{\mathbf{B}})$ gleicher Struktur für beliebige Systemparameter ungleich Null vollständig steuerbar ist.

Der Begriff der strengen strukturellen Steuerbarkeit wurde 1979 von Mayeda und Yamada geprägt. Die von ihnen für Eingrößensysteme angegebenen notwendigen und hinreichenden graphentheoretischen Bedingungen konnten dann von Bachmann (1982) auf Systeme mit mehreren Eingangsgrößen erweitert werden. Bei größeren Systemen ist eine Überprüfung dieser notwendigen und hinreichenden Bedingungen jedoch äußerst problematisch, da die entsprechenden Algorithmen über eine Komplexität von $O(2^n)$ verfügen. Eine hinreichende Bedingung, die wesentlich schneller ausgewertet werden kann (vgl. Svaricek 1985a), konnte dann von Söte (1983) gefunden werden. Von Reinschke wurde jüngst eine neue (vermeintlich) notwendige und hinreichende Bedingung vorgestellt, die rechentechnisch ebenfalls schnell und zuverlässig verifiziert werden kann. Allerdings zeigte sich (Reinschke, Svaricek und Wend 1992), daß diese Bedingung für die strenge strukturelle Steuerbarkeit weder notwendig noch hinreichend ist.

Im weiteren werden neue notwendige und hinreichende algebraische Bedingungen vorgestellt und diskutiert, die für eine rechnergestützte Auswertung besonders gut geeignet sind.

Satz 3.10 (Reinschke, Svaricek und Wend 1992)
Eine Klasse von Systemen, die durch die Strukturmatrizen von **A** und **B** beschrieben wird, ist dann und nur dann streng strukturell steuerbar, wenn:

i) die Matrix $[\mathbf{A}, \mathbf{B}]$ durch Zeilen– und Spaltenpermutationen auf die Form

$$[\mathbf{A}, \mathbf{B}] = \begin{bmatrix} \otimes & \cdots & \otimes & \times & & \\ \vdots & & \vdots & \ddots & \times & \\ \vdots & & \vdots & & \ddots & \ddots \\ \otimes & \cdots & \otimes & \cdots & \cdots & \otimes & \times \end{bmatrix} \qquad (3.101)$$

transformiert werden kann, wobei die $\times$–Elemente von Null verschieden sein müssen. Die $\otimes$–Elemente dürfen auch identisch Null sein.

ii) die Matrix $[s\mathbf{I} - \mathbf{A}, \ \mathbf{B}]$ für $s \neq 0$ auf eine Form (3.101) in der Art permutiert werden kann, daß sich auf der Diagonalen der unteren Dreiecksmatrix keine Terme $(s - a_{ii})$ mit $a_{ii} \neq 0$ befinden.

Mit Hilfe der ersten Bedingung des Satzes wird sichergestellt, daß alle zulässigen Zahlenrealisierungen die Bedingung Rang $[s\mathbf{I} - \mathbf{A}, \mathbf{B}] = n$ für $s = 0$ erfüllen. Eingangs–Entkopplungsnullstellen bei $s = 0$ können dann nicht mehr auftreten. Man könnte nun vermuten (Reinschke 1988:38), daß strukturell eingangserreichbare Systeme, die diese Bedingung erfüllen, bereits immer streng strukturell steuerbar sind. Anhand eines einfachen Gegenbeispiels läßt sich diese Vermutung allerdings widerlegen.

Beispiel 3.7

Gegeben sei ein System $(\mathbf{A}, \mathbf{B})$ mit der allgemeinen Form:

$$\mathbf{A} = \begin{bmatrix} a_{11} & 0 \\ 0 & a_{22} \end{bmatrix} \quad , \quad \mathbf{b} = \begin{bmatrix} b_1 \\ b_2 \end{bmatrix} .$$

Dem Vektor $\mathbf{b}$ kann sofort entnommen werden, daß das System nicht die Form I besitzt und damit strukturell eingangserreichbar ist. Darüber hinaus ist die Matrix $[\mathbf{A}, \mathbf{b}]$ offensichtlich von der Form (3.101). Für $a_{22} = a_{11}$ gilt allerdings

$$\text{Rang} \begin{bmatrix} s - a_{11} & 0 & b_1 \\ 0 & s - a_{11} & b_2 \end{bmatrix} = 1 < n$$

für $s = a_{11}$. Das bedeutet, die erste Bedingung des Satzes 3.10 kann im Zusammenhang mit der strukturellen Eingangserreichbarkeit ein Auftreten von Eingangs–Entkopplungsnullstellen ungleich Null nicht verhindern. Die Erfüllung dieser beiden Bedingungen garantiert demnach nicht, daß ein System streng strukturell steuerbar ist.

Erst die zweite Bedingung des Satzes 3.10 verhindert ein Auftreten derartiger Eingangs-Entkopplungsnullstellen mit $s \neq 0$. Andererseits existiert dennoch ein Fall, wo eine strenge strukturelle Steuerbarkeit bereits an der Form (3.101) erkannt werden kann. Dies ist offenbar der Fall, wenn alle $\times$–Elemente auf der Diagonalen der Form (3.101) keine Diagonalelemete a_{ii} der Systemmatrix $\mathbf{A}$ sind.

Mit dem folgenden Algorithmus kann zunächst die erste Bedingung des Satzes 3.10 mit einer Komplexität von $O(n^3)$ überprüft werden.

Algorithmus 3.6

Gegeben sei ein System $(\mathbf{A}, \mathbf{B})$ mit n Zuständen und m Eingängen.

1. Initialisierung: $i := n$; $j := n + m$; $\nu := 0$.

2. Setze ν gleich der Anzahl der von Null verschiedenen Elemente der Spalte i_s der $i \times j$ Teilmatrix von $[\mathbf{A}, \mathbf{B}]$, die folgende Bedingung erfüllt:

   – Die Spalte i_s entspricht nicht dem Nullvektor.

   – Die Spalte i_s enthält möglichst wenige von Null verschiedene Elemente.

3. **if** $\nu \neq 1$ **then** Das System ist nicht streng strukturell steuerbar.
   go to 10.

4. Setze i_z gleich dem Zeilenindex des letzten von Null verschiedenen Elementes in der Spalte i_s der $i \times j$ Teilmatrix von $[\mathbf{A}, \mathbf{B}]$.

5. **if** $i_z \neq i$ **then** vertausche die Zeilen i_z und i der Matrix $[\mathbf{A}, \mathbf{B}]$.

6. **if** $i_s \neq j$ **then** vertausche die Spalten i_s und j der Matrix $[\mathbf{A}, \mathbf{B}]$.

7. $i := i - 1$; $j := j - 1$; $\nu := 0$

8. **if** $i = 0$ **then**   Term–Rang $[\mathbf{A}, \mathbf{B}] = n$
   else   go to 2

9. Die erste Bedingung des Satzes 3.10 ist erfüllt.

10. Ende

Ein Vergleich der Bedingungen i) und ii) des Satzes 3.10 zeigt, daß der Algorithmus 3.6 in leicht abgewandelter Form auch zur Überprüfung der Bedingung ii) eingesetzt werden kann. Hierzu ist zunächst eine leichte Modifikation der Systemmatrix notwendig. Das bedeutet, der Algorithmus 3.6 wird zur Überprüfung der Bedingung ii) auf ein modifiziertes System $(\tilde{\mathbf{A}}, \mathbf{B})$ angewendet, wobei für $\tilde{\mathbf{A}}$ gelten muß:

$$\tilde{a}_{ij} = a_{ij} \ \text{ für } \ i \neq j, \tag{3.102}$$

$$\tilde{a}_{ii} \neq 0 \ \text{ für } \ i = 1, 2, ..., n. \tag{3.103}$$

Darüber hinaus muß im Schritt 2 die Anzahl der von Null verschiedenen Elemente in den Spalten der $i \times j$ Teilmatrix von $[\tilde{\mathbf{A}}, \mathbf{B}]$ um 1 erhöht werden, die ein Element $\tilde{a}_{ii}$ enthalten, das zu einem nicht verschwindendem Diagonalelement der ursprünglichen Matrix **A** korrespondiert. Hiermit wird sichergestellt, daß ein Diagonalelement der Matrix **A** mit $a_{ii} \neq 0$ auf der Diagonalen der Form (3.101) nur dann auftauchen kann, wenn das System $(\mathbf{A}, \mathbf{B})$ *nicht* streng strukturell steuerbar ist (Reinschke, Svaricek und Wend 1992).

Abschließend wird demonstriert, daß das Konzept der strengen strukturellen Steuerbarkeit nicht nur von akademischem Interesse ist. So wie das im weiteren behandelte Modell einer hydraulischen Ruder-Verstelleinrichtung erfüllen gerade Modelle technischer Systeme häufig die eigentlich restriktiven Bedingungen der strengen strukturellen Steuerbarkeit (vgl. hierzu auch Wend 1991).

Beispiel 3.8

Die folgenden Matrizen beschreiben das Strukturmodell einer hydraulischen Ruder–Verstelleinrichtung eines Unterwasserfahrzeuges (Benchmark Problem 90–08 in Davison (1990)):

$$\mathbf{A} = \begin{bmatrix} & a_{12} & & & & & & \\ a_{21} & a_{22} & a_{23} & & & & & \\ a_{31} & & a_{33} & & a_{35} & & & \\ & & & & a_{45} & & & \\ & & a_{53} & a_{54} & a_{55} & & & \\ & & & a_{64} & & a_{66} & & a_{68} \\ & & & & & & & a_{78} \\ & & & & & a_{86} & a_{87} & a_{88} \end{bmatrix} , \quad \mathbf{b} = \begin{bmatrix} \\ b_2 \\ \\ \\ \\ \\ \\ \\ \end{bmatrix} .$$

Gesucht wird zunächst die Dimension des strukturell erreichbaren Unterraumes.

Mit Hilfe von Zeilenvertauschungen i, j in **A**,**b** und Spaltenvertauschungen i, j in **A**, wobei für i, j nacheinander folgende Werte einzusetzen sind:

$$\begin{array}{|c|c|c|c|} \hline i & 8 & 7 & 6 \\ \hline j & 2 & 1 & 3 \\ \hline \end{array} ,$$

ergibt sich ein permutiertes System

$$\mathbf{PAP}^T = \begin{bmatrix} & a_{78} & & & & & & \\ a_{87} & a_{88} & a_{86} & & & & & \\ & a_{68} & a_{66} & a_{64} & & & & \\ & & & & a_{45} & & & \\ & & & a_{54} & a_{55} & a_{53} & & \\ & & & & a_{35} & a_{33} & a_{31} & \\ & & & & & & & a_{12} \\ & & & & & a_{23} & a_{21} & a_{22} \end{bmatrix} \quad \mathbf{PB} = \begin{bmatrix} \\ \\ \\ \\ \\ \\ \\ b_2 \end{bmatrix} ,$$

das nicht die Form I besitzt. Darüber hinaus ist auch Bedingung i) des Satzes 3.10 erfüllt, da das transformierte System bereits in der Form

(3.101) vorliegt. Eine nähere Betrachtung des permutierten Systems macht deutlich, daß eine Anwendung der oben angegebenen Permutation auf die Matrix $[\,s\mathbf{I} - \mathbf{A},\ \mathbf{B}\,]$ eine Matrix

$$
\begin{bmatrix}
s & -a_{78} & & & & & & \\
-a_{87} & s - a_{88} & -a_{86} & & & & & \\
 & -a_{68} & s - a_{66} & -a_{64} & & & & \\
 & & & s & a_{45} & & & \\
 & & & -a_{54} & s - a_{55} & -a_{53} & & \\
 & & & & -a_{35} & s - a_{33} & -a_{31} & \\
 & & & & & & s & -a_{12} & \\
 & & & & & -a_{23} & -a_{21} & s - a_{22} & b_2
\end{bmatrix}
$$

liefert, die offensichtlich auch die Bedingung ii) des Satzes 3.10 erfüllt. Das bedeutet, dieses Modell einer hydraulischen Ruder–Verstelleinrichtung ist *streng* strukturell steuerbar und eine weitergehende numerische Steuerbarkeitsprüfung erübrigt sich daher.

Die wichtigsten Aussagen in bezug auf eine zuverlässige rechentechnische Überprüfung der Steuerbarkeit eines linearen Systems lassen sich wie folgt zusammenfassen:

i) Eine numerische Auswertung der Kalman–Bedingung (3.1) und des Hautus–Kriteriums (3.2) sollte — wenn überhaupt — nur für kleine und gut konditionierte Systeme vorgenommen werden.

ii) Als zuverlässigstes Verfahren muß eine numerisch stabile Berechnung der Anzahl der Eingangs–Entkopplungsnullstellen mit Hilfe der Normalform (3.79) angesehen werden.

iii) Insbesondere für größere Systeme, deren Modellmatrizen häufig viele feste Nullen aufweisen, sollten zunächst in einem ersten Schritt die hier vorgestellten strukturellen Untersuchungsmethoden eingesetzt werden, da numerisch stabile Programme, die orthogonale Transformationen benutzen, die vorhandene Nullstruktur eines Systems nicht vollständig ausnutzen können. Wie das letzte Beispiel zeigt, erübrigen sich durch diese strukturellen Untersuchungen häufig weitergehende Untersuchungen.

iv) Ist ein System nicht (streng) strukturell steuerbar, so empfiehlt sich folgendes Vorgehen zur Berechnung der Dimension des steuerbaren Unterraumes:

1. Berechnung des strukturell erreichbaren Teilsystems $(\mathbf{A}_{22}, \mathbf{B}_2)$ mit Hilfe des Algorithmus 3.5.

2. Berechnung der Dimension des strukturell steuerbaren Unterraumes von $(\mathbf{A}_{22}, \mathbf{B}_2)$ mit Hilfe des Term–Ranges der erweiterten Steuerbarkeitsmatrix (3.99).

3. Berechnung der Anzahl n_{EEN} der Eingangs–Entkopplungsnullstellen des strukturell erreichbaren Teilsystems $(\mathbf{A}_{22}, \mathbf{B}_2)$. Die Dimension des steuerbaren Unterraumes ergibt sich dann zu $n_S = \dim (\mathbf{A}_{22}) - n_{EEN}$.

3.5 Numerische Untersuchung der Ausgangssteuerbarkeit

In diesem Abschnitt soll kurz dargestellt werden, welche Kriterien sich zur numerischen Überprüfung der Ausgangssteuerbarkeit am besten eignen und in welcher Form die zuvor behandelten numerischen Probleme auch bei der Untersuchung der Ausgangssteuerbarkeit eine Rolle spielen können.

3.5.1 Parameterabhängige Kriterien

Zur Überprüfung der Ausgangssteuerbarkeit (vgl. Abschnitt 3.1.2) ist eine Bestimmung des Ranges der Ausgangs-Steuerbarkeitsmatrix

$$\mathbf{Q}_A = [\, \mathbf{CB}, \mathbf{CAB}, ..., \mathbf{CA}^{n-1}\mathbf{B}\,] \tag{3.104}$$

erforderlich. Diese Matrix kann dabei aus

$$\mathbf{Q}_A = \mathbf{CQ}_S \tag{3.105}$$

berechnet werden, mit

$$\mathbf{Q}_S = [\, \mathbf{B}, \mathbf{AB}, ..., \mathbf{A}^{n-1}\mathbf{B}\,], \tag{3.106}$$

der Zustands–Steuerbarkeitsmatrix. Das bedeutet, die in Abschnitt 3.3.1 angesprochenen Probleme bei der numerischen Überprüfung des Ranges dieser Matrix können auch bei der Bestimmung des Ranges der Ausgangs–Steuerbarkeitsmatrix (3.104) auftreten. Von einer numerischen Auswertung der Bedingung Rang $\mathbf{Q}_A = l$ ist somit ebenso abzuraten, wie von der numerischen Auswertung der Kalman–Bedingung „Rang $\mathbf{Q}_S = n$".

Für eine rechnergestützte Überprüfung der Zustandssteuerbarkeit stehen, wie im Abschnitt 3.3 beschrieben, noch weitere notwendige und hinreichende Bedingungen zur Verfügung. Allerdings können diese aus numerischer Sicht günstigeren Bedingungen nicht ohne weiteres auf die Ausgangssteuerbarkeit erweitert werden. Zwar stellt die Erweiterung des Hautus–Kriteriums:

$$\text{Rang } [\, \mathbf{C}(\lambda \mathbf{I} - \mathbf{A}, \mathbf{B})\,] = l \tag{3.107}$$

für alle Eigenwerte λ der Matrix $\mathbf{A}$, eine notwendige Bedingung (Lunze und Reinschke 1981) für die Ausgangssteuerbarkeit eines Systems $(\mathbf{A},\mathbf{B},\mathbf{C})$ dar; allerdings ist diese Bedingung, wie das folgende Beispiel zeigt, nicht hinreichend.

Beispiel 3.9

Gegeben sei ein System $(\mathbf{A},\mathbf{B},\mathbf{C})$ mit 6 Zustandsgrößen, 1 Eingang und 3 Ausgängen und einem sechsfachen Eigenwert bei $\lambda = 0$:

$$\mathbf{A} = \begin{bmatrix} 0 & 0 & 0 & a_{14} & a_{15} & 0 \\ 0 & 0 & 0 & 0 & a_{25} & 0 \\ 0 & 0 & 0 & 0 & a_{35} & a_{36} \\ 0 & 0 & 0 & 0 & 0 & 0 \\ 0 & 0 & 0 & 0 & 0 & 0 \\ 0 & 0 & 0 & 0 & 0 & 0 \end{bmatrix}, \quad \mathbf{b} = \begin{bmatrix} 0 \\ 0 \\ 0 \\ 0 \\ b_5 \\ 0 \end{bmatrix},$$

$$\mathbf{C} = \begin{bmatrix} 1 & 0 & 0 & 0 & 0 & 0 \\ 0 & 1 & 0 & 0 & 0 & 0 \\ 0 & 0 & 1 & 0 & 0 & 0 \end{bmatrix}.$$

Für $\lambda = 0$ ergibt sich

$$\text{Rang}\,[\,\mathbf{C}(\lambda\mathbf{I}-\mathbf{A},\mathbf{b})\,]_{\lambda=0} = \text{Rang}\,[\,-\mathbf{CA},\mathbf{Cb}\,]$$

$$= \text{Rang}\begin{bmatrix} 0 & 0 & 0 & -a_{14} & -a_{15} & 0 & \Big| & 0 \\ 0 & 0 & 0 & 0 & -a_{25} & 0 & \Big| & 0 \\ 0 & 0 & 0 & 0 & -a_{35} & -a_{36} & \Big| & 0 \end{bmatrix}$$

$$= 3 = l.$$

Dieses *nicht* vollständig zustandssteuerbare System könnte somit wenigstens noch vollständig ausgangssteuerbar sein. Allerdings verschwinden in der Vektorfolge $(\mathbf{Cb},\mathbf{CAb},\mathbf{CA}^2\mathbf{b},....)$ alle Glieder bis auf den 3×1 Vektor $\mathbf{CAb}$. Folglich ist der Rang der Ausgangs–Steuerbarkeitsmatrix (3.104) gleich 1 und das System *nicht* ausgangssteuerbar.

Dieses Beispiel verdeutlicht, daß die Bedingung (3.107) nur für vollständig zustandssteuerbare Systeme auch hinreichend ist, da dann diese Bedingung offensichtlich nur dann nicht erfüllt ist, wenn

$$\text{Rang}\,\mathbf{C} < l \tag{3.108}$$

gilt. Dieser Fall ist allerdings nicht von großem praktischen Interesse, weil der Ausgangssteuerbarkeit gerade dann Bedeutung zukommt, wenn ein System *nicht* vollständig zustandssteuerbar ist.

Im Gegensatz zur Zustandssteuerbarkeit, die anhand von Normalformen (vgl. Abschnitt 3.3.3) zuverlässig und leicht zu überprüfen ist, existieren derartige

Normalformen für die Überprüfung der Ausgangssteuerbarkeit nicht. Als zuverlässigstes Verfahren zur numerischen Überprüfung des Ausgangssteuerbarkeit muß daher eine Bestimmung des *numerischen* Ranges der erweiterten Ausgangs–Steuerbarkeitsmatrix

$$\begin{bmatrix} \mathbf{I}_n & 0 & \dots & 0 & 0 & 0 & 0 & \dots & 0 & 0 & \mathbf{B} \\ -\mathbf{A} & \mathbf{I}_n & \dots & 0 & 0 & 0 & 0 & \dots & 0 & \mathbf{B} & 0 \\ 0 & -\mathbf{A} & \dots & 0 & 0 & 0 & 0 & \dots & \mathbf{B} & 0 & 0 \\ \vdots & \vdots & & \vdots & \vdots & \vdots & \vdots & & \vdots & \vdots & \vdots \\ 0 & 0 & \dots & \mathbf{I}_n & 0 & 0 & \mathbf{B} & \dots & 0 & 0 & 0 \\ 0 & 0 & \dots & -\mathbf{A} & \mathbf{I}_n & \mathbf{B} & 0 & \dots & 0 & 0 & 0 \\ 0 & 0 & \dots & 0 & -\mathbf{C} & 0 & 0 & \dots & 0 & 0 & 0 \end{bmatrix} \tag{3.109}$$

angesehen werden. Entsprechend Satz 3.4 ist ein System $(\mathbf{A},\mathbf{B},\mathbf{C})$ genau dann ausgangssteuerbar, wenn die Matrix (3.109) den Rang $n^2 + l$ besitzt.

Die erweiterte Ausgangs–Steuerbarkeitsmatrix (3.109) weist aus numerischer Sicht gegenüber der Matrix (3.104) den entscheidenden Vorteil auf, daß ihre Kondition nur von der Kondition der Systemmatrizen $\mathbf{A}$, $\mathbf{B}$ und $\mathbf{C}$ und nicht von der Systemgröße n abhängig ist. Wie jede numerische Rangbestimmung ist natürlich auch die Bestimmung des Ranges der erweiterten Ausgangs–Steuerbarkeitsmatrix nicht unproblematisch. Dabei wird eine zuverlässige Rangbestimmung durch die rasch anwachsende Größe der Matrix (3.109) noch weitergehend erschwert. Im nächsten Abschnitt wird daher darauf eingegangen, daß die Ausgangssteuerbarkeit, ebenso wie die Zustandssteuerbarkeit, im Grunde eine strukturelle Eigenschaft ist, die in erster Linie durch den technischen und physikalischen Aufbau eines Systems festgelegt wird. Im Gegensatz zur Zustandssteuerbarkeit ist eine vollständige Charakterisierung der strukturellen Ausgangssteuerbarkeit mit Hilfe von Strukturmodellen allerdings problematischer.

3.5.2　Parameterunabhängige Kriterien

Von Lunze und Reinschke (1981) wurde das von Lin (1974) eingeführte Konzept der *strukturellen Steuerbarkeit* auf die Ausgangssteuerbarkeit übertragen.

Definition 3.16
　　Ein dynamisches System $(\mathbf{A},\mathbf{B},\mathbf{C})$ ist strukturell ausgangssteuerbar, wenn ein vollständig ausgangssteuerbares System $(\tilde{\mathbf{A}}, \tilde{\mathbf{B}}, \tilde{\mathbf{C}})$ mit gleicher Struktur existiert.

Ebenso wie für die strukturelle Zustandssteuerbarkeit ist für die strukturelle Ausgangssteuerbarkeit von entscheidender Bedeutung, daß *fast alle* Zahlensysteme einer gegebenen Struktur ausgangsteuerbar sind, wenn innerhalb der betrachteten Strukturklasse *ein* ausgangssteuerbares Zahlensystem existiert.

Die zuvor besprochenen Bedingungen zur Überprüfung der strukturellen Zustandssteuerbarkeit können größtenteils nicht in der Form erweitert werden, daß sie zur Überprüfung der strukturellen Ausgangssteuerbarkeit eingesetzt werden können. Darüber hinaus sind in der Literatur (Lunze und Reinschke 1981) angegebene algebraische und graphentheoretische Bedingungen zur Überprüfung der strukturellen Ausgangssteuerbarkeit lediglich notwending und *nicht* hinreichend (Svaricek 1991c).

Bestärkt durch die Ergebnisse einer neueren Arbeit (Murota und Poljak (1990) konnten auch nur obere und untere Schranken für die Dimension des strukturell ausgangssteuerbaren Unterraumes angeben) muß daher davon ausgegangen werden, daß eine anschauliche algebraische oder graphentheoretische Charakterisierung der strukturellen Ausgangssteuerbarkeit nicht ohne weiteres angegeben werden kann. Zur Bestätigung dieser Vermutung trägt bei, daß auch mit Hilfe der erweiterten Ausgangs-Steuerbarkeitsmatrix

$$
\begin{bmatrix}
\mathbf{I}_n & 0 & \ldots & 0 & 0 & 0 & \ldots & 0 & 0 & \mathbf{B} & 0 \\
-\mathbf{A} & \mathbf{I}_n & \ldots & 0 & 0 & 0 & \ldots & 0 & \mathbf{B} & 0 & 0 \\
0 & -\mathbf{A} & \ldots & 0 & 0 & 0 & \ldots & \mathbf{B} & 0 & 0 & 0 \\
\vdots & \vdots & & \vdots & \vdots & \vdots & & \vdots & \vdots & \vdots & \vdots \\
0 & 0 & \ldots & \mathbf{I}_n & 0 & \mathbf{B} & \ldots & 0 & 0 & 0 & 0 \\
0 & 0 & \ldots & -\mathbf{A} & \mathbf{B} & 0 & \ldots & 0 & 0 & 0 & \mathbf{I}_n \\
0 & 0 & \ldots & 0 & 0 & 0 & \ldots & 0 & 0 & 0 & -\mathbf{C}
\end{bmatrix}
\tag{3.110}
$$

keine zuverlässigen Aussagen über die strukturelle Ausgangssteuerbarkeit getroffen werden können. Im Gegensatz zur strukturellen Zustandssteuerbarkeit, die dann und nur dann gegeben ist, wenn die erweiterte Zustands–Steuerbarkeitsmatrix (3.99) einen Term-Rang von n^2 besitzt, kann durch eine entsprechenden Anforderung an die erweiterte Ausgangs–Steuerbarkeitsmatrix (3.110) die strukturelle Ausgangssteuerbarkeit nicht gewährleistet werden (vgl. Svaricek 1991c). Das bedeutet, das Ergebnis des Satzes 3.9 kann nicht auf die erweiterte Ausgangs–Steuerbarkeitsmatrix übertragen werden. Im allgemeinen kann daher mit Hilfe des Term-Ranges n_{t_a} der Matrix (3.110) nur eine obere Schranke für die Dimension n_{g_a} des strukturell ausgangssteuerbaren Unterraumes angegeben werden:

$$
n_{G_A} \leq l - ((n^2 + l) - n_{t_a}).
\tag{3.111}
$$

Darüber hinaus gilt das Gleichheitszeichen immer dann, wenn die Dimension n_G des strukturell zustandssteuerbaren Unterraumes die folgende Bedingung erfüllt:

$$
n_G \geq n - 1.
\tag{3.112}
$$

In vielen Fällen (vgl. Svaricek 1991c) gibt die mit Hilfe des Term–Ranges der Matrix (3.110) berechnete obere Schranke die Dimension des strukturell ausgangssteuerbaren Unterraumes exakt wieder. Sie ist damit vielfach genauer als die von Murota und Poljak (1990) angegebene Abschätzung und eignet sich daher sehr wohl zur parameterunabhängigen Verifikation der kritischen numerischen Ausgangssteuerbarkeitsprüfung.

Eine schnelle und effiziente Berechnung des Term–Ranges der Matrix (3.110) ist jetzt wiederum mit Hilfe des Programmes MC21A von Duff (1981b) möglich. Abschließend soll noch darauf hin gewiesen werden, daß ein Programm, das eine obere Abschätzung der Dimension des strukturell ausgangssteuerbaren Unterraumes mit Hilfe des Term–Ranges der Matrix (3.110) bestimmt, auch sofort zur Überprüfung der strukturellen Zustandssteuerbarkeit eingesetzt werden kann. Hierzu muß für die Ausgangsmatrix $\mathbf{C}$ nur die n–dimensionale Einheitsmatrix eingesetzt werden.

4 Beobachtbarkeit linearer Regelungssysteme

Zusammen mit der Steuerbarkeit führte Kalman 1960 auch den Begriff *Beobachtbarkeit* ein, der mit dem im Abschnitt 3 ausführlich behandelten Steuerbarkeitsbegriff eng verknüpft ist. Soll ein Zustandsvektor x_0 in endlicher Zeit in einen gewünschten Endzustand überführt werden, so wird der entsprechende Steuervektor $\mathbf{u}(t)$ sicherlich vom jeweiligen Anfangszustand x_0 abhängen. Das bedeutet, im konkreten Fall muß x_0 bekannt sein, um $\mathbf{u}(t)$ generieren zu können. Nur in seltenen Fällen werden mit vertretbaren Aufwand allerdings alle Zustände einer Messung zugänglich sein. Vielmehr ist man meist darauf angewiesen, den Anfangszustand x_0 in endlicher Zeit aus den Meßsignalen $\mathbf{y}(t)$ zu rekonstruieren. Ist dies mit Hilfe entsprechender dynamischer Systeme (Beobachter) möglich, so nennt man ein System

$$\begin{aligned}
\dot{\mathbf{x}}(t) &= \mathbf{A}\mathbf{x}(t) + \mathbf{B}\mathbf{u}(t) \\
\mathbf{y}(t) &= \mathbf{C}\mathbf{x}(t)
\end{aligned} \tag{4.1}$$

beobachtbar:

Definition 4.1
> Ein dynamisches System (4.1) heißt vollständig beobachtbar, wenn für jeden Anfangszustand $\mathbf{x}(0) = \mathbf{x}_0$ eine endliche Zeit T so existiert, daß der Zustandsvektor $\mathbf{x}_0$ eindeutig aus der Kenntnis der Eingangsgrößen $\mathbf{u}(t)$ und der Ausgangsgrößen $\mathbf{y}(t)$ im Zeitintervall T ermittelt werden kann.

Der Gegenstand des folgenden Abschnittes ist für die Beobachtbarkeitsanalyse im allgemeinen und in stärkerem Maße noch für deren numerische Umsetzung von elementarer Bedeutung.

4.1 Dualitätsprinzip

Ein dynamisches System

$$\begin{aligned}
\dot{\tilde{\mathbf{x}}}(t) &= \mathbf{A}^T\tilde{\mathbf{x}}(t) + \mathbf{C}^T\tilde{\mathbf{u}}(t) \\
\tilde{\mathbf{y}}(t) &= \mathbf{B}^T\tilde{\mathbf{x}}(t)
\end{aligned} \tag{4.2}$$

ist das zu (4.1) *duale System*. Die Bedeutung des dualen Systems $(\mathbf{A}^T, \mathbf{C}^T, \mathbf{B}^T)$ für die Systemanalyse wird anhand des folgenden Satzes deutlich.

Satz 4.1 (Schwarz 1971)
> Ein dynamisches System (4.1) ist vollständig zustandssteuerbar (beobachtbar), wenn sein duales System (4.2) vollständig beobachtbar (zustandssteuerbar) ist.

Das bedeutet: Sind Verfahren, Algorithmen und Rechnerprogramme zur Steuerbarkeitsprüfung vorhanden, so kann mit diesen sofort auch die Beobachtbarkeit überprüft werden, indem man lediglich $\mathbf{A} := \mathbf{A}^T$ und $\mathbf{B} := \mathbf{C}^T$ setzt. Der Vollständigkeit halber werden daher im folgenden Abschnitt die speziellen Beobachtbarkeitskriterien nur kurz zusammengestellt.

4.2 Kriterien der Beobachtbarkeit

Das älteste und bekannteste Kriterium zur Überprüfung der Beobachtbarkeit ist wieder das von Kalman:

Satz 4.2

Ein dynamisches System (4.1) ist genau dann vollständig beobachtbar, wenn für die Beobachtbarkeitsmatrix $\mathbf{Q}_B$ gilt:

$$\text{Rang } \mathbf{Q}_B = \text{Rang } [\,\mathbf{C}^T, (\mathbf{CA})^T, ..., (\mathbf{CA}^{n-1})^T\,] = n. \tag{4.3}$$

Ist das betrachtete System *nicht* vollständig beobachtbar, so gibt der Rang n_B von $\mathbf{Q}_B$ die Dimension des vollständig beobachtbaren Unterraumes an.

Wenn nicht nur eine reine Ja/Nein–Aussage von Interesse ist, können mit Hilfe des entsprechenden *Hautus–Kriteriums* die nicht beobachtbaren Eigenwerte der Matrix $\mathbf{A}$ ermittelt werden.

Satz 4.3

Ein dynamisches System (4.1) ist genau dann vollständig beobachtbar, wenn

$$\text{Rang } \begin{bmatrix} \lambda\mathbf{I} - \mathbf{A} \\ \mathbf{C} \end{bmatrix} = n \tag{4.4}$$

für alle Eigenwerte λ der Matrix $\mathbf{A}$ erfüllt ist.

Die nicht beobachtbaren Eigenwerte der Matrix $\mathbf{A}$ kürzen sich dann bei der Bildung der Übertragungsmatrix $\mathbf{F}(s) = \mathbf{C}(s\mathbf{I} - \mathbf{A})^{-1}\mathbf{B}$ gerade gegen die von Rosenbrock (1970) wie folgt definierten *Ausgangs–Entkopplungsnullstellen* heraus:

Definition 4.2

Die Nullstellen der Elementarpolynome (vgl. Abschnitt 2.3) der Polynommatrix

$$\mathbf{P}_A(s) = \begin{bmatrix} s\mathbf{I} - \mathbf{A} \\ \mathbf{C} \end{bmatrix} \tag{4.5}$$

sind die Ausgangs–Entkopplungsnullstellen (AEN) und gehören zu dem nichtbeobachtbaren Systemteil. Alle Ausgangs-Entkopplungsnullstellen genügen dann der Beziehung

$$\text{Rang} \begin{bmatrix} s\mathbf{I} - \mathbf{A} \\ \mathbf{C} \end{bmatrix} < n. \tag{4.6}$$

Eine genaue Verfolgung der auftretenden Kürzungen bei der Bildung der Übertragungsmatrix liefert bei einer Berechnung von Hand eine weitere Möglichkeit, um auch bei mehrfachen Eigenwerten genaue Aussagen über die Anzahl der nicht steuer– und/oder beobachtbaren Eigenwerte zu erhalten. Ein System $(\mathbf{A},\mathbf{B})$ ist dann und nur dann vollständig steuerbar, wenn bei der Bildung der rationalen Matrix

$$\mathbf{F}_S(s) = (s\mathbf{I} - \mathbf{A})^{-1}\mathbf{B} = \frac{(s\mathbf{I} - \mathbf{A})_{adj}}{\det\,(s\mathbf{I} - \mathbf{A})}\mathbf{B} \tag{4.7}$$

keine Pol–/Nullstellenkürzungen auftreten. Analog hierzu gilt, daß ein System (4.1) dann und nur dann vollständig beobachtbar ist, wenn die Pole und Nullstellen der rationalen Matrix

$$\mathbf{F}_B(s) = \mathbf{C}(s\mathbf{I} - \mathbf{A})^{-1} = \mathbf{C}\frac{(s\mathbf{I} - \mathbf{A})_{adj}}{\det\,(s\mathbf{I} - \mathbf{A})} \tag{4.8}$$

sich nicht kürzen. Ein einfaches Beispiel wird diese Zusammenhänge verdeutlichen.

Beispiel 4.1
Betrachtet wird ein Eingrößensystem mit folgenden Systemmatrizen:

$$\mathbf{A} = \begin{bmatrix} -1 & 0 & 0 & 0 \\ 0 & 1 & 0 & 0 \\ 0 & 0 & 1 & 0 \\ 0 & 0 & 1 & -1 \end{bmatrix}, \quad \mathbf{b} = \begin{bmatrix} 1 \\ 1 \\ 1 \\ 0 \end{bmatrix}, \quad \mathbf{c} = \begin{bmatrix} 1 \\ 1 \\ 0 \\ -2 \end{bmatrix}.$$

Die Eigenwerte λ_i, $i = 1, 2, 3, 4$ können an der Dreiecksform der Systemmatrix $\mathbf{A}$ sofort zu $\{\lambda\} = \{-1,\ 1,\ 1,\ -1\}$ abgelesen werden. Das System besitzt also einen doppelten Eigenwert bei $\lambda = +1$ und bei $\lambda = -1$. Nach der Bildung der Adjungierten von $(s\mathbf{I} - \mathbf{A})$ ergibt sich $\mathbf{F}_S(s)$ zu:

$$\mathbf{F}_S(s) = \frac{1}{\det\,(s\mathbf{I} - \mathbf{A})}\,(s\mathbf{I} - \mathbf{A})_{adj}\,\mathbf{b}$$

$$= \frac{1}{(s+1)^2(s-1)^2}\begin{bmatrix} (s+1)(s-1)^2 & 0 \\ 0 & (s+1)^2(s-1) \\ 0 & 0 \\ 0 & 0 \end{bmatrix} \times$$

$$\times \begin{bmatrix} 0 & 0 \\ 0 & 0 \\ (s+1)^2(s-1) & 0 \\ (s+1)(s-1) & (s+1)(s-1)^2 \end{bmatrix} \begin{bmatrix} 1 \\ 1 \\ 1 \\ 0 \end{bmatrix}$$

$$= \frac{1}{(s+1)^2(s-1)^2} \begin{bmatrix} (s+1)(s-1)^2 \\ (s+1)^2(s-1) \\ (s+1)^2(s-1) \\ (s+1)(s-1) \end{bmatrix}$$

$$= \frac{1}{(s+1)(s-1)} \begin{bmatrix} (s-1) \\ (s+1) \\ (s+1) \\ 1 \end{bmatrix} .$$

Da sich sowohl ein Pol bei $s = +1$ als auch einer bei $s = -1$ gegen eine Nullstelle herausgekürzt hat, sind die entsprechenden beiden Eigenbewegungen der Matrix $\mathbf{A}$ *nicht* steuerbar.

Die Bildung von

$$\mathbf{F}_B(s) = \frac{1}{\det\ (s\mathbf{I} - \mathbf{A})}\ \mathbf{c}^T(s\mathbf{I} - \mathbf{A})_{adj}$$

$$= \frac{1}{(s+1)^2(s-1)^2}\ \big[\, (s+1)(s-1)^2 \quad (s+1)^2(s-1) \quad \times$$

$$\times \quad -2(s+1)(s-1) \quad -2(s+1)(s-1)^2 \,\big]$$

$$= \frac{1}{(s+1)(s-1)}\ \big[\, (s-1) \quad (s+1) \quad -2 \quad -2(s-1) \,\big]$$

liefert, daß aufgrund der Kürzungen auch jeweils ein Eigenwert bei $\lambda = +1$ und $\lambda = -1$ nicht beobachtbar ist. Die Frage, ob dieses System überhaupt steuer– *und* beobachtbare Eigenwerte besitzt, muß nach der Bestimmung der Übertragungsfunktion

$$F(s) = \mathbf{c}^T(s\mathbf{I} - \mathbf{A})^{-1}\mathbf{b} = \mathbf{F}_B(s)\mathbf{b}$$

$$= \frac{1}{(s+1)(s-1)}\ \big[\, (s-1) \quad (s+1) \quad -2 \quad -2(s-1) \,\big] \begin{bmatrix} 1 \\ 1 \\ 1 \\ 0 \end{bmatrix}$$

$$= \frac{(s+1) + (s-1) - 2}{(s+1)(s-1)}$$

$$= \frac{2(s-1)}{(s+1)(s-1)} = \frac{1}{s+1}$$

mit **Ja** beantwortet werden, da die Übertragungsfunktion $F(s)$ einen Pol bei $s = -1$ hat. Der andere Pol ($s = +1$) von $\mathbf{F}_B(s)$, der zu einem beobachtbaren Eigenwert bei $\lambda = +1$ korrespondiert, hat sich bei der Bestimmung der Übertragungsfunktion herausgekürzt, so daß dieser beobachtbare Eigenwert nicht steuerbar ist. Die vorhergehende Berechnung von $\mathbf{F}_S(s)$ hatte gezeigt, daß noch ein weiterer Eigenwert bei $\lambda = -1$ nicht steuerbar ist. Dieser Eigenwert der Matrix $\mathbf{A}$ war offenbar bereits bei der Bildung von $\mathbf{F}_B(s)$ herausgefallen und ist daher sowohl *nicht* steuer- als auch *nicht* beobachtbar. Zusammengefaßt bedeutet dies: Das betrachtete Eingrößensystem 4-ter Ordnung besitzt

- einen Eigenwert bei $\lambda = -1$, der sowohl steuer- als auch beobachtbar ist,

- einen Eigenwert bei $\lambda = -1$, der weder steuer- noch beobachtbar ist,

- einen Eigenwert bei $\lambda = +1$, der steuer- aber nicht beobachtbar ist

- und einen Eigenwert bei $\lambda = +1$, der nicht steuer- aber beobachtbar ist.

5 Pole und Nullstellen linearer Mehrgrößensysteme

Für Eingrößensysteme sind die Pole und Nullstellen bekanntlich anhand der das Ein-/Ausgangsverhalten beschreibenden Übertragungsfunktion F(s) definiert. Im allgemeinen ist F(s) dabei eine gebrochen rationale Funktion mit einem Zählerpolynom Z(s) und einem Nennerpolynom N(s). Die Pole sind dann die Nullstellen des Nennerpolynoms N(s), und die Nullstellen sind die Nullstellen des Zählerpolynoms Z(s). Diese für Eingrößensysteme naheliegende Definition kann auf Mehrgrößensysteme nicht unmittelbar übertragen werden. Die *Pole* eines *Mehrgrößensystems* werden daher von Pralle (1967) anhand einer besonderen Normalform, der *Smith-McMillan-Form*, der Übertragungsmatrix $\mathbf{F}(s)$ definiert.

Als nächstes befaßte sich Anfang der siebziger Jahre Rosenbrock (1970, 1973, 1974a) mit diesem Problemkreis und prägte Begriffe wie System-, Übertragungs- und Entkopplungsnullstellen. In den folgenden Jahren erschienen eine Reihe von weiteren Arbeiten (Desoer und Schulman 1974, Davison und Wang 1974, Patel 1975, Fallside 1977, Wolovich 1977, Pugh 1977), in denen in erster Linie die Nullstellen von Mehrgrößensystemen auf verschiedene Art und Weise definiert wurden.

Eine erste umfassende Darstellung des Begriffs „Nullstellen von Mehrgrößensystemen" konnte dann MacFarlane und Karcanias (1976) entnommen werden, die dort auch die Definition der *Invarianten Nullstellen* vorstellten. Diese Definition, die im Prinzip der ersten *Systemnullstellen-Definition* von Rosenbrock (1973) entspricht, ist für eine Reihe von regelungstechnischen Problemstellungen von besonderem Interesse. In einzelnen Arbeiten wird auch noch eine Definition der Übertragungs-Nullstellen von Davison und Wang (1974) verwendet, die sich allerdings erheblich von der Rosenbrockschen Definition der Übertragungsnullstellen unterscheidet und für nicht degenerierte Systeme zu der Definition der Invarianten Nullstellen äquivalent ist. Eine aktuelle Übersicht über die Arbeiten der Jahre 1970 bis 1989 auf diesem Gebiet geben Schrader und Sain (1989).

Nach einer ausführlichen Darstellung der verschiedenen Definitionen der Pole und Nullstellen von Mehrgrößensystemen wird auf deren Eigenschaften und physikalische Bedeutung eingegangen. Im Abschnitt 5.7, der sich mit der numerischen Berechnung der Nullstellen befaßt, wird sich zeigen, daß eine zuverlässige Bestimmung der Anzahl der Nullstellen bei größeren Systemen problematisch ist. Die Zuverlässigkeit einer rechnergestützten Nullstellenberechnung kann daher durch eine Vorgehensweise, die ähnlich zu der bei der Überprüfung der Steuer- und Beobachtbarkeit vorgestellten ist, erheblich verbessert werden. Im Fall der Nullstellenberechnung wird hierzu eine mit Hilfe eines Strukturmodells berechnete obere Abschätzung der Nullstellenanzahl zur Verifikation der mit Rundungsfehlern behafteten Ergebnisse herangezogen. Ein neuer Algorithmus

zur Zerlegung der numerischen Berechnung der Nullstellen in mehrere kleine
und getrennt lösbare Teilprobleme schließt dieses Kapitel ab.

5.1 Pole und Nullstellen der Übertragungsmatrix

Der Unterschied zwischen Ein- und Mehrgrößensystemen wird beim Versuch
der Definition der Pole und Nullstellen eines Mehrgrößensystems besonders
deutlich. Das dynamische Verhalten eines Eingrößensystems läßt sich durch
eine gebrochen rationale Übertragungsfunktion

$$F(s) = \frac{Z(s)}{N(s)} \tag{5.1}$$

beschreiben, wobei komplexe Zahlen s_p, für die der Nenner verschwindet
($N(s_p) = 0$), die Pole und komplexe Zahlen, für die der Zähler $Z(s)$ zu
Null wird, die Nullstellen des Systems sind.

Im Gegensatz dazu wird ein Mehrgrößensystem durch eine Matrix von Übertragungsfunktionen

$$\mathbf{F}(s) = \begin{bmatrix} F_{11}(s) & \cdots & F_{1m}(s) \\ \vdots & & \vdots \\ F_{l1}(s) & \cdots & F_{lm}(s) \end{bmatrix} \tag{5.2}$$

beschrieben, wobei m die Anzahl der Eingänge und l die Anzahl der Ausgänge
angibt. Jedes Matrixelement charakterisiert dabei das Übertragungsverhalten
zwischen genau einem der m Ein- und einem der l Ausgänge und ist für
technische Regelstrecken in der Regel eine echt gebrochen rationale Funktion
in s. Alle $l \cdot m$ Übertragungsfunktionen besitzen also ihre eigenen Pole und
Nullstellen, und es stellt sich die Frage: „Welche dieser Pole und Nullstellen
sollen als Pole und Nullstellen des Mehrgrößensystems angesehen werden"?

Bezüglich der Pole ist die Gesamtheit der Pole aller einzelnen Übertragungsfunktionen in der Matrix (5.2) eine zunächst naheliegende Definition, da für
jeden Pol zumindest eine der Übertragungsfunktionen unendlich wird und
die Matrix $\mathbf{F}(s)$ dann ebenfalls nicht mehr endlich ist. Hierzu äquivalent ist,
wenn die Nullstellen des Hauptnenners aller Einzelübertragungsfunktionen als
Pole des Systems definiert werden.

Ist für eine Regelstrecke ein Zustandsmodell ($\mathbf{A},\mathbf{B},\mathbf{C}$) gegeben, so bestimmt
sich die zugehörige Übertragungsmatrix zu

$$\mathbf{F}(s) = \frac{\mathbf{C}(s\mathbf{I} - \mathbf{A})_{adj}\,\mathbf{B}}{\det\,(s\mathbf{I} - \mathbf{A})}, \tag{5.3}$$

wobei sich die Einzelübertragungsfunktionen aus

$$\mathbf{F}_{ij}(s) = \frac{\mathbf{c}_i^T (s\mathbf{I} - \mathbf{A})_{adj}\,\mathbf{b}_j}{\det\,(s\mathbf{I} - \mathbf{A})} \tag{5.4}$$

ergeben. Dabei ist $\mathbf{c}_i^T$ die i–te Zeile von $\mathbf{C}$ und $\mathbf{b_j}$ die j–te Spalte von $\mathbf{B}$. Die charakteristische Gleichung $C(s) = \det\,(s\mathbf{I} - \mathbf{A})$ ist damit offensichtlich ein Hauptnennerpolynom der Übertragungsmatrix. Aufgrund von möglichen Kürzung zwischen den Zähler– und Nennerpolynomen in den Ausdrücken $F_{ij}(s)$ werden allerdings die Pole der Übertragungsmatrix im allgemeinen nicht alle Eigenwerte der Systemmatrix $\mathbf{A}$ enthalten.

Versucht man nun, die Definition der Nullstellen eines Eingrößensystems auf Mehrgrößensysteme zu verallgemeinern, so ist es wenig sinnvoll, wie zuvor die Gesamtheit der Nullstellen der einzelnen Übertragungsfunktionen als Nullstellen des Systems zu definieren, da z.B. die Matrix (5.2) nicht zu Null werden muß, wenn eine der Übertragungsfunktionen $F_{ij}(s)$ für eine Nullstelle verschwindet. Darüber hinaus läßt sich zeigen, daß den Nullstellen der Einzelübertragungsfunktionen eine weitere charakteristische Eigenschaft der Nullstellen eines Eingrößensystems fehlt, und zwar deren Invarianz[8] gegenüber Rückführungen (Schwarz 1976).

Die Nullstellen einer Übertragungsfunktion in der Matrix (5.2) werden vielmehr durch Rückkopplung eines Ausgangs auf einen Eingang, der nicht direkt zu der betrachteten Übertragungsfunktion gehört, verschoben, weshalb sie in der Literatur (Schmidt 1986) auch als *variante Nullstellen* eines Mehrgrößensystems bezeichnet werden. Durch eine gezielte Verschiebung dieser varianten Nullstellen können sogar zusätzliche Entwurfsziele, wie z.B. Minimalphasigkeit einer Einzelübertragungsfunktion, erreicht werden.

Würde man allerdings als Nullstellen der Übertragungsmatrix nur diejenigen s–Werte heranziehen, für die die Matrix (5.2) identisch verschwindet, so würde ein System überhaupt nur noch dann Nullstellen besitzen, wenn alle Zählerpolynome der Matrix (5.2) einen gemeinsamen Faktor enthielten. Dies würde aber dazu führen, daß ein Mehrgrößensystem — per Definition — in der Regel keine Nullstellen besäße. Existieren derartige, die Übertragung vollständig blockierende Nullstellen, so werden diese dann auch als *Blockierungsnullstellen* (Ferreira und Bhattacharyya 1977) bezeichnet.

Bei einer weiteren Möglichkeit zur Verallgemeinerung des Nullstellenbegriffs (Desoer und Schulman 1974) werden linksprime und rechtsprime Zerlegungen der Übertragungsmatrix betrachtet. Jede $l \times m$ Übertragungsmatrix $\mathbf{F}(s)$ kann

---

[8]Durch eine Rückführung hervorgerufene Pol–/Nullstellenkürzungen werden hierbei vernachlässigt.

dabei in Matrizenprodukte

$$\mathbf{F}(s) = \mathbf{Z}_R(s)\mathbf{N}_R^{-1}(s) = \mathbf{N}_L^{-1}(s)\mathbf{Z}_L(s) \tag{5.5}$$

zerlegt werden, wobei die Polynommatrizen $\mathbf{Z}_R(s)$ und $\mathbf{N}_R(s)$ rechtsprim und $\mathbf{Z}_L(s)$ und $\mathbf{N}_L(s)$ linksprim sind, d.h., die größten gemeinsamen Rechtsteiler von $\mathbf{Z}_R(s)$ und $\mathbf{N}_R(s)$ bzw. die größten gemeinsamen Linksteiler von $\mathbf{Z}_L(s)$ und $\mathbf{N}_L(s)$ sind unimodulare Matrizen. Die $m \times m$ Matrix $\mathbf{N}_R(s)$ und die $l \times l$ Matrix $\mathbf{N}_L(s)$ sind regulär, und jede $l \times m$ Polynommatrix $\mathbf{Z}_R(s)$ oder $\mathbf{Z}_L(s)$, die (5.5) erfüllt, wird Zähler von $\mathbf{F}(s)$ genannt. Die Nullstellen der Übertragungsmatrix $\mathbf{F}(s)$ sind definiert als diejenigen s–Werten, für die der Rang der Zählermatrizen kleiner als der zugehörige Normalrang (vgl. Def. 2.4) wird.

Von MacFarlane (1975) wurde diese Definition von Desoer und Schulman (1974) dann in der Form verallgemeinert, daß die komplexen s_n–Werte, die

$$\text{Rang } \mathbf{F}(s_n) < \text{Normalrang } \mathbf{F}(s) \tag{5.6}$$

erfüllen, die Nullstellen der Übertragungsmatrix genannt werden. Eine Bestimmung dieser Nullstellen kann allerdings dann zu Schwierigkeiten führen (Pugh 1977), wenn die Übertragungsmatrix zusammenfallende Pole und Nullstellen besitzt, da für diese s–Werte dann unendlich große Matrixelemente entstehen und der Rang einer Matrix in diesem Fall nicht mehr eindeutig definiert ist. Als ein weiterer Nachteil dieser beiden Definitionsversuche muß angesehen werden, daß die Ordnung oder Vielfachheit einer Nullstelle, die beispielsweise bei der Auslegung von Mehrgrößenreglern (Francis und Wonham 1975) von Interesse ist, nicht bestimmbar ist.

Die Ordnungen der Nullstellen lassen sich an einer entsprechenden Normalform allerdings leicht ablesen, so daß die Pole und Nullstellen einer Übertragungsmatrix inzwischen üblicherweise mit Hilfe der diagonalen Smith–McMillan–Normalform (vgl. Abschnitt 2.4) von $\mathbf{F}(s)$ definiert werden:

Definition 5.1 (Pralle 1967)
Die Nullstellen der elementaren Nennerpolynome $N_i(s)$, $i = 1, ..., \rho$ der Smith–McMillan–Normalform von $\mathbf{F}(s)$ mit ρ dem Normalrang von $\mathbf{F}(s)$ sind die Pole der Übertragungsmatrix $\mathbf{F}(s)$ bzw. die *Übertragungspole* (ÜP) eines Systems $(\mathbf{A},\mathbf{B},\mathbf{C})$.

Definition 5.2 (Rosenbrock 1970)
Die Nullstellen der elementaren Zählerpolynome $Z_i(s)$, $i = 1, ..., \rho$ der Smith–McMillan–Normalform von $\mathbf{F}(s)$ sind die Nullstellen der Übertragungsmatrix $\mathbf{F}(s)$ bzw. die *Übertragungsnullstellen* (ÜN) eines Systems $(\mathbf{A},\mathbf{B},\mathbf{C})$, wobei ρ der Normalrang von $\mathbf{F}(s)$ ist.

Nachdem die Smith–McMillan–Normalform von McMillan (1952) zur Untersuchung der Eigenschaften gebrochen rationaler Matrizen eingeführt worden war und Pralle (1967) die Pole eines Mehrgrößensystems mit Hilfe dieser Normalform definiert hatte, befaßten sich bereits vor 1970 einige Autoren (z.B. Brockett 1965, Simon und Mitter 1969) auch mit dem Konzept der Nullstellen von Mehrgrößensystemen. Allerdings war Rosenbrock (1970) der erste, der eine *Definition* der Nullstellen eines Mehrgrößensystems vorstellte.

Zur Verdeutlichung der zuvor angegebenen Definitionen der Übertragungspole bzw. –nullstellen eines Mehrgrößensystems dient das folgende Beispiel.

Beispiel 5.1

Für die im Beispiel 2.2 betrachtete Übertragungsmatrix

$$\mathbf{F}(s) = \begin{bmatrix} \dfrac{1}{s+1} & 0 & \dfrac{s-1}{(s+1)(s+2)} \\[2ex] -\dfrac{1}{s-1} & \dfrac{1}{s+2} & \dfrac{1}{s+2} \end{bmatrix}.$$

ergab sich dort folgende McMillan–Normalform:

$$\mathbf{M}\{\mathbf{F}(s)\} = \frac{1}{H(s)}\mathbf{S}\{\mathbf{N}(s)\} = \begin{bmatrix} \dfrac{1}{(s+1)(s+2)(s-1)} & 0 & 0 \\[2ex] 0 & \dfrac{s-1}{s+2} & 0 \end{bmatrix}.$$

Aus den Nullstellen der beiden Nennerpolynome

$$N_1(s) = (s+1)(s+2)(s-1), \quad N_2(s) = s+2$$

bestimmen sich die Übertragungspole zu $\{-2, -2, -1, 1\}$ und aus dem Zählerpolynom

$$Z_2(s) = (s-1)$$

eine Übertragungsnullstelle bei $s = 1$. Alle Pole und Nullstelle haben eine Ordnung von 1, da die beiden Pole bei $s = -2$ in zwei verschiedenen elementaren Nennerpolynomen enthalten sind. Darüber hinaus zeigt dieses Beispiel, daß eine Übertragungsmatrix im Gegensatz zur Übertragungsfunktion in ihrer Lage übereinstimmende Pole und Nullstellen besitzen kann, da sich diese Pole und Nullstellen nicht wegkürzen, wenn sie — wie in diesem Beispiel — in unterschiedlichen Übertragungsfunktionen der Smith–McMillanform auftreten.

5.2 Pole und Nullstellen der Rosenbrock–Systemmatrix

Die Pole und Nullstellen der Übertragungsmatrix eines linearen Systems, die bekanntlich ausschließlich das Ein–/Ausgangsverhalten beschreibt, wurden im vorhergehenden Abschnitt eingehend betrachtet. Bestimmt man für ein gegebenes Zustandsmodell $(\mathbf{A},\mathbf{B},\mathbf{C})$ die zugehörige Übertragungsmatrix mit Hilfe der Gl. (5.3), so sind die Übertragungspole bedingt durch mögliche Pol–/Nullstellenkürzungen in den Einzelübertragungsfunktion (5.4) i.a. nur eine Teilmenge der Eigenwerte der Systemmatrix $\mathbf{A}$. Die gekürzten Eigenwerte der Matrix $\mathbf{A}$ korrespondieren dabei zu den Eigenbewegungen des Systems, die von außen weder erkennbar (beobachtbar) noch beeinflußbar (steuerbar) sind.

Diese *nicht* steuer– und/oder beobachtbaren Eigenwerte eines Systems bezeichnet Rosenbrock (1970) auch als *Entkopplungsnullstellen* (EN), wobei er wie folgt unterscheidet (vgl. Abschnitte 3.1 und 4.2):

Die komplexen Zahlen s_0, die

$$\text{Rang}\,[\,s_0\mathbf{I} - \mathbf{A},\ \mathbf{B}\,] \;<\; n \tag{5.7}$$

erfüllen, sind die *Eingangs–Entkopplungsnullstellen* (EEN) eines linearen Systems $(\mathbf{A},\mathbf{B},\mathbf{C})$. Dementsprechend sind komplexe Zahlen s_0, für die

$$\text{Rang}\ \begin{bmatrix} s_0\mathbf{I} - \mathbf{A} \\ \mathbf{C} \end{bmatrix} \;<\; n \tag{5.8}$$

gilt, *Ausgangs–Entkopplungsnullstellen* (AEN) und komplexe Zahlen s_0, die sowohl den Bedingungen (5.7) als auch (5.8) genügen, *Eingangs–Ausgangs–Entkopplungsnullstellen* (EAEN) des Systems.

Die Liste $\{EN\}$ der Entkopplungsnullstellen ergibt sich dann aus den Listen der $\{EEN\}$, $\{AEN\}$ und $\{EAEN\}$ zu:

$$\{EN\} \;=\; \{EEN, AEN\} - \{EAEN\}. \tag{5.9}$$

Besitzt ein System mehrfache Eingangs– und/oder Ausgangs–Entkopplungsnullstellen, so ist eine Berechnung der Entkopplungsnullstellen nur mit Hilfe der Beziehungen (5.7) und (5.8) nicht mehr möglich. Das folgende Beispiel verdeutlicht diese Aussage.

Beispiel 5.2

Betrachtet wird ein System, das durch das in Bild 5.1 angegebene Blockschaltbild beschrieben wird.

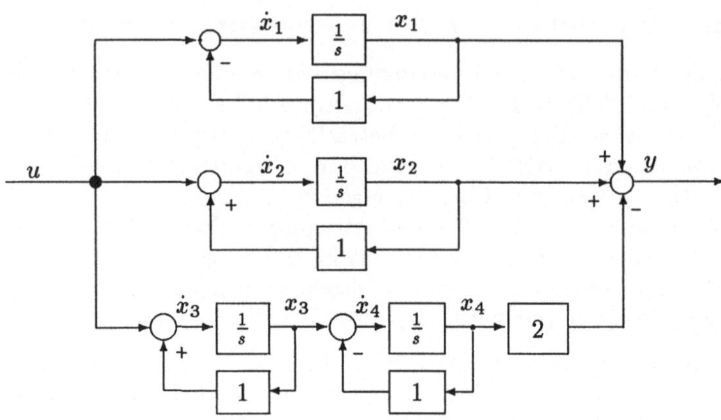

Bild 5.1: Blockschaltbild

Das in Bild 5.1 angegebene Blockschaltbild korrespondiert zu einem Zustandsmodell der Form

$$
\dot{\mathbf{x}} = \begin{bmatrix} -1 & 0 & 0 & 0 \\ 0 & 1 & 0 & 0 \\ 0 & 0 & 1 & 0 \\ 0 & 0 & 1 & -1 \end{bmatrix} \mathbf{x} + \begin{bmatrix} 1 \\ 1 \\ 1 \\ 0 \end{bmatrix} u,
$$

$$
y = \begin{bmatrix} 1 & 1 & 0 & -2 \end{bmatrix} \mathbf{x}.
$$

Die Eigenwerte λ_i, $i = 1, 2, 3, 4$ ergeben sich unmittelbar aus der Dreiecksform der Systemmatrix $\mathbf{A}$ zu $\{\lambda\} = \{-1,\ 1,\ 1,\ -1\}$. Aus

$$
\text{Rang } [\, s\mathbf{I} - \mathbf{A},\ \mathbf{b}\,]_{s=1} = \text{Rang } \begin{bmatrix} 2 & 0 & 0 & 0 & 1 \\ 0 & 0 & 0 & 0 & 1 \\ 0 & 0 & 0 & 0 & 1 \\ 0 & 0 & -1 & 2 & 0 \end{bmatrix} = 3 < n
$$

folgt, daß mindestens einer der beiden Eigenwerte bei $\lambda = 1$ nicht steuerbar ist und daher zu einer Eingangs–Entkopplungsnullstelle bei $s = 1$ korrespondiert. Darüber hinaus ist auf jeden Fall auch zumindest einer der beiden Eigenwerte bei $\lambda = -1$ nicht steuerbar, da

$$
\text{Rang } [\, s\mathbf{I} - \mathbf{A},\ \mathbf{b}\,]_{s=-1} = \text{Rang } \begin{bmatrix} 0 & 0 & 0 & 0 & 1 \\ 0 & -2 & 0 & 0 & 1 \\ 0 & 0 & -2 & 0 & 1 \\ 0 & 0 & -1 & 0 & 0 \end{bmatrix} = 3 < n
$$

gilt. Zu den Entkopplungsnullstellen gehören somit ein oder zwei EEN bei $s = 1$ und ein oder zwei EEN bei $s = -1$. Genauere Aussagen in bezug auf die Anzahl der EEN liefert die in Abschnitt 3.3.3 vorgestellte Normalform. Hierbei wird ein transformiertes System

$$\tilde{\mathbf{A}} = \mathbf{T}^{-1}\mathbf{A}\mathbf{T} \quad \text{und} \quad \tilde{\mathbf{B}} = \mathbf{T}^{-1}\mathbf{B}$$

betrachtet, wobei die Matrizen $\tilde{\mathbf{A}}$ und $\tilde{\mathbf{B}}$ folgende Gestalt annehmen:

$$\tilde{\mathbf{A}} = \begin{bmatrix} \tilde{\mathbf{A}}_{11} & \mathbf{0} \\ \tilde{\mathbf{A}}_{21} & \tilde{\mathbf{A}}_{22} \end{bmatrix}, \quad \tilde{\mathbf{B}} = \begin{bmatrix} \mathbf{0} \\ \tilde{\mathbf{B}}_2 \end{bmatrix}.$$

Die EEN sind dann identisch mit den Eigenwerten der Matrix $\tilde{\mathbf{A}}_{11}$, so daß die Anzahl der EEN mit der Dimension der quadratischen Matrix $\tilde{\mathbf{A}}_{11}$ übereinstimmt. Wählt man die Transformationsmatrix $\mathbf{T}$ zu

$$\mathbf{T} = \begin{bmatrix} 0 & 0 & 0 & 1 \\ 0 & 0 & 1 & 1 \\ 1 & 0 & 1 & 1 \\ 0 & 1/2 & 1/2 & 0 \end{bmatrix},$$

so ergibt sich

$$\tilde{\mathbf{A}} = \mathbf{T}^{-1}\mathbf{A}\mathbf{T} = \begin{bmatrix} 0 & -1 & 1 & 0 \\ 1 & -1 & 0 & 2 \\ -1 & 1 & 0 & 0 \\ 1 & 0 & 0 & 0 \end{bmatrix} \begin{bmatrix} -1 & 0 & 0 & 0 \\ 0 & 1 & 0 & 0 \\ 0 & 0 & 1 & 0 \\ 0 & 0 & 1 & -1 \end{bmatrix} \begin{bmatrix} 0 & 0 & 0 & 1 \\ 0 & 0 & 1 & 1 \\ 1 & 0 & 1 & 1 \\ 0 & 1/2 & 1/2 & 0 \end{bmatrix}$$

$$= \left[\begin{array}{cc|cc} 1 & 0 & 0 & 0 \\ 2 & -1 & 0 & 0 \\ \hline 0 & 0 & 1 & 2 \\ 0 & 0 & 0 & -1 \end{array}\right]$$

und

$$\tilde{\mathbf{b}} = \mathbf{T}^{-1}\mathbf{b} = \begin{bmatrix} 0 & -1 & 1 & 0 \\ 1 & -1 & 0 & 2 \\ -1 & 1 & 0 & 0 \\ 1 & 0 & 0 & 0 \end{bmatrix} \begin{bmatrix} 1 \\ 1 \\ 1 \\ 0 \end{bmatrix}$$

$$= \left[\begin{array}{c} 0 \\ 0 \\ \hline 0 \\ 1 \end{array}\right].$$

Das bedeutet, das in Bild 5.1 betrachtete System besitzt jeweils nur *eine* EEN bei $s = +1$ und bei $s = -1$.

Eine Auswertung der Bedingung (5.8) liefert ebenfalls keine eindeutigen Ergebnisse bezüglich der Anzahl der Ausgangs–Entkopplungsnullstellen, da sowohl

$$\text{Rang}\ \begin{bmatrix} s_0\mathbf{I} - \mathbf{A} \\ \mathbf{c}^T \end{bmatrix}_{s=1} = \text{Rang}\ \begin{bmatrix} 2 & 0 & 0 & 0 \\ 0 & 0 & 0 & 0 \\ 0 & 0 & 0 & 0 \\ 0 & 0 & -1 & 2 \\ 1 & 1 & 0 & -2 \end{bmatrix} = 3 < n$$

als auch

$$\text{Rang}\ \begin{bmatrix} s_0\mathbf{I} - \mathbf{A} \\ \mathbf{c}^T \end{bmatrix}_{s=-1} = \text{Rang}\ \begin{bmatrix} 0 & 0 & 0 & 0 \\ 0 & -2 & 0 & 0 \\ 0 & 0 & -2 & 0 \\ 0 & 0 & -1 & 0 \\ 1 & 1 & 0 & -2 \end{bmatrix} = 3 < n$$

erfüllt ist. Aufgrund des Dualitätsprinzipes (Abschnitt 4.1) kann die exakte Anzahl der AEN allerdings der Normalform (3.79) des dualen Systems $(\mathbf{A}^T, \mathbf{c})$ entnommen werden. Durch eine Transformation mit

$$\mathbf{T} = \begin{bmatrix} -1 & -1 & 1 & 1 \\ -1 & -2 & 2 & 1 \\ 1 & 1 & -1 & 0 \\ 0 & 3 & -2 & -2 \end{bmatrix},$$

ergibt sich

$$\tilde{\mathbf{A}} = \mathbf{T}^{-1}\mathbf{A}^T\mathbf{T} = \begin{bmatrix} -1 & 1 & 1 & 0 \\ 0 & 2 & 2 & 1 \\ -1 & 3 & 2 & 1 \\ 1 & 0 & 1 & 0 \end{bmatrix} \begin{bmatrix} -1 & 0 & 0 & 0 \\ 0 & 1 & 0 & 0 \\ 0 & 0 & 1 & 1 \\ 0 & 0 & 0 & -1 \end{bmatrix} \begin{bmatrix} -1 & -1 & 1 & 1 \\ -1 & -2 & 2 & 0 \\ 1 & 1 & -1 & 0 \\ 0 & 3 & -2 & -2 \end{bmatrix}$$

$$= \left[\begin{array}{cc|cc} -1 & 1 & 0 & 0 \\ 0 & 1 & 0 & 0 \\ \hline 2 & -2 & 3 & 2 \\ 2 & 5 & -4 & -3 \end{array}\right]$$

und

$$\tilde{\mathbf{c}} = \mathbf{T}^{-1}\mathbf{c} = \begin{bmatrix} -1 & 1 & 1 & 0 \\ 0 & 2 & 2 & 1 \\ -1 & 3 & 2 & 1 \\ 1 & 0 & 1 & 0 \end{bmatrix} \begin{bmatrix} 1 \\ 1 \\ 0 \\ -2 \end{bmatrix}$$

$$= \begin{bmatrix} 0 \\ 0 \\ \hline 0 \\ 1 \end{bmatrix}.$$

Anhand der Eigenwerte der linken oberen Teilmatrix $\tilde{\mathbf{A}}_{11}$ des transformierten Systems $(\tilde{\mathbf{A}}, \tilde{\mathbf{c}})$ ergeben sich eine AEN bei $s = +1$ und eine bei $s = -1$.

Aufgrund der mehrfachen Eigenwerten lassen sich die Entkopplungsnullstellen noch nicht explizit angeben, da die Schnittmenge, gebildet aus den Mengen der Eingangs– und der Ausgangs–Entkopplungsnullstellen, nicht mit der Menge der Eingangs-Ausgangs-Entkopplungsnullstellen identisch sein muß. Die Bestimmung der EAEN erfordert daher noch eine weitergehende Untersuchung. Hierzu wird noch einmal das erste transformierte System $(\tilde{\mathbf{A}}, \tilde{\mathbf{b}}, \tilde{\mathbf{c}})$ betrachtet:

$$\tilde{\mathbf{A}} = \begin{bmatrix} \tilde{\mathbf{A}}_{11} & \mathbf{0} \\ \tilde{\mathbf{A}}_{21} & \tilde{\mathbf{A}}_{22} \end{bmatrix} = \begin{bmatrix} 1 & 0 & 0 & 0 \\ 2 & -1 & 0 & 0 \\ \hline 0 & 0 & 1 & 2 \\ 0 & 0 & 0 & -1 \end{bmatrix}, \quad \tilde{\mathbf{b}} = \begin{bmatrix} \mathbf{0} \\ \tilde{\mathbf{b}}_2 \end{bmatrix} = \begin{bmatrix} 0 \\ 0 \\ \hline 0 \\ 1 \end{bmatrix}$$

$$\tilde{\mathbf{c}}^T = \begin{bmatrix} \tilde{\mathbf{c}}_1^T & \tilde{\mathbf{c}}_2^T \end{bmatrix} = \begin{bmatrix} 0 & -1 & | & 0 & 2 \end{bmatrix},$$

wobei sich $\tilde{\mathbf{c}}^T$ aus

$$\tilde{\mathbf{c}}^T = \mathbf{c}^T \mathbf{T}$$

ergibt.

Das Teilsystem $(\tilde{\mathbf{A}}_{22}, \tilde{\mathbf{b}}_2)$ ist vollständig steuerbar und enthält somit keine EEN. Besitzt das Teilsystem $(\tilde{\mathbf{A}}_{22}, \tilde{\mathbf{c}}_2^T)$ jetzt AEN, so können diese demnach nicht zu den EAEN gehören. Ein kurzer Blick auf dieses Teilsystem zeigt, daß es in Normalform vorliegt und über eine AEN bei $s = +1$ verfügt. Die andere zuvor bereits berechnete AEN bei $s = -1$ gehört offensichtlich zum nicht steuerbaren Systemteil und bildet somit die gesuchte Menge der EAEN. Das bedeutet, die Liste der Entkopplungsnullstellen kann erst jetzt zu

$$\{EN\} = \{EEN, \ AEN\} \ - \ \{EAEN\}$$
$$\{EN\} = \{1, -1, \ 1, -1\} \ - \ \{-1\}$$
$$\{EN\} = \{1, \ -1, \ 1\}$$

angegeben werden.

Die Nullstellen der Elementarpolynome der Smithschen Normalform von $\mathbf{P}(s)$ definierte Rosenbrock (1973) dann als die „Systemnullstellen" eines Systems $(\mathbf{A},\mathbf{B},\mathbf{C})$. Die Systemnullstellen sollten sich dabei aus den Entkopplungs- und Übertragungsnullstellen zusammensetzen. Allerdings mußte Rosenbrock (1974a) selbst darauf aufmerksam machen, daß die Nullstellen der Elementarpolynome von $\mathbf{P}(s)$ nicht immer diese erwünschte Eigenschaft besitzen (vgl. Beispiel 5.3), da sie für gewisse Fälle nur einen Teil der Entkopplungsnullstellen enthalten. Erst die folgende Systemnullstellen–Definition genügte den von Rosenbrock gestellten Anforderungen.

Definition 5.3   (Rosenbrock 1974a)
   Sei p mit

$$0 \leq p \leq \min(l,m) \tag{5.10}$$

der größte Wert von k für den zumindest eine $(n+k) \times (n+k)$ Unterdeterminante

$$\mathbf{P}^{1,2,\dots,n,n+i_1,n+i_2,\dots,n+i_k}_{1,2,\dots,n,n+j_1,n+j_2,\dots,n+j_k} \tag{5.11}$$

von $\mathbf{P}(s)$ von Null verschieden ist. Die *Systemnullstellen* (SN) eines Systems $(\mathbf{A},\mathbf{B},\mathbf{C})$ sind dann für $k = p$ die Nullstellen des größten gemeinsamen Teilers aller von Null verschiedender Unterdeterminanten der Form (5.11).

Die so definierten Systemnullstellen besitzen jetzt die gewünschte Eigenschaft, daß für beliebige lineare Systeme $(\mathbf{A},\mathbf{B},\mathbf{C})$ gilt:

$$\begin{aligned}
\{\text{SN}\} &= \{\text{EN}\} + \{\text{ÜN}\} \\
&= \{\text{EEN}, \text{AEN}, \text{ÜN}\} - \{\text{EAEN}\}.
\end{aligned} \tag{5.12}$$

Dementsprechend werden die Eigenwerte der Systemmatrix $\mathbf{A}$ auch als *Systempole* (SP) bezeichnet (Rosenbrock 1973), da sie über eine zu (5.12) äquivalente Eigenschaft verfügen:

$$\begin{aligned}
\{\text{SP}\} &= \{\text{EN}\} + \{\text{ÜP}\} \\
&= \{\text{EEN}, \text{AEN}, \text{ÜP}\} - \{\text{EAEN}\}.
\end{aligned} \tag{5.13}$$

Das bedeutet, die Systempole (Eigenwerte der Matrix $\mathbf{A}$) setzen sich aus den Entkopplungsnullstellen und den Übertragungspole zusammen.

In der Mitte der siebziger Jahre griffen MacFarlane und Karcanias die von Rosenbrock 1973 angegebene Definition der Systemnullstellen wieder auf und nannten diese anhand der invarianten Polynome der Rosenbrock–Systemmatrix definierten Nullstellen die *Invarianten Nullstellen* eines Systems $(\mathbf{A},\mathbf{B},\mathbf{C})$.

Definition 5.4 (MacFarlane und Karcanias 1976)

Die Nullstellen der invarianten Polynome (Elementarpolynome) $p_1(s), \ldots, p_r(s)$ der Rosenbrock–Systemmatrix $\mathbf{P}(s)$, wobei r dem Normalrang von $\mathbf{P}(s)$ ist, sind die *Invarianten Nullstellen*[9] (IN) eines Systems $(\mathbf{A},\mathbf{B},\mathbf{C})$.

Aus den Definitionen 5.3 und 5.4 ergibt sich, daß für quadratische, nicht degenerierte Systeme $(\mathbf{A},\mathbf{B},\mathbf{C})$ immer gilt:

$$\{SN\} = \{IN\}. \tag{5.14}$$

Für diese Systeme sind dann die System– bzw. Invarianten Nullstellen identisch mit den Nullstellen der Gleichung

$$\det \mathbf{P}(s) = 0. \tag{5.15}$$

Für rechteckige oder degenerierte Systeme stimmen die Systemnullstellen nicht immer mit den Invarianten Nullstellen überein. Für nicht degenerierte Systeme mit z.B. $m > l$ gilt (Rosenbrock 1977): Die Invarianten Nullstellen enthalten zwar alle AEN, i.a. aber nur einen Teil der $\{EEN\}-\{EAEN\}$. Diese Entkopplungsnullstellen, die nicht in den Invarianten Nullstellen enthalten sind, wurden dann von z.B. van der Weiden und Bosgra (1979) bzw. Porter (1978) näher charakterisiert.

Satz 5.1

Diejenigen EEN, die durch eine Zustandsrückführung nicht zu AEN gemacht werden können, und diejenigen AEN, die durch eine Ausgangsinjektion (dem physikalisch nicht realisierbaren dualen Problem zur Zustandsrückführung) nicht zu EEN gemacht werden können, gehören nicht zu den IN.

Für vollständig steuer– und beobachtbare Systeme kann weiterhin noch folgender Zusammenhang hergeleitet werden:

$$\{SN\} = \{IN\} = \{ÜN\}. \tag{5.16}$$

Die allgemeinen Zusammenhänge zwischen den hier zusammengetragenen Nullstellendefinitionen sollen die Bilder 5.2 und 5.3 noch einmal verdeutlichen. In Bild 5.2 ist graphisch der Zusammenhang zwischen den Systemnullstellen und den anderen Nullstellen (IN, EN, ÜN) dargestellt, wobei SN und IN für die jeweiligen Kreisflächen stehen.

---

[9]Der Name *Invariante Nullstellen* bezieht sich daher auf deren Zusammenhang mit den invarianten Polynomen und nicht auf die im weiteren dargestellten Invarianzeigenschaften und soll daher als Eigenname verstanden werden.

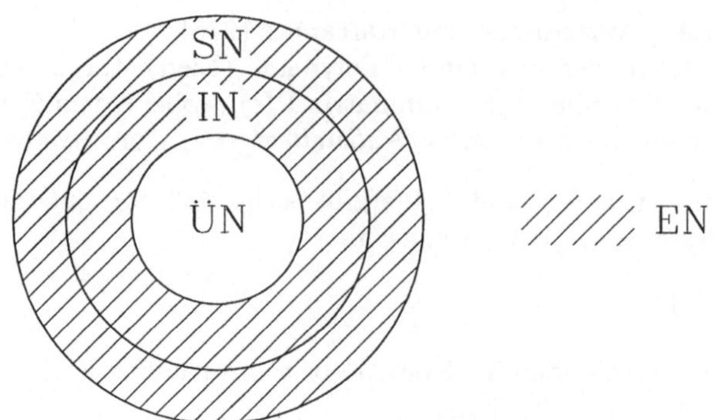

Bild 5.2: Zusammenhang zwischen SN, IN, EN und ÜN

Die Entkopplungsnullstellen, die in diesem Bild durch das schraffierte Gebiet
gekennzeichnet sind, können dabei noch einmal in drei Teilbereiche (Bild 5.3)
aufgespaltet werden, wobei der schaffierte Bereich nicht unbedingt die Schnittmenge der EEN mit den AEN sein muß (vgl. Beispiel 5.2).

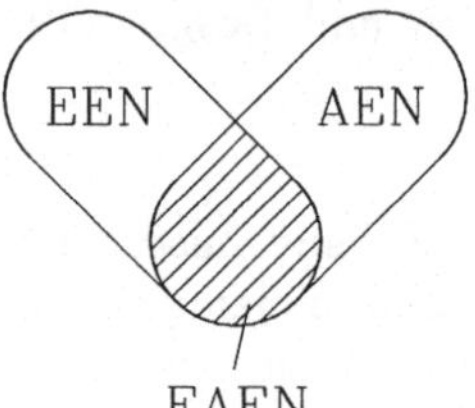

Bild 5.3: Aufteilung der EN in EEN, AEN und EAEN

Der Erläuterung der unterschiedlichen Pol– und Nullstellendefinitionen dient
auch das folgende Beispiel.

Beispiel 5.3

Betrachtet wird ein System $(\mathbf{A},\mathbf{B},\mathbf{C})$ mit 3 Zustandsgrößen, 1 Eingang
und 2 Ausgängen.

$$\mathbf{A} = \begin{bmatrix} 1 & 0 & 0 \\ 0 & -1 & 0 \\ 0 & 0 & -3 \end{bmatrix}, \quad \mathbf{B} = \begin{bmatrix} 0 \\ -1 \\ -1 \end{bmatrix}, \quad \mathbf{C} = \begin{bmatrix} 1 & -1 & 0 \\ 0 & 2 & 1 \end{bmatrix}.$$

Damit bestimmt sich $\mathbf{P}(s)$ zu:

$$\mathbf{P}(s) = \begin{bmatrix} s-1 & 0 & 0 & 0 \\ 0 & s+1 & 0 & 1 \\ 0 & 0 & s+3 & 1 \\ 1 & -1 & 0 & 0 \\ 0 & 2 & 1 & 0 \end{bmatrix}.$$

Eine Eingangs–Entkopplungsnullstelle liegt bei $s = 1$. Dieses findet man leicht, wenn man die Matrix $\mathbf{P}_E(s)$ nach Gl. (3.3) bildet:

$$\mathbf{P}_E(s) = [\, s\mathbf{I} - \mathbf{A}, \ \mathbf{B}\,],$$

$$\mathbf{P}_E(s) = \begin{bmatrix} s-1 & 0 & 0 & 0 \\ 0 & s+1 & 0 & -1 \\ 0 & 0 & s+3 & -1 \end{bmatrix}.$$

Man sieht sofort, daß bei dieser Matrix für $s = 1$ ein Rangdefekt auftritt. Laut Definition heißt das aber, daß das System $(\mathbf{A},\mathbf{B},\mathbf{C})$ bei $s = 1$ eine EN besitzt.

Würde diese Nullstelle zu den IN zählen, so müßte der Wert $s = 1$ bei der Matrix $\mathbf{P}(s)$ einen Rangabfall bewirken. Ein Einsetzen und Ausrechnen zeigt allerdings, daß für die Unterdeterminante

$$\mathbf{P}^{2,3,4,5}_{1,2,3,4}(1) = \begin{vmatrix} 0 & 2 & 0 & 1 \\ 0 & 0 & 4 & 1 \\ 1 & -1 & 0 & 0 \\ 0 & 2 & 1 & 0 \end{vmatrix} = -10 \ \neq \ 0$$

gilt und somit bei $\mathbf{P}(s)$ für $s = 1$ kein Rangdefekt auftritt. Daher ist $s = 1$ keine IN, aber auf jeden Fall eine SN, was noch kurz gezeigt werden soll.

Die SN ergeben sich aus dem größten gemeinsamen Teiler der Minoren nach Gl. (5.11). In dem Beispiel ist $m = 1$ und $l = 2$. Daraus erhält man $0 \leq p \leq 1$. Die Unterdeterminanten nach (5.11) ergeben sich damit zu

$$\mathbf{P}^{1,2,3,3+i_1}_{1,2,3,3+j_1}$$

mit $i_1 = 1,2$ und $j_1 = 1$. Das bedeutet, es müssen die beiden Unterdeterminanten $\mathbf{P}^{1,2,3,4}_{1,2,3,4}$ und $\mathbf{P}^{1,2,3,5}_{1,2,3,4}$ bestimmt und näher untersucht werden:

$$\mathbf{P}^{1,2,3,4}_{1,2,3,4} = \begin{vmatrix} s-1 & 0 & 0 & 0 \\ 0 & s+1 & 0 & 1 \\ 0 & 0 & s+3 & 1 \\ 1 & -1 & 0 & 0 \end{vmatrix} = (s-1) \begin{vmatrix} s+1 & 0 & 1 \\ 0 & s+3 & 1 \\ -1 & 0 & 0 \end{vmatrix},$$

$$= (s-1)(s+3)$$

und

$$\mathbf{P}^{1,2,3,5}_{1,2,3,4} = \begin{vmatrix} s-1 & 0 & 0 & 0 \\ 0 & s+1 & 0 & 1 \\ 0 & 0 & s+3 & 1 \\ 0 & 2 & 1 & 0 \end{vmatrix} = (s-1)\begin{vmatrix} s+1 & 0 & 1 \\ 0 & s+3 & 1 \\ 2 & 1 & 0 \end{vmatrix},$$

$$= (s-1)[-(s+1)-2(s+3)],$$

$$= -(s-1)(3s+7).$$

Der größte gemeinsame Teiler dieser beiden Unterdeterminanten ist $(s-1)$, d.h. das System besitzt genau eine Systemnullstelle bei $s = 1$.

5.3 Eigenschaften der endlichen Nullstellen

Die Invarianz der Nullstellen der Übertragungsfunktion gegenüber statischen Rückführungen ist eine charakteristische Eigenschaft der Nullstellen von Eingrößensysteme. Von den im vorherigen Abschnitt vorgestellten Nullstellen von Mehrgrößensystemen sind nur die Invarianten Nullstellen gegenüber den bekannten statischen Rückführungen und regulären Transformationen invariant. Von Kouvaritakis und MacFarlane (1976) wird z.B. gezeigt, daß die IN durch folgende Operationen nicht verändert werden (Bild 5.4):

1. Durch eine reguläre Koordinatentransformation

$$\tilde{\mathbf{x}}(t) = \mathbf{T}\mathbf{x}(t), \qquad \det \mathbf{T} \neq 0 \tag{5.17}$$

mit der $n \times n$ Transformationsmatrix $\mathbf{T}$ und dem Vektor $\tilde{\mathbf{x}}$ der transformierten Zustandsgröße.

2. Durch die Verwendung eines regulären Vorfilters

$$\mathbf{u}(t) = \mathbf{V}\mathbf{w}(t), \qquad \det \mathbf{V} \neq 0 \tag{5.18}$$

mit der $m \times m$ Vorfiltermatrix $\mathbf{V}$ und dem Führungsvektor $\mathbf{w}(t)$.

3. Durch eine Zustandsvektorrückführung

$$\mathbf{u}(t) = -\mathbf{K}\mathbf{x}(t) + \mathbf{w}(t) \tag{5.19}$$

mit der $m \times n$ Reglermatrix $\mathbf{K}$ und dem Führungsvektor $\mathbf{w}(t)$.

4. Durch eine Ausgangsvektorrückführung

$$\mathbf{u}(t) = -\mathbf{R}\mathbf{y}(t) + \mathbf{w}(t) \tag{5.20}$$

mit der $m \times l$ Reglermatrix $\mathbf{R}$ und dem Führungsvektor $\mathbf{w}(t)$.

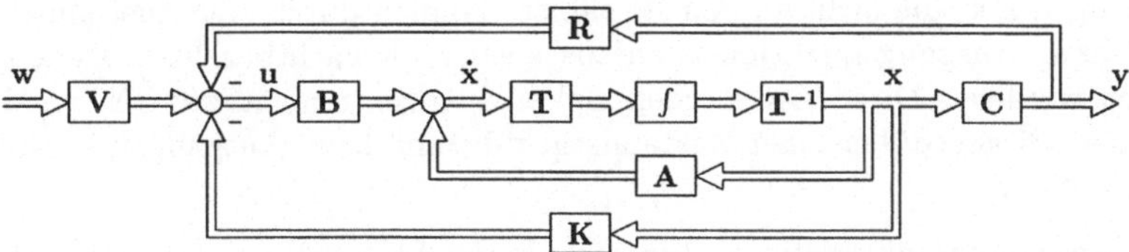

Bild 5.4: Transformationen, gegenüber denen die Nullstellen invariant sind

Exemplarisch soll hier der Beweis für die Invarianz gegenüber Zustandsrückführungen kurz dargestellt werden. Die anderen Invarianzeigenschaften lassen sich entsprechend beweisen.

Die Rosenbrock–Systemmatrix $\mathbf{P}_g(s)$ des mit

$$\mathbf{u}(t) \;=\; -\mathbf{K}\mathbf{x}(t) \;+\; \mathbf{w}(t) \tag{5.21}$$

geregelten Systems lautet

$$\mathbf{P}_g(s) \;=\; \begin{bmatrix} s\mathbf{I} - (\mathbf{A} - \mathbf{B}\mathbf{K}) & -\mathbf{B} \\ \mathbf{C} & 0 \end{bmatrix}. \tag{5.22}$$

Diese Systemmatrix des geschlossenen Systems kann jetzt in folgendes Matrizenprodukt aufgespalten werden:

$$\mathbf{P}_g(s) \;=\; \begin{bmatrix} s\mathbf{I} - \mathbf{A} & -\mathbf{B} \\ \mathbf{C} & 0 \end{bmatrix} \begin{bmatrix} \mathbf{I} & 0 \\ -\mathbf{K} & \mathbf{I} \end{bmatrix}. \tag{5.23}$$

Da die Elementarpolynome einer Polynommatrix durch die Multiplikation mit einer konstanten, regulären Matrix nicht verändert werden (Gantmacher 1986), folgt aus (5.23), daß die Invarianten Nullstellen durch eine Zustandsrückführung nicht beeinflußt werden.

Sowohl die Übertragungs– als auch die Entkopplungsnullstellen sind allerdings gegenüber einer Zustandsrückführung bzw. Ausgangsinjektion *nicht* invariant. So kann z.B. ein beobachtbarer Eigenwert durch eine Zustandsrückführung unbeobachtbar gemacht werden, indem man diesen auf eine ÜN legt und so kompensiert. Innerhalb der Invarianten Nullstellen wird dann aus einer Übertragungsnullstelle eine Ausgangs–Entkopplungsnullstelle. Diese Eigenschaft nutzen Engell und Konik (1986a) beispielsweise beim sukzessiven Entwurf dezentraler Regler aus.

Der umgekehrte Vorgang ist *theoretisch* selbstverständlich auch möglich, indem man einen zunächst unbeobachtbaren Eigenwert durch eine Zustandsrückführung beobachtbar und damit eine Ausgangs–Entkopplungsnullstelle zu einer Übertragungsnullstelle macht.

Diejenigen EN, die nicht zu den IN zählen, können durch eine Zustandsrückführung bzw. Ausgangsinjektion ebenfalls wieder beobachtbar bzw. steuerbar gemacht werden. Diese EN werden dabei allerdings nicht zu ÜN, so daß ein Teil der SN gegenüber einer Zustandsrückführung bzw. Ausgangsinjektion *nicht* invariant ist.

Eine weitere charakteristische Eigenschaft der IN ist das sogenannte „Übertragungsblockierungsverhalten" (MacFarlane und Karcanias 1976), bei dem der Ausgang identisch Null ist für nicht verschwindende Eingangs– und Zustandsgrößen. Für Systeme $(\mathbf{A},\mathbf{B},\mathbf{C})$ mit $m \leq l$ existieren dann komplexe Zahlen z und zugehörige Vektoren $\mathbf{x}_z, \mathbf{u}_z$ in der Form, daß

$$\begin{bmatrix} z\mathbf{I} - \mathbf{A} & -\mathbf{B} \\ \mathbf{C} & \mathbf{0} \end{bmatrix} \begin{bmatrix} \mathbf{x}_z \\ \mathbf{u}_z \end{bmatrix} = 0 \tag{5.24}$$

gilt. Diese Gleichung kann allerdings nur dann erfüllt sein, wenn die Rosenbrock–Systemmatrix $\mathbf{P}(s)$ für $s = z$ einen Rang besitzt, der kleiner als ihr Normalrang ist. Ein solcher Rangdefekt tritt aber nur dann auf, wenn der Wert $s = z$ mit der Wurzel eines Elementarpolynoms von $\mathbf{P}(s)$ übereinstimmt und somit eine Invariante Nullstellen ist. Für die Richtung des zu der Invarianten Nullstelle z korrespondierenden Vektors $[\mathbf{x}_z^T \; \mathbf{u}_z^T]^T$ wird von MacFarlane und Karcanias (1976) der Begriff „Nullstellenrichtung" eingeführt. Der Vektor $\mathbf{x}_z$ bestimmt dabei die Nullstellenrichtung im Zustandsraum und der Vektor $\mathbf{u}_z$ die Nullstellenrichtung im Eingangsraum. Wird ein System jetzt mit

$$\mathbf{u}(t) = \hat{\mathbf{u}}e^{zt} \tag{5.25}$$

erregt, so hat das System genau dann eine identisch verschwindende Ausgangsgröße

$$\mathbf{y}(t) = 0 \quad \text{für alle} \quad t \geq 0, \tag{5.26}$$

wenn

   i) der Wert z eine IN ist,

   ii) der Vektor $\hat{\mathbf{u}}$ die zugehörige Eingangs–Nullstellenrichtung hat,

   iii) der Systemanfangszustand $\mathbf{x}_0$ identisch ist mit der zugehörigen Zustands–Nullstellenrichtung $\mathbf{x}_z$.

Der Verlauf der Zustandsgrößen ergibt sich dabei aus

$$\mathbf{x}(t) = \mathbf{x}_z e^{zt} . \tag{5.27}$$

Das Auftreten eines Blockierungsverhaltens ist also nicht nur von der Invarianten Nullstelle z, sondern auch von der Eingangsgröße und dem Anfangszustand abhängig.

Die Lage der endlichen Nullstellen der Übertragungsfunktion $F(s)$ beeinflußt entscheidend das Stabilitätsverhalten eines Eingrößenregelkreises bei der Verwendung einer hohen Rückführverstärkung (high gain feedback), da bekanntlich ein Teil der Pole des geschlossenen Systems für $k \to \infty$ zu den Nullstellen des offenen Systems wandert (vgl. z.B. Schwarz 1976).

Bei quadratischen, nicht degenerierten Mehrgrößensystemen $(\mathbf{A},\mathbf{B},\mathbf{C})$ kann dieses Verhalten der Pole bei der Verwendung der speziellen Ausgangsvektorrückführung

$$\mathbf{u}(t) = -k\mathbf{y}(t) + \mathbf{w}(t) \tag{5.28}$$

für $k \to \infty$ ebenfalls beobachtet werden (Kouvaritakis und Shaked 1976), da auch bei diesen Systemen ein Teil der steuer- und beobachtbaren Pole des geregelten Systems zu den ÜN des offenen Systems wandert. Die Lage der ÜN muß somit besonders bei der Auslegung von statischen, dezentralen Ausgangsrückführungen für quadratische Mehrgrößensysteme berücksichtigt werden.

Insbesondere auch für eine Verallgemeinerung des Konzeptes der Nullstellen im Endlichen auf nichtlineare Systeme (Isidori und Moog 1988) sind folgende Nullstelleneigenschaften von Interesse:

– Die Nullstellen eines invertierbaren Systems sind mit den Polen des inversen Systems identisch.

– Die Anzahl der Übertragungsnullstellen gibt die maximale Dimension des Raumes an (Mita 1977), der mit Hilfe einer geeigneten statischen Zustandsrückführung unbeobachtbar gemacht werden kann. Der durch eine Zustandsrückführung unbeobachtbar zu machende Systemteil beschreibt die *Nulldynamik* (Schwarz 1991) des Systems.

5.4 Anzahl der endlichen Nullstellen eines linearen Systems

Wie weiter oben bereits erläutert, stimmen die EN mit den nicht steuer- und/oder beobachtbaren Eigenwerten überein. Zwischen der Anzahl der EEN und dem Rangdefekt der Steuerbarkeitsmatrix $\mathbf{Q}_S$ besteht also ein eindeutiger Zusammenhang:

Satz 5.2 (Rosenbrock 1970)
Die Anzahl der Eingangs–Entkopplungsnullstellen ist identisch mit dem Rangdefekt der Steuerbarkeitsmatrix

$$\mathbf{Q}_S = [\,\mathbf{B}, \mathbf{AB}, \ldots, \mathbf{A}^{n-1}\mathbf{B}\,]. \tag{5.29}$$

Aufgrund der Dualität von Steuer– und Beobachtbarkeit (vgl. Abschnitt 4.1)
gilt analog hierzu für die Anzahl der AEN.

Satz 5.3 (Rosenbrock 1970)
Die Anzahl der Ausgangs–Entkopplungsnullstellen ist identisch mit dem
Rangdefekt der Beobachtbarkeitsmatrix

$$\mathbf{Q}_B = [\ \mathbf{C}^T, (\mathbf{CA})^T, \ldots, (\mathbf{CA}^{n-1})^T\ ]. \tag{5.30}$$

Für die Anzahl der Invarianten Nullstellen, die für die betrachteten Systeme
ohne direkten Durchgriff stets kleiner als n ist, kann allgemein nur folgende
Abschätzung angegeben werden.

Satz 5.4 (MacFarlane und Karcanias 1976)
Ein lineares System $(\mathbf{A},\mathbf{B},\mathbf{C})$ besitzt höchstens $n - \max(l, m)$ Invariante
Nullstellen.

Diese Abschätzung ist wenig aussagekräftig, da beispielsweise rechteckige Systeme selten ÜN besitzen (vgl. Kailath 1980:448) und vollständig steuer– und
beobachtbare Systeme mit $m \neq l$ dann auch frei von Invarianten Nullstellen
sind. Nur für quadratische Systeme $(m = l)$ mit Rang $\mathbf{CB} = m$ kann die
Anzahl der IN explizit angegeben werden.

Satz 5.5 (MacFarlane und Karcanias 1976)
Ein quadratisches System $(\mathbf{A},\mathbf{B},\mathbf{C})$ mit Rang $\mathbf{CB} = m$ besitzt genau
$n - m$ Invariante Nullstellen.

Ist die Bedingung Rang $\mathbf{CB} = m$ nicht erfüllt, so gilt für quadratische Systeme
noch folgende Abschätzung:

Satz 5.6 (MacFarlane und Karcanias 1976)
Ein quadratisches System $(\mathbf{A},\mathbf{B},\mathbf{C})$ besitzt höchstens $n - m - d$ Invariante
Nullstellen, wenn die Matrix $\mathbf{CB}$ einen Rangdefekt d aufweist.

Allerdings läßt sich zeigen, daß die Aussage von Kailath (1980:480) bezüglich
der Anzahl der Nullstellen von Systemen mit einer unterschiedlichen Anzahl
von Ein– und Ausgängen gerade bei vielen technischen Systemen nicht zutreffen
muß. Das Modell eines solchen technischen Systems kann also, wie das folgende
Beispiel verdeutlichen wird, sehr wohl Übertragungsnullstellen haben.

Beispiel 5.4
Betrachtet wird ein einfaches Modell (Bild 5.5) eines „aufrecht stehenden
Pendels". Werden nur kleine Abweichungen um den Arbeitspunkt zugelassen und die trockene Reibung vernachlässigt, so kann das System durch
ein lineares Zustandsmodell 4. Ordnung (Bakri, Becker und Ostertag 1988)
mit den Zustandsgrößen

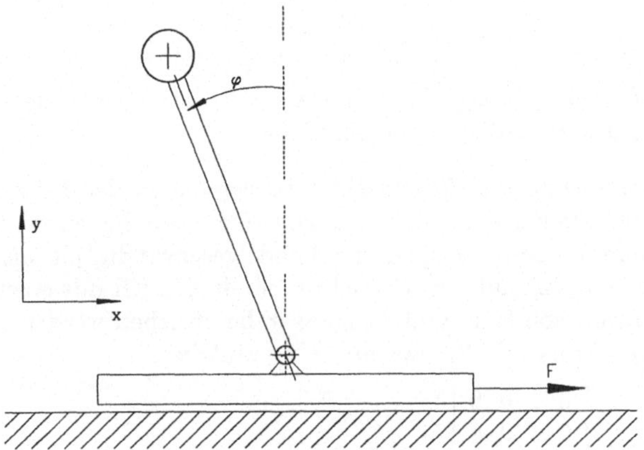

Bild 5.5: Invertiertes Pendel

x_1 Schlittenposition,　　　　x_2 Pendelwinkel φ,
x_3 Schlittengeschwindigkeit,　　x_4 Pendelgeschwindigkeit

beschrieben werden. Die skalare Eingangsgröße u stellt eine Spannung dar und ist proportional zu der den Schlitten antreibenden Kraft. Als Meßgröße soll zunächst nur der Pendelwinkel verfügbar sein. Die das System beschreibenden Matrizen und Vektoren $(\mathbf{A},\mathbf{b},\mathbf{c})$ können dann in der folgenden allgemeinen Form angegeben werden:

$$\mathbf{A} = \begin{bmatrix} 0 & 0 & 1 & 0 \\ 0 & 0 & 0 & 1 \\ 0 & a_{32} & a_{33} & a_{34} \\ 0 & a_{42} & a_{43} & a_{44} \end{bmatrix}, \quad \mathbf{b} = \begin{bmatrix} 0 \\ 0 \\ b_3 \\ b_4 \end{bmatrix}, \quad \mathbf{c} = \begin{bmatrix} 0 \\ 1 \\ 0 \\ 0 \end{bmatrix}.$$

Das Modell ist in dieser Form vollständig steuerbar, aber aufgrund fehlender Informationen über die Schlittenposition *nicht* vollständig beobachtbar. Mit Hilfe von (5.8) wird $s = 0$ als zugehörige Ausgangs-Entkopplungsnullstelle ermittelt. Die endlichen Invarianten Nullstellen berechnen sich aus

$$\det \mathbf{P}(s) = \begin{vmatrix} s\mathbf{I} - \mathbf{A} & -\mathbf{b} \\ \mathbf{c}^T & 0 \end{vmatrix} = \begin{vmatrix} s & 0 & -1 & 0 & 0 \\ 0 & s & 0 & -1 & 0 \\ 0 & -a_{32} & s - a_{33} & -a_{34} & -b_3 \\ 0 & -a_{42} & -a_{43} & s - a_{44} & -b_4 \\ 0 & 1 & 0 & 0 & 0 \end{vmatrix}$$

$$= s[(s - a_{33}) \cdot (-b_4) - b_3 a_{43}]$$

$$= s\left(s - a_{33} + \frac{b_3}{b_4}a_{43}\right)$$

zu $s_1 = 0$ und $s_2 = a_{33} - \frac{b_3}{b_4}a_{43}$. Das bedeutet, s_2 ist eine Übertragungsnullstelle des Eingrößen-Pendelmodells.

Zur Verbesserung des Regelverhaltens werden in der Praxis neben Positionen auch häufig deren Ableitungen (Geschwindigkeiten) herangezogen. Führt man in dem Beispiel die Pendelgeschwindigkeit als eine weitere Meßgröße ein, so muß das Pendel durch ein Modell mit einer unterschiedlichen Anzahl von Ein– und Ausgängen beschrieben werden. Anstatt eines Ausgangsvektors erhält man nun eine Matrix:

$$\mathbf{C} = \begin{bmatrix} 0 & 1 & 0 & 0 \\ 0 & 0 & 0 & 1 \end{bmatrix}.$$

Durch diese zusätzliche Meßgröße ändern sich die Steuer– und Beobachtbarkeitseigenschaften des Systems nicht. Zur Berechnung Systemnullstellen, die sich ja aus den Entkopplungs– und den Übertragungsnullstellen zusammensetzen, werden die Minoren (5.11) von $\mathbf{P}(s)$ herangezogen. Die Systemnullstellen ergeben sich also aus dem größten gemeinsamen Teiler der beiden Unterdeterminanten $\mathbf{P}_{12345}^{12345}$ und $\mathbf{P}_{12345}^{12346}$. Die Unterdeterminante $\mathbf{P}_{12345}^{12345}$ ist offensichtlich mit der zuvor bereits berechneten Determinante von $\mathbf{P}(s)$ identisch, so daß nur noch der zweite Minor betrachtet werden muß:

$$\mathbf{P}_{12345}^{12346} = \begin{vmatrix} s\mathbf{I} - \mathbf{A} & -\mathbf{b} \\ \mathbf{c}_2^T & 0 \end{vmatrix} = \begin{vmatrix} s & 0 & -1 & 0 & 0 \\ 0 & s & 0 & -1 & 0 \\ 0 & -a_{32} & s - a_{33} & -a_{34} & -b_3 \\ 0 & -a_{42} & -a_{43} & s - a_{44} & -b_4 \\ 0 & 0 & 0 & 1 & 0 \end{vmatrix}$$

$$= s^2[(s - a_{33}) \cdot (-b_4) - b_3 a_{43}]$$

$$= s^2\left(s - a_{33} + \frac{b_3}{b_4}a_{43}\right)$$

$$= s \cdot \mathbf{P}_{12345}^{12345}.$$

Der größte gemeinsame Teiler der beiden Unterdeterminanten des rechteckigen Systems ist nun gerade die Determinante des quadratischen Systems. Dieses Modell hat also trotz unterschiedlicher Anzahl von Ein– und Ausgängen 2 endliche Systemnullstellen. Sowohl die Aufteilung dieser Nullstellen in Entkopplungs– und Übertragungsnullstellen als auch die entsprechenden Zahlenwerte stimmen mit denen des Eingrößenmodells überein. Das Modell des rechteckigen Systems besitzt also in der Tat eine von Null verschiedene Anzahl von Übertragungsnullstellen.

Verwendet man als zweite Meßgröße die Schlittenposition, so gelang man allerdings zu einem anderen Ergebnis. Das Pendelmodell ist dann sowohl vollständig steuerbar als auch vollständig beobachtbar. Eine Bestimmung der neuen Unterdeterminante $\mathbf{P}^{12346}_{12345}$ liefert dann, daß dieses rechteckige Pendelmodell keine Systemnullstellen und somit weder Entkopplungs– noch Übertragungsnullstellen besitzt.

Die Aussage dieses Beispiels kann wie folgt präzisiert werden: Ein System mit mehr Meß– als Stellgrößen hat immer dann Übertragungsnullstellen, wenn es nachstehende Bedingungen erfüllt:

i) Die überzähligen Meßgrößen sind Ableitungen anderer Meßgrößen.

ii) Das quadratische Teilsystem, das man nach Streichung der unter i) angesprochenen überzähligen Meßgrößen erhält, hat eine von Null verschiedende Anzahl von Übertragungsnullstellen.

Dabei sind derartige Systeme nicht nur von akademischen Interesse, weil beispielsweise viele in der Luft– und Raumfahrttechnik verwendeten Modelle (Bals 1989, Gauss und Steinhauser 1989) die zuvor beschriebene Struktur und Eigenschaft besitzen.

5.5 Physikalische Interpretation der Pole und Nullstellen

Betrachtet man Systeme, deren innere Struktur vollständig durch diskrete Terme der Massen– und Energiespeicherung bzw. der Energieumwandlung beschreibbar sind, so können in diesem Fall die verschiedenen Aspekte des Systemverhaltens mit den Begriffen *Energie*, *Leistung* und *Information* in Verbindung gebracht werden. Die Matrizen $\mathbf{A},\mathbf{B},\mathbf{C}$, die ein System in Zustandsraumdarstellung beschreiben, haben dann folgende physikalische Bedeutung (vgl. Bild 5.6):

- Die Matrix $\mathbf{A}$ beschreibt die Energieumwandlung innerhalb des Systems.

- Die Matrix $\mathbf{B}$ beschreibt die Leistungsübertragung zwischen den Systemeingängen und den Zustandsgrößen des Systems.

- Die Matrix $\mathbf{C}$ beschreibt die Informationsübertragung zwischen den Zustandsgrößen und den Systemausgängen.

Die Matrix $\mathbf{A}$ repräsentiert dabei innere Mechanismen, die zu einem Verbrauch bzw. zu einer Umwandlung von Energie innerhalb des System führen. Eine Untermenge ihrer Eigenwerte bilden die *Übertragungs–Pole*. Die Eigenwerte haben die physikalische Dimension von inversen Zeitkonstanten. Bekanntlich sind die Zeitkonstanten bestimmend für das Zeitverhalten von Eingrößensystemen. Dies gilt analog auch für Mehrgrößensysteme. Die Zeitkonstanten von Mehrgrößensystemen ergeben sich also aus den Übertragungs–Polen des Systems. Darüber hinaus korrespondieren diese *Werte* der Übertragungspole zu Frequenzen von Bewegungen, die vom System selbst erzeugt werden, d.h. am Ausgang auftreten, ohne daß eine entsprechende Anregung am Eingang vorliegt. Die Ordnung k eines Pols bei $s = p$ ist dann gleich der maximalen Anzahl unabhängiger Bewegungen der Form e^{pt}, te^{pt}, ..., $t^{k-1}e^{pt}$.

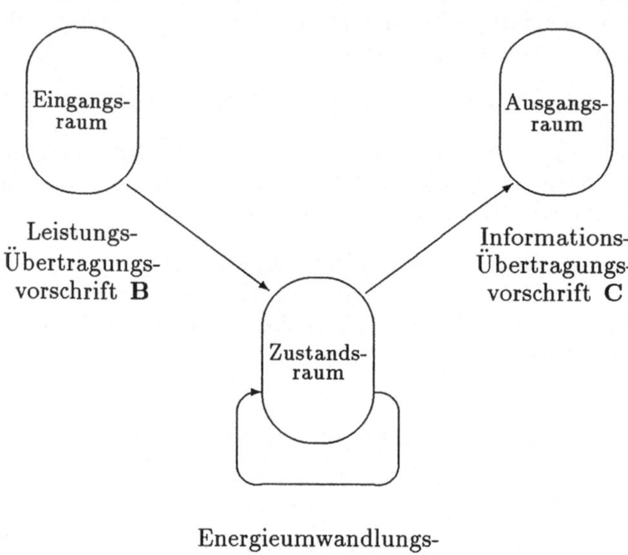

Bild 5.6: Physikalische Interpretation der Matrizen **A,B,C**

Die Matrix **B** repräsentiert die Kopplungen zwischen der Information am Eingang (Eingangssignale) und der Leistung, die zur Beeinflussung der Systemzustände verfügbar ist.

Die Matrix **C** repräsentiert die Kopplungen zwischen der Energie der Systemzustände und der Information, die in den Ausgangssignalen zur Verfügung steht.

Die Übertragungsmatrix repräsentiert die Art und Weise der Informations– und Energieübertragung durch das System.

Die Übertragungspole charakterisieren offenbar gerade die inneren energetischen Prozesse, die sowohl mit den Eingängen als auch mit den Ausgängen des Systems verbunden sind. Demgegenüber repräsentieren die Nullstellen die Natur der

Kopplungen zwischen den Zustandsgrößen und der äußeren Umgebung. Die Pole eines vollständig steuerbaren Systems lassen sich bekanntlich mit Hilfe einer konstanten Zustandsrückführung beliebig beeinflussen. Im Gegensatz dazu ist eine Vorgabe der Nullstellen nur durch eine geeignete Wahl der Ein- und Ausgangskopplung (der Matrizen $\mathbf{B}$ und $\mathbf{C}$) möglich (MacFarlane und Karcanias 1976, Vardulakis 1980, Franklin und Johnson 1981, Misra und Patel 1988).

Eine weitere physikalische Interpretation der Nullstellen ist aus folgender Sicht möglich:

> Die Nullstellen resultieren aus einem unwiederbringlichen Informationsverlust über den Zustand des Systems. Diese Betrachtungsweise ergibt sich aus der bereits angesprochenen Tatsache, daß Nullstellen für bestimmte Frequenzen die Übertragung durch das System blockieren. Das bedeutet, der Wert einer Nullstelle korrespondiert zu einer Frequenz, die von dem System absorbiert werden kann und daher trotz entsprechender Eingangserregung am Ausgang nicht mehr sichtbar ist. Die maximale Anzahl unabhängiger Bewegungen, die von einem System bei einer Frequenz absorbiert werden kann, ist dann wieder durch die Ordnung der entsprechenden Nullstelle gegeben.

Diese physikalischen Interpretationen verdeutlichen, daß die Nullstellen eine wichtige Rolle für die Regelung von Mehrgrößensystemen mittels Ausgangsrückführungen spielen. Dieses gilt insbesondere dann, wenn Rückführungen mit hohen Verstärkungen (Shaked und Kouvaritakis 1977) zugelassen werden oder der Regler die Nullstellen des offenen Systems kompensiert (Elliott und Wolovich 1982). Derartige Verfahren können offensichtlich nur dann eingesetzt werden, wenn das betrachtete System keine Nullstellen in der rechten s–Halbebene besitzt. Sollen unerwünschte Nullstellen, z.B. in der rechten s–Halbebene, beseitigt werden, so ist dies nur durch eine Modifizierung des Systems $(\mathbf{A},\mathbf{B},\mathbf{C})$ möglich. Hierzu bieten sich beispielsweise neben einer Modifizierung des Stell- und/oder Meßeingriffs auch zusätzliche Stell- und/oder Meßgrößen an. In der Praxis wird man dabei in erster Linie versuchen, die Anzahl der Meßgrößen zu variieren, weil dies technisch im allgemeinen weniger aufwendig ist als der Einsatz zusätzlicher Stellgrößen.

Die zuletzt dargestellten Zusammenhänge zeigen auf, daß nicht nur die Vorgabe der Lage der Pole, sondern auch eine Vorgabe der Lage der Nullstellen wünschenswert sein kann. Insbesondere in einem frühen Stadium des Systementwurfs ist es im allgemeinen möglich, die Lage der Nullstellen durch eine entsprechende Wahl der Ein- und Ausgänge positiv zu beeinflussen. Eine günstige Verteilung der Nullstellen kann den anschließenden Reglerentwurf dann erheblich vereinfachen. Für eine aktuelle Übersicht über Methoden und Algorithmen zur Vorgabe von Nullstellen wird auf Berger u.a. (1991) verwiesen.

5.6   Praktische Bedeutung der endlichen Nullstellen

Die praktische Bedeutung der endlichen Nullstellen von linearen Mehrgrößensystemen ergibt sich unmittelbar aus den im vorherigen Abschnitt zusammengestellten Eigenschaften.

Die bekannten Reglerentwurfsverfahren, die auf der Zustandsraumbeschreibung eines linearen Systems basieren, setzen i.a. die Steuer– und Beobachtbarkeit des Systems voraus oder zumindest, daß die nicht steuer– und/oder beobachtbaren Pole des Systems in der linken s–Halbebene liegen (Schwarz 1971). Vor einer Anwendung dieser Entwurfsverfahren muß also die Steuer– und Beobachtbarkeit des jeweiligen Systems überprüft und gegebenenfalls die Lage der nicht steuer– und/oder beobachtbaren Eigenwerte bestimmt werden.

Die Überprüfung der Steuer– und Beobachtbarkeit inbeoknb anhand des Ranges der Steuer– und Beobachtbarkeitsmatrix ist numerisch ungünstig (vgl. Abschnitt 3.3), weil diese Matrizen durch das Potenzieren der Systemmatrix $\mathbf{A}$ möglicherweise sehr schlecht konditioniert sind. Zuverlässige numerische Aussagen über den Rang dieser Matrizen können dann kaum noch getroffen werden (Svaricek 1984).

Hier bietet sich eine direkte, numerisch stabile Berechnung der Eingangs– bzw. Ausgangs–Entkopplungsnullstellen mit dem von Emami–Naeini und Van Dooren (1982) vorgestellten Programm ZEROS an, da die Anzahl der EEN mit dem Rangdefekt der Steuerbarkeitsmatrix identisch ist.

Die Rolle der nicht steuer– und/oder beobachtbaren Eigenwerte übernehmen in der dezentralen Regelung die sogenannten dezentralen „festen Eigenwerte" (fixed modes) (Wend 1991). Ein instabiles lineares System $(\mathbf{A},\mathbf{B},\mathbf{C})$ kann dann und nur dann dezentral stabilisiert werden, wenn das System für die gewählte dezentrale Rückführung keine festen Eigenwerte in der rechten s–Halbebene hat. Ein System mit dezentralen festen Eigenwerten in der rechten s–Halbebene kann dann weder mit einer statischen noch mit einer dynamischen dezentralen Rückführung stabilisiert werden (Wang und Davison 1973). Diese instabilen festen Eigenwerte können höchstens durch eine *zeitvariable*, dezentrale Rückführung beseitigt werden (Anderson und Moore 1981).

Die dezentralen festen Eigenwerte sind jetzt ebenso eine Teilmenge der endlichen Invarianten Nullstellen (Seraji 1982), wie die nicht vollständig steuer– und beobachtbaren Eigenwerte eines Systems. Das bedeutet, bereits bei Kenntnis der Anzahl der IN können Aussagen über die Eigenschaften des untersuchten Systems getroffen werden. So besitzen beispielsweise quadratische, nicht degenerierte Systeme ohne IN folgende für einen Reglerentwurf günstige Eigenschaften:

     i) vollständig steuer– und beobachtbar,

     ii) vollständig beobachtbar bei unbekannten Eingangssignalen (Hautus 1983),

iii) strukturell steuer– und beobachtbar (Bachmann 1982),

iv) dezentral stabilisierbar (Ulm 1987).

Besitzt ein lineares System (**A**,**B**,**C**) eine von Null verschiedene Anzahl von Invarianten Nullstellen, so können diese zur Modellreduktion (Shaked und Karcanias 1976), zur Störunterdrückung (Patel, Sinswat und Fallside 1977) und zum sukzessiven Entwurf von dezentralen Reglern (Konik 1986) eingesetzt werden. Da diese Anwendungsmöglichkeiten alle auf der Eigenschaft der IN beruhen, daß sie durch eine entsprechende Rückführung unbeobachtbar gemacht werden können, können in diesen Verfahren nur die Nullstellen berücksichtigt werden, die in der linken s–Halbebene liegen.

Ganz generell kann gesagt werden, daß die Regler–Entwurfsmöglichkeiten durch Nullstellen in der rechten s–Halbebene bei Mehrgrößensystemen ebenso eingeschränkt werden, wie dies von den Eingrößensystemen her bekannt ist. Neben den bereits angesprochenen Beschränkungen sind auch *adaptive* Regelungskonzepte (Elliott und Wolovich 1982, Köckemann 1988) für derartige Mehrgrößenstrecken nur noch bedingt geeignet. Darüber hinaus sind auch typische Mehrgrößen–Regelungskonzepte, wie beispielsweise der Entwurf einer konstanten Zustandsrückführung zur Ein-/Ausgangsentkopplung (Wolovich und Falb 1969), nicht mehr einsetzbar, da Mehrgrößensysteme mit Nullstellen in der rechten s–Halbebene unter gewissen Voraussetzungen zwar vollständig entkoppelbar sind, der geschlossene Regelkreis dann aber immer instabil ist (Williams und Antsaklis 1986, Lohmann 1991).

Die Lage der Invarianten Nullstellen spielt auch bei den Anwendungen eine entscheidende Rolle, wo zur Unterdrückung der Auswirkungen von Störungen und Parametervariationen (Willams 1975, Shaked 1976, Shaked und Kouvaritakis 1977, Porter und Bradshaw 1979) hohe Rückführverstärkungen eingesetzt werden. Entsprechend zu berücksichtigen sind die Invarianten Nullstellen auch bei der Auslegung und Einstellung einer optimalen Regelung (Harvey und Stein 1978, Tsai und Wang 1987, Engell 1988).

5.7 Numerische Berechnung der endlichen Nullstellen

Die Systempole eines linearen Mehrgrößensystems (**A**,**B**,**C**) sind, wie in Abschnitt 5.2 dargestellt, mit den Eigenwerten der Systemmatrix **A** identisch. Die numerische Berechnung der Eigenwerte einer reellen Matrix ist ein Standardproblem der numerischen Mathematik (vgl. z.B. Falk und Zumühl 1984/87, Golub und Van Loan 1989) und mit den bekannten und zuverlässigen EISPACK–Routinen (Smith u.a. 1976) leicht durchführbar. Sind die Systempole bekannt, so kann die Berechnung der Pole der Übertragungsmatrix mit Hilfe der Beziehung (5.13) in das weiter unten diskutierte Problem der numerischen Berechnung der Entkopplungsnullstellen überführt werden.

Im Gegensatz dazu muß die Nullstellenberechnung auch aus numerischer Sicht als ein wesentlich schwierigeres Problem angesehen werden. Dementsprechend ist die in den vergangenen 20 Jahren erschienene Literatur zur Berechnung der Nullstellen von linearen Mehrgrößensystemen fast ebenso umfangreich[10] wie die bereits besprochene Literatur mit Definitionen und Anwendungen. Im weiteren werden aus der Vielzahl der publizierten Verfahren nur die in der Literatur am häufigsten zitierten Algorithmen näher vorgestellt und diskutiert.

5.7.1 Verfahren von Davison und Wang

Neben ihrer Definition der Übertragungsnullstellen, die für nicht degenerierte Systeme mit der Definition der Invarianten Nullstellen übereinstimmt, stellten Davison und Wang (1974) in ihrer Arbeit auch gleichzeitig einfache Verfahren zu deren Berechnung vor, die auf Systeme mit verschwindender Durchgangsmatrix $\mathbf{D}$ beschränkt sind. Der dort angegebene Algorithmus II wurde an anderer Stelle (Davison und Wang 1978) dann auf Systeme mit von Null verschiedener Matrix $\mathbf{D}$ erweitert (Davison und Wang 1978).

Davison und Wang nutzen bei diesem Algorithmus die in Abschnitt 5.3 bereits angesprochene Eigenschaft aus, daß Nullstellen gegenüber Ausgangsrückführungen invariant sind und die Pole des rückgekoppelten Systems für Verstärkungen $k \to \infty$ zu den Nullstellen des Systems wandern. Zur Berechnung der Invarianten Nullstellen eines *nicht* degenerierten Systems $(\mathbf{A,B,C,D})$ geben Davison und Wang folgenden Algorithmus an:

Algorithmus 5.1

Gegeben sei System $(\mathbf{A,B,C,D})$ mit n Zustandsgrößen, m Eingängen und l Ausgängen. Gesucht sind die Invarianten Nullstellen.

1. Bestimmung einer beliebigen reellen $m \times l$ Rückführmatrix $\mathbf{K}$ von vollem Rang mittels Zufallszahlen.

2. Berechnung der Eigenwerte der Matrix $\mathbf{M}(\rho) = \mathbf{A} + \mathbf{BK}(\frac{1}{\rho}\mathbf{I} - \mathbf{DK})^{-1}\mathbf{C}$ für große ρ–Werte (z.B. $\rho = 10^{15}$ bei Double Precision mit 16 Stellen Genauigkeit). Für quadratische Systeme $(m = l)$ sind die Invarianten Nullstellen des Systems $(\mathbf{A,B,C,D})$ dann mit den Eigenwerten der Matrix $\mathbf{M}(\rho)$ identisch.

   Für $m \neq l$ sind die Invarianten Nullstellen für *fast alle* Matrizen $\mathbf{K}$ gleich den *endlichen* Eigenwerten der Matrix $\mathbf{M}(\rho)$.

3. Kann nicht sicher entschieden werden, welche Eigenwerte der Matrix $\mathbf{M}(\rho)$ zu den endlichen Eigenwerten zu zählen sind, so müssen die ersten beiden Schritte für eine andere Matrix $\mathbf{K}$ bzw. für einen

---

[10]Einen guten Überblick geben Schrader und Sain (1989).

veränderten Wert ρ wiederholt werden. Die endlichen Eigenwerte sind die von $\mathbf{K}$ und ρ unabhängigen Eigenwerte.

Den Vorteilen einer leichten programmtechnischen Realisierung und der Überführung der Nullstellenberechnung auf ein Standard–Eigenwertproblem stehen folgende Nachteile gegenüber:

i) In den meisten Fällen sind zur Ermittlung der Nullstellen zwei Rechenläufe mit verschiedenen Matrizen $\mathbf{K}$ bzw. verschiedenen ρ–Werten notwendig.

ii) Nicht degenerierte Systeme mit $\mathbf{D} = 0$ besitzen höchstens $n - \max(m, l)$ Nullstellen (vgl. Abschnitt 5.4). Somit wäre es sinnvoll, insbesondere für größere Systeme, auch nur ein entsprechendes Eigenwertproblem zu lösen. Bei diesem Verfahren werden aber immer genau n Eigenwerte bestimmt, d.h. im allgemeinen muß ein überdimensioniertes Eigenwertproblem gelöst werden.

iii) Der explizite Gebrauch von Verstärkungen $\rho \rightarrow \infty$ führt bei diesem Algorithmus leicht zu numerischen Problemen (vgl. Beispiel 4 in Laub und Moore (1978)).

iv) Die Berechnung der Nullstellen von degenerierten Systemen ist nicht möglich.

Wie aus dieser Gegenüberstellung hervorgeht, ist der Algorithmus von Davison und Wang nur dann empfehlenswert, wenn ein Programm zur Berechnung der Nullstellen von Mehrgrößensystemen in kurzer Zeit ohne großen Aufwand erstellt werden muß. Noch um einiges einfacher ist dann allerdings das Verfahren von Laub und Moore (1978) zu realisieren, das auch in MATLAB (Little und Moler 1986) enthalten ist und als nächstes besprochen wird.

5.7.2 Verfahren von Laub und Moore

Das Verfahren von Davison und Wang bestimmt eine Matrix $\mathbf{M}(\rho)$, deren endliche Eigenwerte die Invarianten Nullstellen des Systems sind. Mit anderen Worten wird die Berechnung der Nullstellen eines linearen Mehrgrößensystems auf ein Eigenwertproblem der Form

$$\mathbf{A}\mathbf{x} = \lambda\mathbf{x} \tag{5.31}$$

bzw.

$$(\lambda\mathbf{I} - \mathbf{A})\mathbf{x} = 0 \tag{5.32}$$

zurückgeführt. Eine Verallgemeinerung dieser Aufgabenstellung stellt das sogenannte *allgemeine Eigenwertproblem* (Zurmühl und Falk 1984)

$$\mathbf{Ax} = \lambda\mathbf{Bx} \tag{5.33}$$

bzw.

$$(\lambda\mathbf{B} - \mathbf{A})\mathbf{x} = \mathbf{0} \tag{5.34}$$

dar. Zur Lösung beider Aufgaben stehen entsprechende EISPACK–Programme (Smith u.a. 1976, Garbow u.a. 1977) zur Verfügung.

Die Grundidee von Laub und Moore besteht nun darin, die Nullstellenberechnung in ein derartiges allgemeines Eigenwertproblem (5.33) zu überführen.

Die Invarianten Nullstellen genügen bekanntlich (vgl. Gl. (5.24)) der Gleichung

$$\mathbf{P}(s)\mathbf{r} = \mathbf{0}, \tag{5.35}$$

wenn $\mathbf{r} = [\mathbf{x}_z^T, \mathbf{u}_z^T]^T$ sich aus den zugehörigen Nullstellenrichtungen $\mathbf{x}_z$ und $\mathbf{u}_z$ zusammensetzt. Die in dieser Beziehung enthaltene Rosenbrock–Systemmatrix

$$\mathbf{P}(s) = \begin{bmatrix} s\mathbf{I} - \mathbf{A} & -\mathbf{B} \\ \mathbf{C} & \mathbf{0} \end{bmatrix} \tag{5.36}$$

kann nun folgendermaßen zerlegt werden:

$$\mathbf{P}(s) = s\mathbf{M} - \mathbf{L} \tag{5.37}$$

mit

$$\mathbf{M} = \begin{bmatrix} \mathbf{I}_n & \mathbf{0} \\ \mathbf{0} & \mathbf{0} \end{bmatrix} \quad \text{und} \quad \mathbf{L} = \begin{bmatrix} \mathbf{A} & \mathbf{B} \\ -\mathbf{C} & \mathbf{0} \end{bmatrix}. \tag{5.38}$$

Den Ausdruck auf der rechten Seite der Gl. (5.37) bezeichnet man auch als Matrizenbüschel (vgl. Abschnitt 2.8). Ein Einsetzen der Zerlegung (5.37) in die Gl. (5.35) liefert dann folgende Beziehung:

$$(s\mathbf{M} - \mathbf{L})\mathbf{r} = \mathbf{0}. \tag{5.39}$$

Diese Gleichung beschreibt nun ein verallgemeinertes Eigenwertproblem (vgl. Gl. (5.34)), das mit Hilfe eines entsprechenden Standardprogramms (z.B. RGG aus EISPACK (Garbow u.a. 1977)) sofort gelöst werden kann. Das bedeutet, für die Berechnung der Nullstellen mit Hilfe des Verfahrens von Laub und Moore müssen außer einer allgemeinen Eigenwertbestimmung keine weiteren Berechnungen durchgeführt werden. Die zur Lösung der allgemeinen Eigenwertaufgabe benötigten Matrizen $\mathbf{M}$ und $\mathbf{L}$ können dabei unmittelbar anhand der Matrizen

A, B, C des Systems gebildet werden. Die Vor– und Nachteile des Verfahrens von Laub und Moore lassen sich wie folgt zusammenfassen.

Vorteile:

i) Das Verfahren kann — falls ein Programm zur Lösung der allgemeinen Eigenwertaufgabe verfügbar ist — in kurzer Zeit implementiert werden.

ii) Zusätzliche numerische Berechnungen wie Rangbestimmungen, Matrizeninversionen oder Multiplikationen sind nicht erforderlich.

iii) Die Genauigkeit der berechneten Nullstellenwerte ist größer als beim Verfahren von Davison und Wang (Laub und Moore 1978).

Nachteile:

i) Die Berechnung der Nullstellen von degenerierten Systemen ist nicht möglich.

ii) Für die Bestimmung der Nullstellen rechteckiger Systeme sind mindestens zwei Rechenläufe erforderlich.

iii) Es muß ein überdimensioniertes allgemeines Eigenwertproblem der Ordnung $n + \max(m, l)$ gelöst werden.

iv) Zur Lösung der allgemeinen Eigenwertaufgabe wird etwa die doppelte Rechenzeit als zur Lösung der speziellen Eigenwertaufgabe benötigt.

v) Zur Bestimmung der Nullstellen werden explizit zwar keine numerischen Rangbestimmungen eingesetzt; allerdings ist die Auswahl der Nullstellen aus den allgemeinen Eigenwerten der Matrix $(s\mathbf{M}-\mathbf{L})$ häufig nicht weniger problematisch als die numerische Festlegung des Ranges einer Matrix.

Die letzte Aussage soll im weiteren noch näher erläutert werden.

Für ein quadratisches System mit m Ein– und Ausgängen werden beim Verfahren von Laub und Moore zunächst immer genau $n + m$ Eigenwerte berechnet. Die Invarianten Nullstellen des Systems sind dann eine noch zu bestimmende Teilmenge dieser Eigenwerte. Das heißt sie müssen aus diesen Eigenwerten herausgesucht werden. Laub und Moore schlagen für diese Auswahl folgende Vorgehensweise vor:

Wird die allgemeine Eigenwertaufgabe mit Hilfe des EISPACK–Programmes RGG gelöst, so erhält man als Ergebnis nicht direkt die Eigenwerte s_i der Matrix $(s\mathbf{M} - \mathbf{L})$, sondern zwei Zahlenmengen $\{\alpha_i\}$ und $\{\beta_i\}$. Die Eigenwerte s_i berechnen sich dann aus α_i und β_i zu

$$s_i = \frac{\alpha_i}{\beta_i}. \tag{5.40}$$

Ein Eigenwert s_i ist nur dann mit einer Nullstelle identisch, wenn

$$\beta_i \geq \epsilon \tag{5.41}$$

gilt, wobei die Nullschranke ϵ von der Genauigkeit der Eingangsdaten und der Rechengenauigkeit der verwendeten Gleitpunktarithmetik abhängt. Das bedeutet, zur Bestimmung der Nullstellen muß festgelegt werden, welche β_i-Werte als Null anzusehen sind und, daraus folgend, welche s_i-Werte unendlich sind. Diese Problematik ist allerdings vergleichbar mit der, die auch bei der numerischen Rangbestimmung auftritt. Wie kritisch die Wahl der Nullschranke ϵ und damit die Auswahl der Nullstellen aus den Eigenwerten der Matrix $(s\mathbf{M} - \mathbf{L})$ sein kann, soll anhand eines überschaubaren Beispiels gezeigt werden.

Beispiel 5.5

Gegeben sei folgendes System

$$\mathbf{A} = \begin{bmatrix} -1 & 0 & 2 \\ 2 & -8 & -0.5 \\ -2 & 2 & 1000 \end{bmatrix}, \quad \mathbf{b} = \begin{bmatrix} b_1 \\ 0 \\ b_2 \end{bmatrix}, \quad \mathbf{c}^T = \begin{bmatrix} -1 & 0 & 1 \end{bmatrix}$$

mit

$$b_1 = 100 \quad \text{und} \quad b_2 = 100.01,$$

bzw.

$$b_1 = 1 \quad \text{und} \quad b_2 = 1.$$

Eine Berechnung der Eigenwerte der Matrix $(s\mathbf{M} - \mathbf{L})$ mit Hilfe des EISPACK–Programmes RGG in doppelter Genauigkeit liefert folgende Ergebnisse:

Fall i) $b_1 = 100;$ $b_2 = 100.01$

$\beta_1 = 0$	$\beta_2 = 0.12 \cdot 10^{-9}$	$\beta_3 = 0.32 \cdot 10^{-6}$	$\beta_4 = 0.44$
$s_1 = \infty$	$s_2 = 0.41 \cdot 10^{13}$	$s_3 = 0.99 \cdot 10^{7}$	$s_4 = -8.0$

Fall ii) $b_1 = 1;$ $b_2 = 1$

$\beta_1 = 0$	$\beta_2 = 0.91 \cdot 10^{-9}$	$\beta_3 = 0.14 \cdot 10^{-6}$	$\beta_4 = 0.44$
$s_1 = \infty$	$s_2 = 0.35 \cdot 10^{10}$	$s_3 = -0.35 \cdot 10^{10}$	$s_4 = -8.0$

Verwendet man zur Auswahl der Nullstellen, wie von Laub und Moore vorgeschlagen, die Quadratwurzel der Rechengenauigkeit $(0.278 \cdot 10^{-9})$, so berechnet sich die Nullschranke ϵ zu $5.3 \cdot 10^{-9}$. Davon ausgehend müßten sowohl im Fall i) als auch im Fall ii) die Werte s_3 und s_4 die gesuchten Nullstellen sein. Der analytischen Lösung, die sich aus

$$\det \mathbf{P}(s) = s^2(b_1 - b_2) - s(990b_1 + 7b_2) - 7987b_1 + 8b_2 = 0$$

ergibt, kann aber entnommen werden, daß s_3 im Fall ii) keine Nullstelle des Systems ist, da aus

$$\det \mathbf{P}(s)_{b_1 = b_2 = 1} = -997s - 7979 = 0$$

nur eine Nullstelle bei $s = -8$ folgt.

5.7.3 Algorithmus ZEROS von Emami–Naeini und Van Dooren

Der von Emami–Naeini und Van Dooren (1982) entwickelte Algorithmus ZEROS ist von den bisher vorgestellten Verfahren das neueste und inzwischen als besonders zuverlässig und am universellsten einsetzbar bekannt (Laub 1985, Svaricek 1985b). Mit diesem Algorithmus können also die Invarianten Nullstellen — die Nullstellen der Elementarpolynome der Smithschen Normalform der Rosenbrock-Systemmatrix — beliebiger Systeme $(\mathbf{A},\mathbf{B},\mathbf{C},\mathbf{D})$ berechnet werden. Beliebig bedeutet hierbei, daß sowohl die Matrizen $\mathbf{A}$, $\mathbf{B}$, $\mathbf{C}$ und $\mathbf{D}$ als auch die Polynommatrix $\mathbf{P}(s)$ keine einschränkenden Rangbedingungen erfüllen müssen. Daher kann dieser Algorithmus beispielsweise auch dann noch eingesetzt werden, wenn $\mathbf{B}$ oder $\mathbf{C}$ gleich der Nullmatrix ist. Die von dem Algorithmus ZEROS berechneten Nullstellen entsprechen dann gerade den Eingangs– bzw. Ausgangs–Entkopplungsnullstellen des Systems.

Der Algorithmus ZEROS basiert auf Techniken, die von Van Dooren (1979) ursprünglich zur effizienten und zuverlässigen numerischen Berechnung der *Kronecker-Normalform* eines singulären Matrizenbüschels (vgl. Abschnitt 2.8) entwickelt wurden. Ausgangspunkt des Algorithmus ist daher die im vorhergehenden Abschnitt bereits verwendete Aufteilung der Systemmatrix $\mathbf{P}(s)$ in

$$\mathbf{P}(s) = s\mathbf{M} - \mathbf{L} \tag{5.42}$$

mit

$$\mathbf{M} = \begin{bmatrix} \mathbf{I}_n & \mathbf{0} \\ \mathbf{0} & \mathbf{0} \end{bmatrix} \quad \text{und} \quad \mathbf{L} = \begin{bmatrix} \mathbf{A} & \mathbf{B} \\ -\mathbf{C} & \mathbf{0} \end{bmatrix}. \tag{5.43}$$

Der auf der rechten Seite der Gl. (5.42) stehende Ausdruck ist im Bereich der Matrizenrechnung (Gantmacher 1986) auch unter dem Namen *Matrizenbüschel* (engl. pencil) bekannt (vgl. Abschnitt 2.8). Für die Berechnung der Invarianten Nullstellen ist nun von Interesse, daß die Menge der Invarianten Nullstellen gerade zu einer der 4 Mengen von Invarianten des Matrizenbüschels korrespondiert, und zwar zu der Menge der endlichen Elementarteiler.

So wie jedes andere Matrizenbüschel (vgl. Abschnitt 2.8.3) kann auch die Rosenbrock–Systemmatrix in der Form (5.42) mit Hilfe orthogonaler Matrizen $\mathbf{U}$ und $\mathbf{V}$ auf eine obere *Quasi–Schur–Form*

$$\mathbf{U}\mathbf{P}(s)\mathbf{V} = \begin{bmatrix} s\mathbf{A}_\epsilon - \mathbf{B}_\epsilon & * & * & * \\ 0 & s\mathbf{A}_f - \mathbf{B}_f & * & * \\ 0 & 0 & s\mathbf{A}_\infty - \mathbf{B}_\infty & * \\ 0 & 0 & 0 & s\mathbf{A}_\eta - \mathbf{B}_\eta \end{bmatrix} \tag{5.44}$$

transformiert werden, wobei

i) $(s\mathbf{A}_f - \mathbf{B}_f)$ ein reguläres Matrizenbüschel mit einer invertierbaren Matrix $\mathbf{A}_f$ ist, das nur die endlichen Elementarteiler von $\mathbf{P}(s)$, d.h. die gesuchten Invarianten Nullstellen, enthält;

ii) $(s\mathbf{A}_\infty - \mathbf{B}_\infty)$ ein reguläres Matrizenbüschel ist, das nur die unendlichen Elementarteiler von $\mathbf{P}(s)$ enthält;

iii) $(s\mathbf{A}_\epsilon - \mathbf{B}_\epsilon)$ ein singuläres Matrizenbüschel ist, das nur die minimalen Spaltenindizes von $\mathbf{P}(s)$ enthält;

iv) $(s\mathbf{A}_\eta - \mathbf{B}_\eta)$ ein singuläres Matrizenbüschel ist, das nur die minimalen Zeilenindizes von $\mathbf{P}(s)$ enthält.

Nach einer derartigen Transformation sind die Invarianten Nullstellen gleich den allgemeinen Eigenwerten der Matrix $(s\mathbf{A}_f - \mathbf{B}_f)$ und mit den entsprechenden EISPACK–Programmen numerisch stabil berechenbar.

Grundlage des Algorithmus ZERO ist ein REDUCE genannter Algorithmus, der, ausgehend von einem beliebigen System $(\mathbf{A},\mathbf{B},\mathbf{C},\mathbf{D})$, ein reduziertes System $(\mathbf{A}_r,\mathbf{B}_r,\mathbf{C}_r,\mathbf{D}_r)$ mit einer Durchgangsmatrix $\mathbf{D}_r$ von vollem Zeilenrang berechnet, das die gleichen Invarianten Nullstellen besitzt. Zur Reduzierung des Systems werden dabei ausschließlich die im Abschnitt 2.5 und 3.3.3 vorgestellten Zeilen– und Spaltenverdichtungen einer Matrix eingesetzt.

Algorithmus 5.2 REDUCE (Emami–Naeini und Van Dooren 1982)
Gegeben sei ein System $(\mathbf{A},\mathbf{B},\mathbf{C},\mathbf{D})$ mit n Zustandsgrößen, m Ein– und l Ausgängen. Gesucht ist ein reduziertes System $(\mathbf{A}_r,\mathbf{B}_r,\mathbf{C}_r,\mathbf{D}_r)$ mit einer Durchgangsmatrix $\mathbf{D}_r$ von vollem Zeilenrang, das die gleichen Invarianten Nullstellen besitzt.

1. Initialisierung: $\mathbf{A}_0 := \mathbf{A}$; $\mathbf{B}_0 := \mathbf{B}$; $\mathbf{C}_0 := \mathbf{C}$; $\mathbf{D}_0 := \mathbf{D}$;
   $\nu_0 := n$; $\delta_0 := 0$; $\mu_0 := l$; $i := 1$.

2. Berechnung einer orthogonalen Transformation $\mathbf{U}_i$ zur Zeilenverdichtung der Matrix $\mathbf{D}_{i-1}$. Neben den Zeilen von $\mathbf{D}_{i-1}$ werden gleichzeitig auch die Zeilen von $\mathbf{C}_{i-1}$ transformiert:

$$
\begin{matrix} \sigma_i\{ \\ \tau_i\{ \end{matrix}
\left[\begin{array}{c|c} \bar{\mathbf{C}}_{i-1} & \bar{\mathbf{D}}_{i-1} \\ \hline \tilde{\mathbf{C}}_{i-1} & \mathbf{0} \end{array} \right]
:= \mathbf{U}_i^T \left[\, \mathbf{C}_{i-1} \,|\, \mathbf{D}_{i-1} \,\right]
$$

if $\tau_i = 0$ **then** gehe nach 7.

3. Berechnung einer orthogonalen Transformation $\mathbf{V}_i$ zur Spaltenverdichtung der Matrix $\tilde{\mathbf{C}}_{i-1}$:

$$
\underbrace{\left[\, \mathbf{0} \;\middle|\; \mathbf{S}_i \,\right]}_{\nu_i \quad \rho_i} := \tilde{\mathbf{C}}_{i-1}\mathbf{V}_i .
$$

if $\rho_i = 0$ **then** gehe nach 7.

if $\nu_i = 0$ **then** gehe nach 8.

4. Setze $\mu_i := \rho_i + \sigma_i$; $\delta_i := \delta_{i-1} + \rho_i$.

5. Transformierung und Aufteilung des Systems wie folgt:

$$
\begin{matrix} \rho_i\{ \\ \tau_i\{ \end{matrix}
\underbrace{\left[\begin{array}{ccc|c} \mathbf{A}_i & * & & \mathbf{B}_i \\ \hline \mathbf{C}_i & * & & \mathbf{D}_i \end{array} \right]}_{\nu_i \;\; \rho_i \;\; m}
:= \left[\begin{array}{c|c} \mathbf{V}_i^T & \mathbf{0} \\ \hline \mathbf{0} & \mathbf{I}_{\sigma_i} \end{array} \right]
\left[\begin{array}{c|c} \mathbf{A}_{i-1} & \mathbf{B}_{i-1} \\ \hline \bar{\mathbf{C}}_{i-1} & \bar{\mathbf{D}}_{i-1} \end{array} \right]
\left[\begin{array}{c|c} \mathbf{V}_i & \mathbf{0} \\ \hline \mathbf{0} & \mathbf{I}_m \end{array} \right] .
$$

6. Setze $i := i+1$ und gehe nach 2.

7. Setze $k := i-1$; $\mathbf{A}_r := \mathbf{A}_k$; $\mathbf{B}_r := \mathbf{B}_k$; $\mathbf{C}_r := \mathbf{C}_k$; $\mathbf{D}_r := \mathbf{D}_k$;
   $n_r := \nu_k$; $l_r := \sigma_k$; $m_r := m$;
   Die Systeme $(\mathbf{A},\mathbf{B},\mathbf{C},\mathbf{D})$ und $(\mathbf{A}_r,\mathbf{B}_r,\mathbf{C}_r,\mathbf{D}_r)$ besitzen die gleichen Invarianten Nullstellen (Ende).

8. Setze $k := 1$; $n_r := 0$
   Das System $(\mathbf{A},\mathbf{B},\mathbf{C},\mathbf{D})$ besitzt keine Nullstellen (Ende).

Der folgende Algorithmus zeigt auf, wie mit Hilfe von REDUCE ein reguläres Matrizenbüschel $(s\mathbf{A}_f - \mathbf{B}_f)$ berechnet werden kann, das als allgemeine Eigenwerte die Invarianten Nullstellen des Systems $(\mathbf{A},\mathbf{B},\mathbf{C},\mathbf{D})$ enthält.

Algorithmus 5.3 ZEROS (Emami–Naeini und Van Dooren 1982)
   Gegeben sei ein System $(\mathbf{A},\mathbf{B},\mathbf{C},\mathbf{D})$ mit n Zustandsgrößen, m Ein- und l Ausgängen. Gesucht sind die Anzahl n_f und die Werte der Invarianten Nullstellen des Systems.

2. Reduzierung des transponierten Systems $(\mathbf{A}_r^T, \mathbf{C}_r^T, \mathbf{B}_r^T, \mathbf{D}_r^T)$ zu einem neuen System $(\mathbf{A}_{rc}, \mathbf{B}_{rc}, \mathbf{C}_{rc}, \mathbf{D}_{rc})$ mit den gleichen Nullstellen und mit einer invertierbaren Matrix $\mathbf{D}_{rc}$.

if $n_{rc} = 0$ **then** $n_f := 0$ (Ende).

3. Verdichtung der Spalten von $[\mathbf{C}_{rc}\ \mathbf{D}_{rc}]$ und Anwendung dieser Transformation auf die Systemmatrix:

$$\left[\begin{array}{c|c} \mathbf{A}_f & * \\ \hline \mathbf{0} & \mathbf{D}_f \end{array}\right] := \left[\begin{array}{c|c} \mathbf{A}_{rc} & \mathbf{B}_{rc} \\ \hline \mathbf{C}_{rc} & \mathbf{D}_{rc} \end{array}\right] \mathbf{W};$$

$$\left[\begin{array}{c|c} \mathbf{B}_f & * \\ \hline \mathbf{0} & \mathbf{0} \end{array}\right] := \left[\begin{array}{c|c} \mathbf{I} & \mathbf{0} \\ \hline \mathbf{0} & \mathbf{0} \end{array}\right] \mathbf{W}.$$

4. Die Invarianten Nullstellen des Systems $(\mathbf{A},\mathbf{B},\mathbf{C},\mathbf{D})$ sind die allgemeinen Eigenwerte der Matrix $(s\mathbf{A}_f - \mathbf{B}_f)$. (Ende).

Sieht man von einigen speziellen Anwendungen (Williams 1989, Westreich 1991) ab, so sind numerisch stabile Implementationen des Algorithmus ZEROS z.Z. als die effizientesten und zuverlässigsten Programme zur numerischen Berechnung der Nullstellen linearer Mehrgrößensysteme anzusehen. Bereits von Emami–Naeini und Van Dooren (1982) wurde neben dem oben dargestellten Algorithmus auch eine entsprechende Realisierung in FORTRAN angegeben. Dieses Programm ist zwar immer noch nicht in MATLAB[11], aber in einer erweiterter Version (Svaricek 1985b) sowohl in der regelungstechnischen Programmbibliothek RASP (RPMZE1) (Grübel 1983), als auch in der Programmsammlung SLICOT (AB08BD) (van den Boom u.a. 1991) enthalten.

Die notwendigen Zeilen– und Spaltenverdichtungen werden im Algorithmus REDUCE mit Hilfe orthogonaler Householder–Transformationen (vgl. Abschnitt 2.5) durchgeführt, wobei zur Verbesserung der numerischen Eigenschaften bei den rangkritischen Matrizenverdichtungen (Verdichtung bei denen der Rang einer Matrix festgelegt werden muß) Zeilen– bzw. Spaltenpivotisierungen eingesetzt werden. Das bedeutet, in jedem Schritt wird immer die Zeile oder Spalte mit der größten Norm transformiert. Der zusätzliche Aufwand zur Berechnung der Zeilen– und Spaltennormen und der gegebenenfalls notwendigen Zeilen– und Spaltenvertauschungen wird zum Teil dadurch wieder kompensiert, daß die Transformationen vorzeitig beendet werden können, wenn die *maximale* Zeilen– oder Spaltennorm bereits kleiner als eine vorzugebende Nullschranke ϵ ist.

Die Vorgabe dieser Nullschranke, mit der die Anzahl der endlichen Nullstellen festgelegt wird, ist nicht immer unkritisch. Von Emami–Naeini und Van Dooren

---

[11] Ab der Version 4.0 auch in MATLAB integriert.

(1982) wird empfohlen, die Nullschranke entsprechend der Genauigkeit der Eingabedaten zu wählen, wobei eine untere Schranke von

$$\epsilon = 10 \cdot \epsilon_m \left\| \begin{bmatrix} \mathbf{A} & \mathbf{B} \\ \mathbf{C} & \mathbf{0} \end{bmatrix} \right\|_2 \tag{5.45}$$

mit

ϵ_m Rechengenauigkeit der Gleitpunktarithmetik,

$\| \cdot \|_2$ Spektralnorm

nicht unterschritten werden sollte. Besitzt der Nutzer keine Informationen über die Genauigkeit der Eingabedaten, so sollte die Nullschranke auf den in (5.45) angegebenen Wert gesetzt werden. Da die Berechnung der in (5.45) verwendeten Spektralnorm sehr aufwendig ist (vgl. Abschnitt 2.7.1) und die weiteren Ausführungen zeigen werden, daß die Ergebnisse auch bei Verwendung dieser Norm nicht immer korrekt sein müssen, erscheint der Einsatz einer leichter zu berechnenden Norm, wie z.B. der Gesamtnorm, angebracht.

Die z.Z. verfügbaren Programmversionen brücksichtigen eine bereits vorhandene Nullstruktur der Systemmatrizen $\mathbf{A}$, $\mathbf{B}$, $\mathbf{C}$ und $\mathbf{D}$ in keiner Weise. Dies kann, wie im weiteren dargestellt, zu erheblichen numerischen Problemen führen, wobei erschwerend hinzukommt, daß gerade die Systemmatrizen größerer Systeme in der Regel nur schwach besetzt sind, d.h., viele Elemente enthalten, die exakt Null sind.

Bereits Hinrichsen und Linnemann (1984) wiesen darauf hin, daß auch für numerisch stabile Programme, die orthogonale Transformationen einsetzen, sogenannte *Systeme von schwieriger Struktur* existieren, die bereits mit gut konditionierten Zahlen hohe Fehlerraten verursachen. Derartige Systemstrukturen können auch für das von Emami–Naeini und Van Dooren (1982) entwickelte Programm ZEROS angegeben werden (Svaricek 1988).

Aus numerischer Sicht besonders kritisch sind die weiter oben bereits angesprochenen Zeilen– und Spaltenverdichtungen im Algorithmus REDUCE, mit denen im Schritt 2 und 3 der nicht bekannte Rang der Matrizen $\mathbf{D}$ und $\tilde{\mathbf{C}}$ festgelegt wird. Treten bei diesen Rangbestimmungen Fehler auf, so ergibt sich sofort eine falsche „Nullstellenanzahl". In welcher Form die Struktur einer Matrix derartige Fehler begünstigen kann, wird im weiteren näher untersucht.

Hierzu betrachten wir zunächst eine bereits spaltenverdichtete Ausgangsmatrix

C in allgemeiner Form:

$$
C = \begin{bmatrix}
0 & \cdots & 0 & * & * & \cdots & * \\
\vdots & & \vdots & \vdots & \vdots & & \vdots \\
0 & \cdots & 0 & * & * & \cdots & * \\
\vdots & & \vdots & \ddots & \ddots & \ddots & \vdots \\
0 & \cdots & 0 & \cdots & 0 & * & *
\end{bmatrix} .
\tag{5.46}
$$

Diese Form wird dabei durch eine zeilenweise Transformation, beginnend mit der untersten Zeile, gewonnen. Als nächstes wird angenommen, daß die Ausgangsmatrix C eines Systems von folgender Gestalt ist:

$$
C = \begin{bmatrix}
0 & 0 & 0 & * & 0 \\
0 & 0 & * & * & 0 \\
0 & * & * & * & 0
\end{bmatrix} .
\tag{5.47}
$$

Die spaltenverdichtete Form (5.46) kann für diese Matrix mit Hilfe elementarer Zeilen- und Spaltenvertauschungen erreicht werden.

Wird die Matrix C in Gl. (5.47) mit Hilfe orthogonaler Householder-Transformationen spaltenverdichtet, so erhalten wir nach der Transformation der untersten Zeile diese Matrixstruktur:

$$
C = \begin{bmatrix}
0 & * & * & * & * \\
0 & * & * & * & * \\
0 & 0 & 0 & 0 & *
\end{bmatrix} .
\tag{5.48}
$$

Die Anzahl der von Null verschiedenen Elemente hat sich nach diesem ersten Transformationsschritt nicht verringert, sondern um drei erhöht. Zunächst entstehen bei einer derartigen Systemstruktur also zusätzliche — nur wenig von Null verschiedene — Elemente. Diese betragsmäßig kleinen Elemente können die Rechengenauigkeit derartiger Algorithmen stark beeinflussen.

Als nächstes wird für das numerisch stabile Programm ZEROS ein System von „schwieriger Struktur" angegeben. Für diese Systemstruktur treten bei der numerischen Berechnung der Anzahl der Invarianten Nullstellen bereits bei sehr gut konditionierten Zahlenrealisierungen erhebliche Fehlerquoten auf. Das System besitzt 15 Zustandsgrößen, 5 Ein- und Ausgänge und in den Strukturmatrizen A^*, B^*, C^* sind von 375 Elementen nur 40 besetzt:

$$
\mathbf{A}^* = \begin{bmatrix}
0 & 0 & 0 & 0 & 0 & 0 & 0 & 0 & 0 & 0 & 0 & 0 & 0 & 0 & 0 \\
0 & 0 & * & 0 & 0 & 0 & 0 & 0 & 0 & 0 & 0 & 0 & 0 & 0 & 0 \\
0 & * & 0 & 0 & 0 & 0 & 0 & 0 & 0 & 0 & 0 & 0 & 0 & 0 & 0 \\
0 & 0 & 0 & 0 & * & 0 & 0 & 0 & 0 & 0 & 0 & 0 & 0 & 0 & 0 \\
0 & 0 & 0 & * & 0 & * & 0 & 0 & 0 & 0 & 0 & 0 & 0 & 0 & 0 \\
0 & 0 & 0 & 0 & * & 0 & 0 & 0 & 0 & 0 & 0 & 0 & 0 & 0 & 0 \\
0 & 0 & 0 & 0 & 0 & 0 & 0 & * & 0 & 0 & 0 & 0 & 0 & 0 & 0 \\
0 & 0 & 0 & 0 & 0 & 0 & * & 0 & * & 0 & 0 & 0 & 0 & 0 & 0 \\
0 & 0 & 0 & 0 & 0 & 0 & 0 & * & 0 & * & 0 & 0 & 0 & 0 & 0 \\
0 & 0 & 0 & 0 & 0 & 0 & 0 & 0 & * & 0 & 0 & 0 & 0 & 0 & 0 \\
0 & 0 & 0 & 0 & 0 & 0 & 0 & 0 & 0 & 0 & 0 & * & 0 & 0 & 0 \\
0 & 0 & 0 & 0 & 0 & 0 & 0 & 0 & 0 & 0 & * & 0 & * & 0 & 0 \\
0 & 0 & 0 & 0 & 0 & 0 & 0 & 0 & 0 & 0 & 0 & * & 0 & * & 0 \\
0 & 0 & 0 & 0 & 0 & 0 & 0 & 0 & 0 & 0 & 0 & 0 & * & 0 & * \\
0 & 0 & 0 & 0 & 0 & 0 & 0 & 0 & 0 & 0 & 0 & 0 & 0 & * & 0
\end{bmatrix}, \quad
\mathbf{B}^* = \begin{bmatrix}
0 & 0 & 0 & 0 & * \\
0 & 0 & 0 & * & 0 \\
0 & 0 & 0 & 0 & 0 \\
0 & 0 & * & 0 & 0 \\
0 & 0 & 0 & 0 & 0 \\
0 & 0 & 0 & 0 & 0 \\
0 & * & 0 & 0 & 0 \\
0 & 0 & 0 & 0 & 0 \\
0 & 0 & 0 & 0 & 0 \\
0 & 0 & 0 & 0 & 0 \\
* & 0 & 0 & 0 & 0 \\
0 & 0 & 0 & 0 & 0 \\
0 & 0 & 0 & 0 & 0 \\
0 & 0 & 0 & 0 & 0 \\
0 & 0 & 0 & 0 & 0
\end{bmatrix},
$$

$$
\mathbf{C}^* = \begin{bmatrix}
0 & 0 & 0 & 0 & 0 & 0 & 0 & 0 & 0 & 0 & 0 & 0 & 0 & 0 & * \\
0 & 0 & 0 & 0 & 0 & 0 & 0 & 0 & 0 & * & * & 0 & 0 & 0 & 0 \\
0 & 0 & 0 & 0 & 0 & * & * & * & * & 0 & 0 & 0 & 0 & 0 & 0 \\
0 & 0 & * & * & * & * & 0 & 0 & 0 & 0 & 0 & 0 & 0 & 0 & 0 \\
* & * & * & 0 & 0 & 0 & 0 & 0 & 0 & 0 & 0 & 0 & 0 & 0 & 0
\end{bmatrix}.
$$

Bei den weiteren Untersuchungen wurden die 40 freien Parameter in den Matrizen $\mathbf{A}^*, \mathbf{B}^*, \mathbf{C}^*$ mit vom Rechner generierten Zufallszahlen belegt. Diese vom Rechner generierten Zufallszahlen lagen mit der Wahrscheinlichkeit 1 im Intervall $(-\alpha, \alpha)$, wobei $\alpha > 0$ vorgegeben werden konnte. Anschließend wurde dann für diese mit Zufallszahlen generierten Systeme die Anzahl n_{IN} der Invarianten Nullstellen mittels des Programmes ZEROS berechnet.

Die folgende Tabelle zeigt die Ergebnisse von 100 Testläufen. Bei einer Rechengenauigkeit von 16 Dezimalstellen wurden bei den Rangbestimmungen Zahlen mit einem Absolutbetrag $\epsilon < 10^{-10}$ als Null gewertet. Die oben angegebene

α	10	100	1000	10000
$n_{IN} > 0$	23	38	63	77
$n_{IN} = 0$	77	62	37	23

Tabelle 5.1: Anzahl der fehlerhaften Ergebnisse für $\epsilon = 10^{-10}$

Systemstruktur ist so gewählt, daß für alle Zahlenrealisierungen $n_{IN} = 0$ gelten muß. Das bedeutet, die Zeile 2 der Tabelle 5.1 gibt die Anzahl der fehlerhaften Berechnungen für die jeweiligen α–Werte an. Für beispielsweise $\alpha = 10^2$ waren bereits mehr als ein 1/3 der Berechnungen falsch. Diese Fehlerquote erhöhte sich sogar noch, als die von Emami–Naeini und Van Dooren (1982) angegebene variable Nullschranke ϵ (in Abhängigkeit von α) eingesetzt wurde. Bei Verwendung der der Konditionierung des Systems angepaßten Nullschranke

ϵ	10^{-14}	10^{-13}	10^{-12}	10^{-11}
α	10	100	1000	10000
$n_{IN} > 0$	66	69	79	81
$n_{IN} = 0$	34	31	21	19

Tabelle 5.2: Fehlerquoten bei variabler Nullschranke

(vgl. Tabelle 5.2) waren für $\alpha = 10$ etwa 2/3 der Ergebnisse nicht korrekt. Für $\alpha = 1000$ erhöhte sich diese Fehlerquote auf etwa 80 %, die dann allerdings auch für die noch größeren α–Werte in etwa konstant blieb.

Die in Tabelle 5.1 und 5.2 angegebenen Fehlerquoten stellten sich bereits bei numerisch gut konditionierten Systemen ein. Die in Tabelle 5.3 angegebenen Systemparameter gehören zu einem der 38 Systeme aus der Tabelle 5.1 ($\alpha = 100$), die für das Programm ZEROS nicht nullstellenfrei waren. Wie aus den Werten ersichtlich ist, liegen die Beträge der von Null verschiedenen Elemente der Matrizen **A,B,C** zwischen 0,02 (Element C(4,6)) und 37 (Element A(11,12)). Mit anderen Worten kann dieses System für eine Rechengenauigkeit von 16 signifikanten Dezimalstellen als wirklich gut konditioniert bezeichnet werden. Für dieses nullstellenfreie System ermittelte das Programm ZEROS mit $\epsilon = 10^{-10}$ fünf endliche Invariante Nullstellen:

$$-150, \quad +120 + 89i, \quad +120 - 89i, \quad -50 + 140i, \quad -50 - 140i. \qquad (5.49)$$

Aufgrund des konjugiert komplexen Nullstellenpaares in der rechten s–Halbebene müßte das System nach dieser Berechnung als Nichtphasenminimumsystem eingestuft werden. Das bedeutet, ein anschließender Reglerentwurf würde erheblich erschwert, da man z.B. bei der Auswahl des Reglerentwurfsverfahren von völlig falschen Voraussetzungen ausgehen würde.

Dieses Beispiel macht deutlich, daß solche Fehler, die von einer ungünstigen Systemstruktur hervorgerufen werden, ohne zusätzliche Informationen praktisch kaum erkannt werden können, da weder die Systemparameter noch die berechneten Nullstellen einen Hinweis auf numerische Schwierigkeiten liefern.

A(2,3)	=	.5161054611206055D+01	B(1,5)	=	.2564413070678711D+01
A(3,2)	=	.7874719619750977D+01	B(2,4)	=	.2062601852416992D+02
A(4,5)	=	−.1300690889358521D+01	B(4,3)	=	.6949281692504883D+00
A(5,4)	=	−.2599229335784912D+01	B(7,2)	=	.1210358858108521D+01
A(5,6)	=	.4083005189895630D+00	B(11,1)	=	−.6661754608154297D+01
A(6,5)	=	−.4394167661666870D+00			
A(7,8)	=	−.1549442410469055D+00	C(1,15)	=	−.1344524621963501D+00
A(8,7)	=	.1021374893188477D+02	C(2,10)	=	−.5036818504333496D+01
A(8,9)	=	.2376125156879425D+00	C(2,11)	=	.9210477828979492D+01
A(9,8)	=	−.7535037994384766D+01	C(3,6)	=	−.9516359865665436D−01
A(9,10)	=	−.2969896697998047D+02	C(3,7)	=	−.7790474891662598D+00
A(10,9)	=	.5952339172363281D+01	C(3,8)	=	−.8297082185745239D+00
A(11,12)	=	.3726593017578125D+02	C(3,9)	=	−.4288395494222641D−01
A(12,13)	=	−.1368374633789063D+02	C(4,3)	=	.8640090227127075D+00
A(13,12)	=	−.2246928024291992D+02	C(4,4)	=	−.8138511657714844D+01
A(13,14)	=	−.9490179061889648D+01	C(4,5)	=	.6446902275085449D+01
A(14,13)	=	.2032897949218750D+01	C(4,6)	=	.2452033013105392D−01
A(14,15)	=	−.1717017889022827D+01	C(5,1)	=	−.1634656190872192D+01
A(15,14)	=	−.7122179985046387D+01	C(5,2)	=	.1199949264526367D+01
			C(5,3)	=	−.1778796005249023D+02

Tabelle 5.3: Systemparameter eines der 38 Systeme aus Tabelle 5.1 mit $\alpha = 100$

Eine solche nützliche Zusatzinformation stellt die durch die Struktur des untersuchten Systems festgelegte größtmögliche „Nullstellenanzahl" dar. Alle numerischen Berechnungen, die eine größere Anzahl von Nullstellen liefern, sind dann offensichtlich nicht korrekt. Ist diese maximale Anzahl, die der von Svaricek (1986) eingeführten *Anzahl der strukturellen Invarianten Nullstellen* entspricht, identisch Null, so erübrigt sich eine weitergehende numerische Untersuchung sogar. Dies ist auch unter dem Gesichtspunkt von Bedeutung, daß der Algorithmus ZEROS umso mehr Transformationsschritte durchführt, je weniger Nullstellen ein System besitzt. Demnach sollte der Algorithmus ZEROS zum Erkennen einer strukturbedingten Nullstellenfreiheit nicht eingesetzt werden. Derartige Strukturinformationen können besser mit Verfahren und Algorithmen ermittelt werden, die anhand von Strukturmatrizen und ohne Gleitpunkt–Operationen die gewünschte Information liefern.

Eine obere Abschätzung der Anzahl der endlichen Nullstellen, die einem entsprechend definierten Systemgraph eines quadratischen Systems entnommen werden kann, gab erstmalig Söte (1980) an. Mit Hilfe eines von Svaricek (1985a, 1986) entwickelten Algorithmus, der nur die Besetzungsmuster der Systemmatrizen **A,B,C** verarbeitet, kann diese obere Schranke auch für größere Systeme schnell und zuverlässig berechnet werden.

5.7.4 Parameterunabhängige Abschätzung der Anzahl der Nullstellen

In diesem Abschnitt wird eine rein algebraische Herleitung eines Algorithmus
zur Bestimmung der Anzahl der strukturellen Invarianten Nullstellen eines quadratischen, nicht degenerierten Systems (**A**,**B**,**C**) vorgestellt, der ursprünglich
(Svaricek 1985a, 1986) mit Hilfe graphentheoretischer Methoden abgeleitet worden war. Die Anzahl der strukturellen Invarianten Nullstellen gibt gemäß der
folgenden Definition eine parameterunabhängige obere Schranke für die Anzahl
der Invarianten Nullstellen an.

Definition 5.5 (Svaricek 1986)
    Für ein nicht degeneriertes, quadratisches System (**A**,**B**,**C**) ist die *Anzahl*
n_{SIN} der *strukturellen Invarianten Nullstellen* gleich der Anzahl der Invarianten Nullstellen der Systeme von gleicher Struktur (vgl. Abschnitt 3.4),
welche die größtmögliche Anzahl von Invarianten Nullstellen besitzen.

Für die in der Definition 5.5 betrachtete Klasse der quadratischen, nicht degenerierten linearen Systeme ergeben sich die endlichen Invarianten Nullstellen
aus der Gleichung

$$\det \mathbf{P}(s) = 0. \tag{5.50}$$

Hierbei führt die Lösung von Gl. (5.50) auf ein Nullstellenpolynom $Z(s)$ mit

$$Z(s) = z_q s^q + \cdots + z_1 s + z_0 = 0, \tag{5.51}$$

worin der Grad q des Polynoms offensichtlich die *Anzahl* der Invarianten Nullstellen angibt. Die Determinante der $(n+m) \times (n+m)$ Polynommatrix $\mathbf{P}(s)$
setzt sich dabei aus vorzeichengewichteten Termen der Form

$$p_{1t_1} p_{2t_2} \cdots p_{n+m,t_{n+m}} \tag{5.52}$$

zusammen, wobei $(t_1, t_2, ..., t_{n+m})$ eine Permutation von $(1, 2, ..., n+m)$ ist. Der
Grad q des Nullstellenpolynoms $Z(s)$ wird dann durch die Determinantenterme
(5.52) festgelegt, deren Grad maximal ist. Zur Abschätzung der Anzahl der
Invarianten Nullstellen muß demnach nur der Grad einer dieser Terme berechnet
werden.

Ein von Null verschiedener Term der Form (5.52) läßt sich auch dadurch charakterisieren, daß die $n+m$ Elemente eines Determinantenterms sowohl zu $n+m$
verschiedenen Zeilen als auch zu $n+m$ verschiedenen Spalten gehören. Die
Elemente eines Determinantenterms bilden also eine Matrix, deren Besetzungsmuster mit dem Besetzungsmuster einer Permutationsmatrix übereinstimmt.
Für das rechnergestütze Auffinden eines Terms mit einem maximalen Grad in
s ist dann der folgende Zusammenhang von Bedeutung.

Ein sehr gut untersuchtes Problem im Bereich des Operations Research stellt das sogenannte Zuordnungsproblem dar, das anhand des folgenden einfachen Beispiels erläutert werden soll: Die zu lösende Aufgabe bestehe darin, vier neu zu errichtende Fabrikationsanlagen F_1, F_2, F_3, F_4 auf vier Standorte 1,2,3,4 so zu verteilen, daß die Summe der Erschließungs– und Baukosten minimal wird. Die Erschließungs– und Baukosten können dazu in einer Kostenmatrix übersichtlich zusammengestellt werden:

$$
\begin{array}{c|cccc}
 & 1 & 2 & 3 & 4 \\
\hline
F_1 & 94 & 15 & 54 & \boxed{68} \\
F_2 & 74 & \boxed{10} & 88 & 82 \\
F_3 & 62 & 88 & \boxed{8} & 76 \\
F_4 & \boxed{11} & 74 & 81 & 21
\end{array}
\qquad (5.53)
$$

Ein effektives Verfahren (Schmid 1974, Noltemeier 1976) zum Auffinden einer vollständigen Zuordnung mit minimalen Kosten stellt die sogenannte *Ungarische Methode* dar. Diese Ungarische Methode beruht auf dem Beweis eines Satzes über lineare Graphen von König (1936), der von dem ungarischen Mathematiker Egerváry (1931) stammt. Kuhn (1955), der Arbeiten von Egerváry ins Englische übersetzte, erkannte, daß ein konstruktiver Beweis des Satzes von Egerváry das Zuordnungsproblem löst.

Auf die Ungarische Methode zur Lösung des Zuordnungsproblems wird an dieser Stelle aus folgenden Gründen nicht weiter eingegangen:

i) Die Anwendung dieser Methode ist in vielen Lehrbüchern (z.B. Dantzig 1966, Tinhofer 1976, Hein 1977, Grosche und Ziegler 1979) ausführlich dargestellt.

ii) Zuverlässige Rechnerprogramme können allgemein zugänglichen Programmsammlungen (z.B. Burkard und Derigs 1980, Carpaneto und Toth 1983) entnommen werden.

iii) Soll die Anzahl der strukturellen Invarianten Nullstellen „von Hand" ermittelt werden, so sind in diesem Fall die in der Literatur (Svaricek 1986, 1987, Wend 1991) angegebenen graphentheoretischen Methoden vorzuziehen.

Die Anordnung der umrandeten Einträge in der Kostenmatrix (5.53), die die gesuchte optimale (kostenminimale) Zuordnung angeben, entspricht der Anordnung der Einsen in einer Permutationsmatrix. Daraus folgt, daß das Problem der Bestimmung eines bestimmten von Null verschiedenen Determinatenterms von $\mathbf{P}(s)$ in ein entsprechend definiertes Zuordnungsproblem überführt werden kann. Zur Berechnung eines Terms von maximalem Grad wird hierzu, ausgehend von der Rosenbrock–Systemmatrix, eine $(n+m) \times (n+m)$ Kostenmatrix $\mathbf{K}$ nach folgenden Regeln gebildet:

i) Für alle identisch verschwindenen Elemente in $\mathbf{P}(s)$ werden in der Kostenmatrix $\mathbf{K}$ an der entsprechenden Stelle sehr hohe Kosten ($k_{ij} \to \infty$) eingetragen.

ii) Ist ein Element in $\mathbf{P}(s)$ von Null verschieden und unabhängig von s, so werden diese Elemente in der Kostenmantrix mit den Kosten „2" berücksichtigt.

iii) Den Elementen, die zu den n von s abhängigen Elementen in $\dot{\mathbf{P}}(s)$ korrespondieren, werden die geringsten Kosten (z.B. „1") zugewiesen. Hiermit wird sichergestellt, daß immer ein Determinatenterm mit einer maximalen Anzahl von s–Elementen gefunden wird.

Ein einfacher Algorithmus zur Bestimmung einer parameterunabhängigen Abschätzung der Anzahl der Invarianten Nullstellen hat dann folgendes Aussehen:

Algorithmus 5.4 (Anzahl der strukturellen Invarianten Nullstellen)
Gegeben sei ein System $(\mathbf{A}, \mathbf{B}, \mathbf{C})$ mit n Zustandsgrößen und m Ein– und Ausgängen sowie die zugehörige Rosenbrock–Systemmatrix:

$$\mathbf{P}(s) = \begin{bmatrix} s\mathbf{I} - \mathbf{A} & -\mathbf{B} \\ \mathbf{C} & 0 \end{bmatrix}.$$

1. Aufstellung einer Kostenmatrix $\mathbf{K}$ anhand der Systemmatrix $\mathbf{P}(s)$.

$$\begin{aligned} k_{ij} &= 2 \quad \text{für } p_{ij} \neq 0 \\ k_{ij} &= \infty \quad \text{für } p_{ij} = 0 \\ k_{ii} &= 1 \quad \text{für } i = 1, ..., n \end{aligned}$$

2. Bestimmung des maximalen Grades der Determinantenterme von $\mathbf{P}(s)$ durch Auffindung einer vollständigen Zuordnung mit minimalen Kosten $K_{\min}$ mittels der Ungarischen Methode.

3. Überprüfung, ob das untersuchte System $(\mathbf{A},\mathbf{B},\mathbf{C})$ *strukturell* degeneriert ist, d.h., ob Gl. (2.7) für alle s–Werte und für beliebige Werte der variablen Elemente in $\mathbf{A}$, $\mathbf{B}$ und $\mathbf{C}$ erfüllt ist:

   if $K_{\min} > 2(n+m)$ **then** Das System $(\mathbf{A},\mathbf{B},\mathbf{C})$ ist strukturell degeneriert, und eine Abschätzung der Anzahl der Invarianten Nullstellen kann nicht bestimmt werden (Ende).

4. Die Anzahl der strukturellen Invarianten Nullstellen ergibt sich zu

$$n_{SIN} = 2(n+m) - K_{\min}.$$

(Ende)

Mit Hilfe der zuvor bereits angesprochenen Standardprogramme zur Lösung des Zuordnungsproblems kann dieser Algorithmus leicht realisiert werden. Eine fehlerfreie Implementation vorausgesetzt, liefert dieser Algorithmus dann unabhängig von der Systemgröße immer ein richtiges Ergebnis, da aufgrund der ausschließlichen Verwendung ganzzahliger Rechenoperationen durch Rundungsfehler hervorgerufene numerische Probleme nicht auftreten können.

Sowohl der Algorithmus LSAP von Burkard und Derigs (1980) als auch der Algorithmus SPASS von Carpaneto und Toth (1983) zur Lösung des Zuordnungsproblems ist von einer Komplexität $O(n^3)$. Im Gegensatz zum Algorithmus LSAP, der immer mit der vollständigen Kostenmatrix arbeitet, werden bei SPASS lediglich die endlichen Kosten in einer entsprechenden Listenstruktur abgespeichert und weiterverarbeitet. Für größere schwach besetzte Systeme liegt daher der Rechenzeitbedarf des Algorithmus SPASS erheblich unter dem von LSAP. Ein Programm, das auf dem Algorithmus 5.4 basiert, benötigt allerdings unabhängig davon, mit welchem Programm zur Lösung des Zuordnungsproblem es realisiert wurde, zur Berechnung der *Anzahl* der endlichen Nullstellen in der Regel wesentlich weniger Rechenzeit als das Programm ZEROS. In der Tabelle 5.4 sind hierzu mit Hilfe eines HP 9000/835–Rechners ermittelte Zeiten zur Berechnung der Anzahl der endlichen Nullstellen eines Modells 55–ter Ordnung eines B767–Passagierflugzeuges (Benchmark–Problem 6 von Davison 1990) zusammengestellt. Für dieses Beispiel ist eine FORTRAN–Realisierung des Al-

ZEROS	LSAP	SPASS
21	12	3

Tabelle 5.4: Rechenzeiten in ms

gorithmus 5.4, die zur Lösung des Zuordnungsproblems das Programm LSAP von Burkard und Derigs (1980) einsetzt, etwa um den Faktor 2 schneller als das Programm ZEROS von Emami–Naeini und Van Dooren (1982). Verwendet man zur Lösung des Zuordnungsproblems das speziell für nicht vollständig besetzte Kostenmatrizen entwickelte Programm SPASS von Carpaneto und Toth (1983), so verkürzt sich die Rechenzeit sogar um den Faktor 7.

Die Ergebnisse der vorstehenden Ausführungen und Diskussionen sollen wie folgt zusammengefaßt werden: Die Zuverlässigkeit der numerischen Berechnung endlicher Nullstellen kann bei größeren quadratischen Systemen erheblich verbessert werden, wenn von folgender Vorgehensweise Gebrauch gemacht wird (Svaricek 1988).

1. Berechnung einer oberen Abschätzung n_{SIN} der *Anzahl* der Nullstellen mit Hilfe des Algorithmus 5.4.

2. Nur wenn n_{SIN} größer als Null ist, werden — nach Vorgabe einer geeigneten Nullschranke ϵ — die Anzahl n_{IN} der Nullstellen und die zugehörigen Matrizen $\mathbf{A}_f, \mathbf{B}_f$ mittels des Algorithmus ZEROS berechnet.

3. Nur wenn $n_{IN} \leq n_{SIN}$ gilt, werden die Werte der Nullstellen durch Lösen der allgemeinen Eigenwertaufgabe $(\lambda \mathbf{A}_f - \mathbf{B}_f)$ bestimmt.

4. Im Fall $n_{IN} < n_{SIN}$ sollten die Ergebnisse des Programmes kritisch überprüft werden, da diese möglicherweise nicht korrekt sind.

5. Im Fall $n_{IN} > n_{SIN}$ ist das Ergebniss des Programms ZEROS sicherlich *falsch*. Die Berechungen müssen mit einer variierten Nullschranke ϵ ab Schritt 2 wiederholt werden.

5.7.5 Berechnung für Großsysteme

Bedingt durch die auftretenden Rundungsfehler nimmt die Zuverlässigkeit der mit Hilfe einer Gleitpunktarithmetik berechneten Ergebnisse bei größeren Systemen stark ab. Betrachtet man das Problem der Bestimmung der Eigenwerte einer großen Matrix, so kann sowohl die Genauigkeit der Ergebnisse erhöht als auch der Rechenzeitbedarf verringert werden, wenn eine gegebene Matrix $\mathbf{A}$ mittels einer Permutationsmatrix $\mathbf{P}$ auf eine untere Block–Dreiecksmatrix

$$\mathbf{PAP}^T = \begin{bmatrix} \mathbf{A}_{11} & 0 & \cdots & 0 \\ \mathbf{A}_{21} & \mathbf{A}_{22} & \ddots & \vdots \\ \vdots & \ddots & \ddots & 0 \\ \mathbf{A}_{N1} & \cdots & \cdots & \mathbf{A}_{NN} \end{bmatrix}, \tag{5.54}$$

transformiert werden kann (Duff, Erisman und Reid 1990). Die Menge der Eigenwerte der Matrix $\mathbf{A}$ setzt sich dann aus den Mengen der Eigenwerte der nicht weiter reduzierbaren Matrizen $\mathbf{A}_{ii}$ zusammen (Zurmühl und Falk 1986). Eine effiziente Berechnung der hierzu notwendigen Permutationen ist z.B. mit Hilfe der von Duff und Reid (1978) angegebenen FORTRAN–Realisierung des sogenannten Tarjan–Algorithmus möglich.

Die endlichen Nullstellen eines quadratischen Mehrgrößensystems $(\mathbf{A},\mathbf{B},\mathbf{C})$ ergeben sich, wie in Abschnitt 5.2 behandelt, aus der Gleichung

$$\det \begin{bmatrix} s\mathbf{I} - \mathbf{A} & -\mathbf{B} \\ \mathbf{C} & 0 \end{bmatrix} = 0. \tag{5.55}$$

Lassen sich nun die Matrizen $\mathbf{A}, \mathbf{B}$ und $\mathbf{C}$ eines quadratischen Mehrgrößensystems so umformen

$$\mathbf{P_1AP_1^T} = \begin{bmatrix} \mathbf{A}_{11} & 0 & \cdots & 0 \\ \mathbf{A}_{21} & \mathbf{A}_{22} & \ddots & \vdots \\ \vdots & & \ddots & 0 \\ \mathbf{A}_{N1} & \cdots & \cdots & \mathbf{A}_{NN} \end{bmatrix}, \quad \mathbf{P_1BP_2^T} = \begin{bmatrix} \mathbf{B}_1 & 0 & \cdots & 0 \\ 0 & \mathbf{B}_2 & \ddots & \vdots \\ \vdots & \ddots & \ddots & 0 \\ 0 & \cdots & 0 & \mathbf{B}_N \end{bmatrix},$$

$$\mathbf{P_3CP_1^T} = \begin{bmatrix} \mathbf{C}_1 & 0 & \cdots & 0 \\ 0 & \mathbf{C}_2 & \ddots & \vdots \\ \vdots & \ddots & \ddots & 0 \\ 0 & \cdots & 0 & \mathbf{C}_N \end{bmatrix}, \tag{5.56}$$

dann folgt aus (5.55) und den bekannten Gesetzen der Determinantenberechnung: Die Menge der Invarianten Nullstellen des Gesamtsystems $(\mathbf{A},\mathbf{B},\mathbf{C})$ ist gleich der Vereinigung der N Mengen der Invarianten Nullstellen der Teilsysteme $(\mathbf{A}_{ii}, \mathbf{B}_i, \mathbf{C}_i)$. Eine Zerlegung der Nullstellenberechnung ist also immer dann möglich, wenn das zu untersuchende System auf die Form (5.56) permutiert werden kann. Diese hinreichende Bedingung ist allerdings *nicht* notwendig, da beispielsweise ein System mit der folgenden Struktur

$$\mathbf{A} = \begin{bmatrix} \mathbf{A}_{11} & \mathbf{A}_{12} \\ \mathbf{A}_{21} & \mathbf{A}_{22} \end{bmatrix} = \left[\begin{array}{ccc|ccc} * & 0 & 0 & 0 & * & * \\ * & * & 0 & 0 & 0 & 0 \\ * & * & * & 0 & * & 0 \\ \hline * & * & * & * & 0 & 0 \\ * & 0 & 0 & * & * & 0 \\ 0 & 0 & 0 & 0 & * & * \end{array}\right], \quad \mathbf{B} = \begin{bmatrix} \mathbf{B}_{11} & \mathbf{B}_{12} \\ \mathbf{B}_{21} & \mathbf{B}_{22} \end{bmatrix} = \left[\begin{array}{c|c} * & 0 \\ 0 & 0 \\ 0 & 0 \\ \hline 0 & * \\ * & 0 \\ 0 & 0 \end{array}\right]$$

$$\mathbf{C} = \begin{bmatrix} \mathbf{C}_{11} & \mathbf{C}_{12} \\ \mathbf{C}_{21} & \mathbf{C}_{22} \end{bmatrix} = \left[\begin{array}{ccc|ccc} 0 & 0 & * & 0 & 0 & * \\ 0 & 0 & 0 & 0 & 0 & * \end{array}\right] \tag{5.57}$$

durch Zeilen– und Spaltenpermutationen nicht auf die Form (5.56) transformiert werden kann, obwohl sich die Menge der endlichen Nullstellen des Systems $(\mathbf{A},\mathbf{B},\mathbf{C})$ aus den Mengen der Nullstellen der Teilsysteme $(\mathbf{A}_{11}, \mathbf{B}_{11}, \mathbf{C}_{11})$ und $(\mathbf{A}_{22}, \mathbf{B}_{22}, \mathbf{C}_{22})$ zusammensetzt.

Mit Hilfe eines von Svaricek (1994) angegebenen Algorithmus kann nun überprüft werden, ob und in welcher Form eine Nullstellenberechnung in mehrere kleine Teilprobleme zerlegbar ist. Existiert eine derartige Zerlegung, so liefert der Algorithmus auch die hierzu notwendigen Permutationen. Allerdings läßt sich dieser Algorithmus ohne eine ausführliche Darstellung des graphentheoretischen Hintergrundes weder ableiten noch erläutern. Aus diesem Grund wird an dieser Stelle auf eine Angabe verzichtet und auf die entsprechende Literaturstelle verwiesen.

Wenn auch der Algorithmus selbst hier nicht weiter diskutiert werden kann, so sollen doch zumindest die Auswirkungen einer ggf. möglichen Zerlegung der Nullstellenberechnung anhand des Modells eines bekannten technischen Systems (Hinterachsprüfstand, Föllinger 1990) näher untersucht werden.

Beispiel 5.6

Die folgenden Matrizen beschreiben die Struktur eines linearen Modells eines Hinterachsprüfstandes (Roppenecker und Lohmann 1991) für Lastkraftwagen. Dieses Zustandsraummodell mit 19 Zustandsgrößen und 3 Ein- und Ausgängen, das auch von Föllinger (1990:459) betrachtet wird, ist strukturell vollständig steuer- und beobachtbar. Eine Anwendung des zuvor besprochenen Algorithmus 5.4 liefert eine obere Abschätzung der Anzahl der Invarianten Nullstellen von $n_{SIN} = 10$.

$$\mathbf{A} = \begin{bmatrix}
* & * & 0 & 0 & 0 & 0 & 0 & 0 & 0 & 0 & 0 & 0 & 0 & 0 & * & 0 & 0 & 0 & 0 \\
* & 0 & * & 0 & 0 & 0 & 0 & * & 0 & 0 & 0 & 0 & 0 & 0 & 0 & 0 & 0 & 0 & 0 \\
0 & * & * & * & 0 & 0 & 0 & 0 & 0 & 0 & 0 & 0 & 0 & 0 & 0 & 0 & 0 & 0 & 0 \\
0 & 0 & * & 0 & * & 0 & 0 & 0 & 0 & 0 & 0 & 0 & 0 & 0 & 0 & 0 & 0 & 0 & 0 \\
0 & 0 & 0 & * & * & * & 0 & 0 & 0 & 0 & 0 & 0 & 0 & 0 & 0 & 0 & 0 & 0 & 0 \\
0 & 0 & 0 & 0 & * & 0 & * & 0 & 0 & 0 & 0 & 0 & 0 & 0 & 0 & 0 & 0 & 0 & 0 \\
0 & 0 & 0 & 0 & 0 & * & * & 0 & 0 & 0 & 0 & 0 & 0 & 0 & 0 & 0 & 0 & * & 0 \\
0 & * & 0 & 0 & 0 & 0 & * & * & 0 & 0 & 0 & 0 & 0 & 0 & 0 & 0 & 0 & 0 & 0 \\
0 & 0 & 0 & 0 & 0 & 0 & 0 & * & 0 & * & 0 & 0 & 0 & 0 & 0 & 0 & 0 & 0 & 0 \\
0 & 0 & 0 & 0 & 0 & 0 & 0 & * & * & * & 0 & 0 & 0 & 0 & 0 & 0 & 0 & 0 & 0 \\
0 & 0 & 0 & 0 & 0 & 0 & 0 & 0 & * & 0 & * & 0 & 0 & 0 & 0 & 0 & 0 & 0 & 0 \\
0 & 0 & 0 & 0 & 0 & 0 & 0 & 0 & 0 & * & * & 0 & 0 & 0 & * & 0 & 0 & 0 & 0 \\
* & 0 & 0 & 0 & 0 & 0 & 0 & 0 & 0 & 0 & 0 & 0 & * & * & 0 & 0 & 0 & 0 & 0 \\
0 & 0 & 0 & 0 & 0 & 0 & 0 & 0 & 0 & 0 & 0 & 0 & * & 0 & 0 & 0 & 0 & 0 & 0 \\
* & 0 & 0 & 0 & 0 & 0 & 0 & 0 & 0 & 0 & 0 & 0 & 0 & * & * & 0 & 0 & 0 & 0 \\
0 & 0 & 0 & 0 & 0 & 0 & 0 & 0 & 0 & 0 & 0 & * & 0 & 0 & 0 & * & * & 0 & 0 \\
0 & 0 & 0 & 0 & 0 & 0 & 0 & 0 & 0 & 0 & 0 & 0 & 0 & 0 & 0 & * & * & 0 & 0 \\
0 & 0 & 0 & 0 & 0 & 0 & * & 0 & 0 & 0 & 0 & 0 & 0 & 0 & 0 & 0 & 0 & * & * \\
0 & 0 & 0 & 0 & 0 & 0 & 0 & 0 & 0 & 0 & 0 & 0 & 0 & 0 & 0 & 0 & 0 & * & *
\end{bmatrix}
\qquad
\mathbf{B} = \begin{bmatrix}
0 & 0 & 0 \\
0 & 0 & 0 \\
0 & 0 & 0 \\
0 & 0 & 0 \\
0 & 0 & 0 \\
0 & 0 & 0 \\
0 & 0 & 0 \\
0 & 0 & 0 \\
0 & 0 & 0 \\
0 & 0 & 0 \\
0 & 0 & 0 \\
0 & 0 & 0 \\
* & 0 & 0 \\
0 & 0 & 0 \\
0 & 0 & 0 \\
0 & * & 0 \\
0 & * & 0 \\
0 & 0 & * \\
0 & 0 & *
\end{bmatrix}$$

$$\mathbf{C} = \begin{bmatrix}
0 & * & 0 & 0 & 0 & 0 & 0 & 0 & 0 & 0 & 0 & 0 & 0 & 0 & 0 & 0 & 0 & 0 & 0 \\
0 & 0 & 0 & 0 & 0 & 0 & * & 0 & 0 & 0 & 0 & 0 & 0 & 0 & 0 & 0 & 0 & 0 & 0 \\
0 & 0 & 0 & 0 & 0 & 0 & 0 & 0 & 0 & 0 & 0 & * & 0 & 0 & 0 & 0 & 0 & 0 & 0
\end{bmatrix}$$

Für die Systemmatrix **A** kann keine Permutation auf eine untere Block-Dreiecksmatrix der Form (5.54) angegeben werden. Für die Berechnung der Eigenwerte muß also ein Eigenwertproblem 19–ter Ordnung gelöst werden. Obwohl die Eigenwertberechnung nicht zerlegbar ist, kann das

Nullstellen–Berechnungsproblem sogar in 4 kleinere Teilprobleme aufgeteilt werden. Dieses Ergebnis des von Svaricek (1994) entwickelten Algorithmus ist auf dem ersten Blick überraschend. Die weiteren Darstellungen werden aber die Richtigkeit dieser Aussage belegen.

Wie zuvor bereits angesprochen, gibt dieser Algorithmus nicht nur eine Antwort auf die Frage, ob und in wieviele Teilprobleme sich die Nullstellenberechnung ggf. zerlegen läßt, sondern liefert auch die hierzu notwendigen Permutationen: Multipliziert man die ermittelte Permutationsmatrix $\mathbf{P}_1$ mit dem Zustandsvektor $\mathbf{x}$ und die Permutationsmatrix $\mathbf{P}_2$ mit dem Eingangsvektor $\mathbf{u}$, so erhält man den Zustandsvektor

$$\begin{aligned}
\tilde{\mathbf{x}} &= \mathbf{P}_1\mathbf{x}, \\
&= [x_3, x_4, x_5, x_6, x_8, x_9, x_{10}, x_{11} \mid \\
&\qquad\qquad \times\; x_1, x_2, x_{13}, x_{14}, x_{15} \mid x_7, x_{18}, x_{19} \mid x_{12}, x_{16}, x_{17}]^T
\end{aligned}$$

und den Eingangsvektor

$$\begin{aligned}
\tilde{\mathbf{u}} &= \mathbf{P}_2\mathbf{u}, \\
&= [\,u_1, u_3, u_2\,]^T
\end{aligned}$$

des permutierten Systems. Der Aufteilung des Zustandsvektor kann die Dimension der vier Teilprobleme entnommen werden. Die Matrizen $\tilde{\mathbf{A}} = \mathbf{P}_1\mathbf{A}\mathbf{P}_1^T$, $\tilde{\mathbf{B}} = \mathbf{P}_1\mathbf{B}\mathbf{P}_2^T$ und $\tilde{\mathbf{C}} = \mathbf{A}\mathbf{P}_1^T$ des transformierten Systems nehmen dann diese Gestalt an:

$$\tilde{\mathbf{A}} = \left[\begin{array}{cccccccccccccccccccc}
* & * & 0 & 0 & 0 & 0 & 0 & 0 & 0 & * & 0 & 0 & 0 & 0 & 0 & 0 & 0 & 0 & 0 \\
* & 0 & * & 0 & 0 & 0 & 0 & 0 & 0 & 0 & 0 & 0 & 0 & 0 & 0 & 0 & 0 & 0 & 0 \\
0 & * & * & * & 0 & 0 & 0 & 0 & 0 & 0 & 0 & 0 & 0 & 0 & 0 & 0 & 0 & 0 & 0 \\
0 & 0 & * & 0 & 0 & 0 & 0 & 0 & 0 & 0 & 0 & 0 & 0 & * & 0 & 0 & 0 & 0 & 0 \\
0 & 0 & 0 & 0 & * & * & 0 & 0 & 0 & * & 0 & 0 & 0 & 0 & 0 & 0 & 0 & 0 & 0 \\
0 & 0 & 0 & 0 & * & 0 & * & 0 & 0 & 0 & 0 & 0 & 0 & 0 & 0 & 0 & 0 & 0 & 0 \\
0 & 0 & 0 & 0 & 0 & * & * & * & 0 & 0 & 0 & 0 & 0 & 0 & 0 & 0 & 0 & 0 & 0 \\
0 & 0 & 0 & 0 & 0 & 0 & * & 0 & 0 & 0 & 0 & 0 & 0 & 0 & 0 & 0 & * & 0 & 0 \\
0 & 0 & 0 & 0 & 0 & 0 & 0 & 0 & * & * & 0 & 0 & * & 0 & 0 & 0 & 0 & 0 & 0 \\
* & 0 & 0 & 0 & * & 0 & 0 & 0 & * & 0 & 0 & 0 & 0 & 0 & 0 & 0 & 0 & 0 & 0 \\
0 & 0 & 0 & 0 & 0 & 0 & 0 & 0 & * & 0 & * & * & 0 & 0 & 0 & 0 & 0 & 0 & 0 \\
0 & 0 & 0 & 0 & 0 & 0 & 0 & 0 & 0 & 0 & * & 0 & 0 & 0 & 0 & 0 & 0 & 0 & 0 \\
0 & 0 & 0 & 0 & 0 & 0 & 0 & 0 & * & 0 & 0 & * & * & 0 & 0 & 0 & 0 & 0 & 0 \\
0 & 0 & 0 & * & 0 & 0 & 0 & 0 & 0 & 0 & 0 & 0 & 0 & * & * & 0 & 0 & 0 & 0 \\
0 & 0 & 0 & 0 & 0 & 0 & 0 & 0 & 0 & 0 & 0 & 0 & 0 & * & * & * & 0 & 0 & 0 \\
0 & 0 & 0 & 0 & 0 & 0 & 0 & 0 & 0 & 0 & 0 & 0 & 0 & 0 & * & * & 0 & 0 & 0 \\
0 & 0 & 0 & 0 & 0 & 0 & 0 & * & 0 & 0 & 0 & 0 & 0 & 0 & 0 & 0 & * & * & 0 \\
0 & 0 & 0 & 0 & 0 & 0 & 0 & 0 & 0 & 0 & 0 & 0 & 0 & 0 & 0 & 0 & * & * & * \\
0 & 0 & 0 & 0 & 0 & 0 & 0 & 0 & 0 & 0 & 0 & 0 & 0 & 0 & 0 & 0 & 0 & * & *
\end{array}\right]
\qquad
\tilde{\mathbf{B}} = \left[\begin{array}{ccc}
0 & 0 & 0 \\
0 & 0 & 0 \\
0 & 0 & 0 \\
0 & 0 & 0 \\
0 & 0 & 0 \\
0 & 0 & 0 \\
0 & 0 & 0 \\
0 & 0 & 0 \\
0 & 0 & 0 \\
0 & 0 & 0 \\
* & 0 & 0 \\
0 & 0 & 0 \\
0 & 0 & 0 \\
0 & 0 & 0 \\
0 & * & 0 \\
0 & * & 0 \\
0 & 0 & 0 \\
0 & 0 & * \\
0 & 0 & *
\end{array}\right]$$

$$\tilde{\mathbf{C}} = \left[\begin{array}{ccccccccccccccccccc}
0 & 0 & 0 & 0 & 0 & 0 & 0 & 0 & 0 & * & 0 & 0 & 0 & 0 & 0 & 0 & 0 & 0 & 0 \\
0 & 0 & 0 & 0 & 0 & 0 & 0 & 0 & 0 & 0 & 0 & 0 & 0 & * & 0 & 0 & 0 & 0 & 0 \\
0 & 0 & 0 & 0 & 0 & 0 & 0 & 0 & 0 & 0 & 0 & 0 & 0 & 0 & 0 & 0 & * & 0 & 0
\end{array}\right].$$

Der untere Teil bzw. Block der Matrizen $\tilde{\mathbf{A}}$, $\tilde{\mathbf{B}}$ bildet zusammen mit dem rechten Teil der Matrix $\tilde{\mathbf{C}}$ ein System der Form (5.56) mit einer

A(1, 1)	=	−.00644	A(2, 1)	=	639.12972
A(13, 1)	=	59.95134	A(15, 1)	=	1.96667
A(1, 2)	=	−2.5157	A(3, 2)	=	194.35247
A(8, 2)	=	194.35247	A(2, 3)	=	−320.37374
A(3, 3)	=	−.06602	A(4, 3)	=	122.16767
A(3, 4)	=	−188.88768	A(5, 4)	=	25.64323
A(4, 5)	=	−121.89405	A(5, 5)	=	−.01405
A(6, 5)	=	2177.0378	A(5, 6)	=	−26.89412
A(7, 6)	=	.47006	A(6, 7)	=	−2192.9165
A(7, 7)	=	−.01357	A(18, 7)	=	458.82351
A(2, 8)	=	−320.37374	A(8, 8)	=	−.06602
A(9, 8)	=	122.16767	A(8, 9)	=	−188.88768
A(10, 9)	=	25.64323	A(9,10)	=	−121.89405
A(10,10)	=	−.01405	A(11,10)	=	2177.0378
A(10,11)	=	−26.89412	A(12,11)	=	.47006
A(11,12)	=	−2192.9165	A(12,12)	=	−.01357
A(16,12)	=	458.82351	A(13,13)	=	−99.99998
A(14,13)	=	5.0	A(13,14)	=	−165.7392
A(15,14)	=	34.33334	A(1,15)	=	2.5045200
A(15,15)	=	−33.33333	A(12,16)	=	−.4707
A(16,16)	=	−266.36248	A(17,16)	=	16.46166
A(16,17)	=	−233.82352	A(17,17)	=	−10.0
A(7,18)	=	−.4707	A(18,18)	=	−266.36248
A(19,18)	=	16.46166	A(18,19)	=	−233.82352
A(19,19)	=	−10.0			
B(13, 1)	=	192.71999	B(16, 2)	=	−29.68
B(17, 2)	=	6.19733	B(18, 3)	=	−29.68
B(19, 3)	=	6.19733			
C(1, 2)	=	1.0	C(2, 7)	=	1.0
C(3,12)	=	1.0			

Tabelle 5.5: Werte der Matrizen $\mathbf{A}$, $\mathbf{B}$ und $\mathbf{C}$

5×5 Matrix $\mathbf{A}_{11}$ und zwei weiteren Matrizen ($\mathbf{A}_{22}$, $\mathbf{A}_{33}$) 3-ter Ordnung auf der Diagonalen. Darüber hinaus liefert der Algorithmus die Information, daß alle Eigenwerte der oberen linken 8×8 Teilmatrix von $\tilde{\mathbf{A}}$, die wir mit $\hat{\mathbf{A}}$ bezeichnen wollen, auch Nullstellen des Systems sind.

Auf den ersten Blick ist die Richtigkeit dieser Aussage nicht erkennbar, da sowohl die Teilmatrix neben als auch unter $\hat{\mathbf{A}}$ nicht identisch Null ist.

Wird allerdings die Determinante (5.55) zur Berechnung der Nullstellen nach den Elementen der Matrix $\tilde{C}$ entwickelt, so wird deutlich, daß die von Null verschiedenen Elemente in der Teilmatrix neben $\hat{A}$ den Wert der Determinante nicht beeinflussen, da sie in denselben Spalten wie die von Null verschiedenen Elemente der Matrix $\tilde{C}$ liegen.

Aufgrund der besonderen blockdiagonalen Form der 8×8 Matrix $\hat{A}$ ist die Eigenwertberechnung noch einmal in zwei separate Eigenwertprobleme 4-ter Ordnung aufteilbar. Mit anderen Worten kann die Berechnung der Nullstellen bei diesem Modell eines Hinterachsprüfstandes sogar in fünf kleine Teilprobleme zerlegt werden. Von den 10 Nullstellen, die das System besitzt, entfallen also nur noch 2 auf die 3 Teilsysteme $(\tilde{A}_{ii}, \tilde{b}_i, \tilde{c}_i)$. Demnach muß zumindest eines dieser 3 Teilsysteme nullstellenfrei sein. Eine nähere Untersuchung der Struktur dieser Teilsysteme mit dem Algorithmus 5.4 liefert, daß das Teilsystem $(\tilde{A}_{11}, \tilde{b}_1, \tilde{c}_1)$ strukturbedingt keine Nullstellen besitzt.

Die Zahlenwerte der von Null verschiedenen Elemente der Matrizen A und B sind vom Übersetzungsverhältnis der Schaltgetriebe (d.h. vom gerade eingelegten Gang) und von den Daten der zu testenden Hinterachse abhängig. Die Tabelle 5.5 enthält die sich ergebenden Werte bei einer mittleren Übersetzung des Differentials. Die folgenden Rechenzeitunter-

Realteil	Imaginärteil
$-.8125515722708749D{-}02$	$.2519152892325831D{+}03$
$-.8125515722708749D{-}02$	$-.2519152892325831D{+}03$
$-.8125515722708749D{-}02$	$.2519152892325831D{+}03$
$-.8125515722708749D{-}02$	$-.2519152892325831D{+}03$
$-.3190948441810452D{-}01$	$.1459106784095831D{+}03$
$-.3190948441810452D{-}01$	$-.1459106784095831D{+}03$
$-.3190948441810452D{-}01$	$.1459106784095831D{+}03$
$-.3190948441810452D{-}01$	$-.1459106784095831D{+}03$
$-.5882350118603755D{+}02$	$.0000000000000000D{+}00$
$-.5882350118603787D{+}02$	$.0000000000000000D{+}00$

Tabelle 5.6: Nullstellen mit Hilfe des Gesamtsystems

suchungen wurden in doppelter Genauigkeit mit Hilfe eines HP-Rechners (9000/835) durchgeführt. Die in der Tabelle 5.6 angegebenen Nullstellenwerte konnten mit dem Programm ZEROS von Emami-Naeini und Van Dooren (1982) und der EISPACK-Routine RGG zur Lösung der verallgemeinerten Eigenwertaufgabe in 50 ms ermittelt werden. Die exakt berechneten Dezimalstellen der Nullstellen sind in der Tabelle 5.6 unterstrichen. Wird die Nullstellenberechnung, wie weiter oben angegeben, in 2 Eigenwert– und 2 Eingrößen–Nullstellenprobleme zerlegt, so ergibt sich eine Rechenzeit von 6 ms, wenn diese 4 Teilprobleme nacheinander gelöst werden. Die Rechenzeit von 6 ms setzt sich dabei aus 4.6 ms zur Lösung der beiden Eigenwertprobleme 4–ter Ordnung und 1.4 ms zur Bestimmung der Nullstellen anhand der beiden Eingrößenteilsysteme 3–ter Ordnung zusammen. Daraus folgt, daß der Rechenzeitbedarf bei einer parallelen Abarbeitung der 4 Teilprobleme von 50 ms auf etwa 2.3 ms, d.h. um mehr als den Faktor 20, reduziert werden kann. Darüber hinaus konnten die Nullstellen um bis zu 7 Dezimalstellen (vgl. Tabelle 5.7) genauer berechnet werden. Die Berechnung der Zerlegung, die für eine festgelegte Struktur

Realteil	Imaginärteil
$-.8125515481125028D-02$	$.2519152892328247D+03$
$-.8125515481125028D-02$	$-.2519152892328247D+03$
$-.8125515481125028D-02$	$.2519152892328247D+03$
$-.8125515481125028D-02$	$-.2519152892328247D+03$
$-.3190948451887504D-01$	$.1459106784094319D+03$
$-.3190948451887504D-01$	$-.1459106784094319D+03$
$-.3190948451887504D-01$	$.1459106784094319D+03$
$-.3190948451887504D-01$	$-.1459106784094319D+03$
$-.5882350118603776D+02$	$.0000000000000000D+00$
$-.5882350118603776D+02$	$.0000000000000000D+00$

Tabelle 5.7: Nullstellen mit Hilfe der Zerlegung

ja nur einmal erfolgen muß, nimmt für dieses Beispiel weniger als 11 ms in Anspruch. Auch bei einer Berücksichtigung dieser zusätzlichen Rechenzeit ergäbe sich mit einer Gesamtrechenzeit von 13 oder 17 ms (parallel oder sequentiell) immer noch eine erhebliche Einsparung gegenüber den sonst erforderlichen 50 ms.

6 Nullstellen linearer Systeme im Unendlichen

Betrachtet man die Übertragungsfunktion $F(s) = Z(s)/N(s)$ eines linearen Eingrößensystems, so sind nicht nur deren Pole und endliche Nullstellen sondern auch die Differenz zwischen Nenner– und Zählergrad für eine Reihe regelungstechnischer Fragestellungen von Bedeutung. Dieser Differenzgrad gibt zunächst an, wie groß die *Ordnung* der Nullstelle von $F(s)$ ist, die im Unendlichen liegt. Die *Ordnung* dieser Nullstelle im Unendlichen legt dann beispielsweise beim Wurzelortskurvenverfahren sowohl die Anzahl der gegen Unendlich strebenden WOK–Äste als auch das zugehörige Asymptotenmuster fest. Ein weiteres Beispiel ist, daß ein *realisierbares* Kompensationsglied $F_K(s)$, das bei gegebenen $F_1(s)$ und $F_2(s)$ die Gleichung $F_1(s)F_K(s) = F_2(s)$ erfüllt, nur dann existiert, wenn die Ordnung der Nullstelle im Unendlichen von $F_2(s)$ größer oder gleich der Ordnung von $F_1(s)$ ist.

Eine weitere anschauliche physikalische Interpretation, die von der Form der Systembeschreibung weitgehend unabhängig ist, ist folgende:

Dem in Bild 6.1 dargestellten Signalflußdiagramm (Schwarz 1971:24) einer echt gebrochen rationalen Übertragungsfunktion

$$F(s) = \frac{Z(s)}{N(s)} = \frac{z_0 + z_1 s + \cdots + z_m s^m}{n_0 + n_1 s + \cdots + n_{n-1} s^{n-1} + s^n}, \tag{6.1}$$

die das dynamische Verhalten eines linearen Eingrößensystems beschreibt,

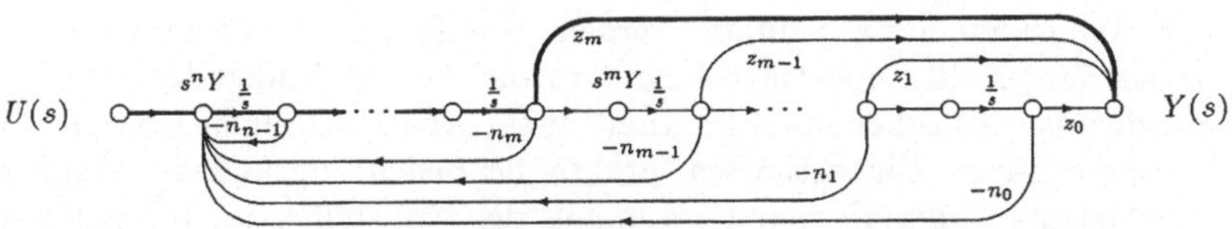

Bild 6.1: Signalflußdiagramm zu Gl. (6.1)

kann man entnehmen, daß die Ordnung $n - m$ der Nullstelle im Unendlichen gerade gleich der Länge[12] der kürzesten Integratorkette (vgl. hervorgehobene Kette, die von $U(s)$ aus über die ersten $n - m$ Integratoren direkt zum Ausgang $Y(s)$ führt) zwischen der Eingangsgröße $U(s)$ und der Ausgangsgröße $Y(s)$ ist. Mit anderen Worten gibt die Ordnung der Nullstelle im Unendlichen an, wie oft das Ausgangssignal differenziert werden muß, bis in der Ableitung erstmals die Eingangsgröße explizit auftaucht. Diese physikalische Charakterisierung zeigt auch einen Weg auf, wie das Konzept der „Nullstellen im Unendlichen" nicht nur

---

[12]Unter der „Länge" wird hierbei die *Anzahl* der hintereinander geschalteten Integratoren verstanden.

auf lineare Mehrgrößensysteme sondern auch auf nichtlineare Systeme übertragen
werden kann.

Bevor jedoch an eine Verallgemeinerung auf nichtlineare Systeme überhaupt nur
gedacht werden konnte, mußte zunächst eine in sich schlüssige Verallgemeinerung
für lineare Mehrgrößensysteme gefunden und untersucht werden.

Wie im vorherigen Abschnitt ausführlich behandelt, werden die *endlichen* Pole
und Nullstellen einer rationalen Matrix seit den grundlegenden Arbeiten von Mc-
Millan (1952) und Rosenbrock (1970) anhand der zugehörigen Smith–McMillan–
Normalform definiert. Eine Transformation, die den Punkt $s = \infty$ in einen
endlichen Punkt der komplexen Ebene überführt, ermöglicht dann für rationale
Matrizen auch die Definition von *Polen und Nullstellen im Unendlichen*. Mit
Hilfe dieser Idee hat McMillan (1952) zunächst die Pole und Rosenbrock (1970)
dann die Nullstellen im Unendlichen einer rationalen Matrix untersucht.

In den folgenden Jahren sind dann zu diesem Problemkreis sowohl von Rosenbrock (1974b) als auch von einer Reihe anderer Autoren (z.B. Hautus 1976,
Morse 1976, Karcanias und Kouvaritakis 1979, Pugh und Ratcliffe 1979, Verghese
u.a. 1979, Kailath 1980, Vardulakis 1980 Verghese und Kailath 1981, Commault
und Dion 1982, Pugh u.a. 1989) wichtige Arbeiten erschienen. Diese Arbeiten
zeigten, daß die Erweiterung des Konzeptes der „Nullstellen im Unendlichen" auf
lineare Mehrgrößensysteme zur Klärung wichtiger Zusammenhänge und damit
zur Abrundung der linearen Systemtheorie beiträgt.

Die *endlichen* Nullstellen eines linearen Mehrgrößensystems können sowohl
anhand der *Übertragungsmatrix* (vgl. Abschnitt 5.1) als auch mit Hilfe der
Rosenbrock–Systemmatrix definiert werden. Im folgenden Abschnitt 6.1 wird
ausführlich dargestellt, in welcher Form dies auch für die Nullstellen im Unendlichen möglich ist. Darüber hinaus enthält dieser Abschnitt einen Überblick über
die Zusammenhänge, Eigenschaften, praktische Bedeutung und die Möglichkeiten zur effizienten numerischen Berechnung der Nullstellen im Unendlichen.

6.1 Nullstellen im Unendlichen der Übertragungsmatrix

In dem 1970 erschienenen Buch von Rosenbrock, das in den zurückliegenden
20 Jahren viele Arbeiten auf dem Gebiet der Regelungs– und Systemtheorie im
Bereich der *linearen* Systeme erheblich beeinflußte, erweitert Rosenbrock den
Begriff der *Nullstellen im Unendlichen* für die Untersuchung des Grades einer
rationalen Matrix zunächst in folgender Form:

Definition 6.1
> Eine rationale Matrix $\mathbf{F}(s)$ besitzt eine Nullstelle im Unendlichen, wenn
> alle Unterdeterminanten von $\mathbf{F}(s)$ für $s \to \infty$ gegen Null konvergieren.

Diese Definition, die nach heutigem Verständnis lediglich hinreichend und somit nicht einmal notwendig für die Existenz von Nullstellen im Unendlichen ist, läßt darüber hinaus keine Aussagen über die Vielfachheit, d.h. über die Ordnung einer unendlichen Nullstelle zu. Eine weitere ebenfalls bereits von Rosenbrock eingesetzte Definition weist diese Mängel nicht auf.

Definition 6.2 (Rosenbrock 1970)
Sei

$$s = \frac{\alpha p}{p - 1} \tag{6.2}$$

mit einer Konstanten α, die weder eine endliche Nullstelle noch ein endlicher Pol einer Unterdeterminante von $\mathbf{F}(s)$ ist. Die rationale Matrix $\mathbf{F}(s)$ besitzt dann und nur dann eine Nullstelle im Unendlichen, wenn $\mathbf{F}(\alpha p/(p-1))$ eine Nullstelle bei $p = 1$ besitzt.

Die folgende Definition stellt eine Vereinfachung der Definition 6.2 dar und kann heute als allgemein akzeptiert angesehen werden:

Definition 6.3 (Pugh und Ratcliffe 1979)
Die rationale Matrix $\mathbf{F}(s)$ besitzt eine Nullstelle der Ordnung k im Unendlichen, wenn $w = 0$ eine endliche Nullstelle k-ter Ordnung (Definition 2.6) der rationalen Matrix $\mathbf{F}(1/w)$ ist.

Ersetzt man in dieser Definition den Begriff *Nullstelle* durch den Begriff *Pol*, so erhält man eine entsprechende Definition für die *Pole im Undendlichen* einer rationalen Matrix.

6.2 Nullstellen im Unendlichen der Rosenbrock-Matrix

Die zuvor eingeführten Begriffe *Pole* und *Nullstellen im Unendlichen* einer rationalen Matrix können nun auch auf eine Polynommatrix wie die Rosenbrock–Systemmatrix $\mathbf{P}(s)$ übertragen werden (Verghese u.a. 1979, Vardulakis 1980).

Definition 6.4
Die Rosenbrock–Systemmatrix $\mathbf{P}(s)$ besitzt eine(n) Nullstelle (Pol) der Ordnung k im Unendlichen, wenn die gebrochen rationale Matrix $\mathbf{P}(1/w)$ eine(n) endliche(n) Nullstelle (Pol) k-ter Ordnung bei $w = 0$ hat.

Diese auf den ersten Blick naheliegende Verallgemeinerung der Definition 6.3 von gebrochen rationalen auf Polynommatrizen mag beim näheren Hinsehen zunächst etwas fragwürdig erscheinen, da bekanntlich ein Polynom $p(s)$ zwar Pole aber nie Nullstellen im Unendlichen hat. Eine weitergehende Betrachtung der Struktur im Unendlichen von $\mathbf{P}(s)$ wird allerdings zeigen, daß die Definition 6.4 durchaus sinnvoll ist. Eine interessante Erkenntnis dieser Untersuchungen wird sein, daß die Anzahl der Pole bei $s = \infty$ immer gleich n und somit bei den betrachteten Systemen $(\mathbf{A},\mathbf{B},\mathbf{C})$ immer größer als die Anzahl der endlichen Nullstellen ist (vgl. Abschnitt 5.4).

Um diese Zusammenhänge möglichst einfach und übersichtlich darzustellen, wird den folgenden Ausführungen die Rosenbrock–Systemmatrix eines quadratischen Systems $(\mathbf{A},\mathbf{B},\mathbf{C})$ mit m Ein– und Ausgängen und Rang $\mathbf{P}(s) = n + m$ zugrundegelegt. Für eine Darstellung des allgemeinen Falls wird auf Vardulakis und Karcanias (1983) verwiesen.

Unter der Annahme, daß $\mathbf{P}(s)$ k Pole der Ordnung

$$q_1 \geq q_2 \geq \cdots \geq q_k \tag{6.3}$$

und $n + m - k$ Nullstellen der Ordnung

$$\hat{q}_{n+m} \geq \hat{q}_{n+m-1} \geq \cdots \geq \hat{q}_{k+1} \tag{6.4}$$

im Unendlichen besitzt, ist

$$\mathbf{M}_\infty\{\mathbf{P}(s)\} = \mathrm{diag}\left[s^{q_1}, s^{q_2}, \ldots, s^{q_k}, \frac{1}{s^{\hat{q}_{k+1}}}, \ldots, \frac{1}{s^{\hat{q}_{n+m}}} \right] \tag{6.5}$$

die zugehörige Smith–McMillan–Form für den Punkt $s = \infty$ (vgl. Abschnitt 2.4). Hierbei werden zunächst sowohl die Anzahl k der Pole als auch die Ordnungen der Pole und Nullstellen im Unendlichen als unbekannt vorausgesetzt.

Entsprechend der Definition 6.4 ist die Pol–/Nullstellenstruktur von $\mathbf{P}(s)$ bei $s = \infty$ mit der Struktur von $\mathbf{P}(1/w)$ bei $w = 0$ identisch. Mit Hilfe von (6.5) kann die Smith–McMillan–Form von $\mathbf{P}(1/w)$ bei $w = 0$ direkt zu

$$\mathbf{M}_0\{\mathbf{P}(1/w)\} = \mathrm{diag}\left[\frac{1}{w^{q_1}}, \ldots, \frac{1}{w^{q_k}}, w^{\hat{q}_{k+1}}, \ldots, w^{\hat{q}_{n+m}} \right] \tag{6.6}$$

angegeben werden.

Als nächstes wird die Smith–McMillan–Form der Matrix $w\mathbf{P}(1/w)$ betrachtet, die wieder eine Polynommatrix ist, da

$$\mathbf{P}(1/w) = \frac{1}{w}\begin{bmatrix} \mathbf{I} & \mathbf{0} \\ \mathbf{0} & \mathbf{0} \end{bmatrix} - \begin{bmatrix} \mathbf{A} & \mathbf{B} \\ -\mathbf{C} & \mathbf{0} \end{bmatrix} \tag{6.7}$$

und somit

$$w\mathbf{P}(1/w) = \begin{bmatrix} \mathbf{I} & \mathbf{0} \\ \mathbf{0} & \mathbf{0} \end{bmatrix} - w\begin{bmatrix} \mathbf{A} & \mathbf{B} \\ -\mathbf{C} & \mathbf{0} \end{bmatrix} \tag{6.8}$$

gilt:

$$\mathbf{M}_0\left\{w\mathbf{P}(\tfrac{1}{w})\right\} = w\mathbf{M}_0\left\{\mathbf{P}(\tfrac{1}{w})\right\}$$
$$= \mathrm{diag}\left[\tfrac{1}{w^{q_1-1}},\ldots,\tfrac{1}{w^{q_k-1}},w^{\hat{q}_{k+1}+1},\ldots,w^{\hat{q}_{n+m}+1}\right]. \tag{6.9}$$

Da Polynommatrizen keine endlichen Pole besitzen, müssen die Ordnungen $q_1,q_2,\ldots q_k$ die Gleichung

$$q_i - 1 = 0 \tag{6.10}$$

erfüllen. Die Smithsche Normalform von $w\mathbf{P}(1/w)$ ist daher von folgender Gestalt:

$$\mathbf{S}_0\{w\mathbf{P}(1/w)\} = \mathrm{diag}\left[\,1,1,\ldots,1,w^{\hat{q}_{k+1}+1},\ldots,w^{\hat{q}_{n+m}+1}\,\right]. \tag{6.11}$$

Die Rosenbrock–Systemmatrix $\mathbf{P}(s)$ kann — rein mathematisch — auch als ein reguläres Matrizenbüschel (vgl. Abschnitt 2.8) der Form

$$\mathbf{P}(s) = s\mathbf{M} - \mathbf{L} \tag{6.12}$$

mit

$$\mathbf{M} = \begin{bmatrix} \mathbf{I}_n & \mathbf{0} \\ \mathbf{0} & \mathbf{0} \end{bmatrix} \quad \text{und} \quad \mathbf{L} = \begin{bmatrix} \mathbf{A} & \mathbf{B} \\ -\mathbf{C} & \mathbf{0} \end{bmatrix} \tag{6.13}$$

angesehen werden, so daß die endlichen Elementarteiler von

$$\tilde{\mathbf{P}}(w) = \mathbf{M} - w\mathbf{L} = w\mathbf{P}(1/w) \tag{6.14}$$

zur Nullstellle $w = 0$ gerade die unendlichen Elementarteiler des Matrizenbüschels $\mathbf{P}(s) = s\mathbf{M} - \mathbf{L}$ sind. Die unendlichen Elementarteiler w^{ν_i} von $s\mathbf{M} - \mathbf{L}$ sind also mit

$$w^{\hat{q}_{k+1}+1},\ldots,w^{\hat{q}_{n+m}+1} \tag{6.15}$$

identisch. Zwischen den Ordnungen ν_i der unendlichen Elementarteiler und den Ordnungen der Nullstellen im Unendlichen von $\mathbf{P}(s)$ besteht daher ein interessanter Zusammenhang:

$$\nu_i = \hat{q}_i + 1, \qquad i = k+1,\ldots,n+m. \tag{6.16}$$

Aus der Matrizentheorie (vgl. Abschnitt 2.8) ist bekannt, daß die Anzahl der unendlichen Elementarteiler eines regulären Matrizenbüschels (6.12) durch den Rangdefekt der $(n+m)\times(n+m)$ Matrix $\mathbf{M}$ festgelegt wird, der offensichtlich (vgl. (6.13)) gleich m ist. Die gesuchte Anzahl k der Pole in Unendlichen von $\mathbf{P}(s)$ ergibt sich damit zu

$$k = n + m - m = n = \text{Rang } \mathbf{M}. \tag{6.17}$$

Die zuvor bereits in allgemeiner Form angegebene Smith–McMillan–Form (6.5) von $\mathbf{P}(s)$ für $s = \infty$ läßt sich mit Hilfe dieser Ergebnisse konkretisieren:

$$\mathbf{M}_\infty\{\mathbf{P}(s)\} = \text{diag}\left[\ \underbrace{s, s, \ldots, s,}_{n}\ \underbrace{\frac{1}{s^{\hat{q}_{k+1}}}, \ldots, \frac{1}{s^{\hat{q}_{n+m}}}}_{m}\ \right] \tag{6.18}$$

Die beiden zuletzt abgeleiteten Aussagen,

i) die Rosenbrock–Systemmatrix $\mathbf{P}(s)$ besitzt immer genau n Pole 1–ter Ordnung im Unendlichen,

ii) die Ordnungen der unendlichen Elementarteiler von $\mathbf{P}(s)$ sind genau um Eins größer als die Ordnungen der unendlichen Nullstellen,

gelten allgemein, d.h., auch für rechteckige $(m \neq l)$ und degenerierte Systeme $(\mathbf{A}, \mathbf{B}, \mathbf{C})$.

Das Ergebnis i) kann auch der Zerlegung der gebrochen rationalen Matrix

$$\mathbf{P}(1/w) = \begin{bmatrix} \frac{1}{w}\mathbf{I} - \mathbf{A} & -\mathbf{B} \\ \mathbf{C} & \mathbf{0} \end{bmatrix} \tag{6.19}$$

in ein einfaches Linksprim–Matrixprodukt (vgl. Abschnitt 5.1)

$$\mathbf{P}(1/w) = \begin{bmatrix} w\mathbf{I} & \mathbf{0} \\ \mathbf{0} & \mathbf{I} \end{bmatrix}^{-1} \begin{bmatrix} \mathbf{I} - w\mathbf{A} & -w\mathbf{B} \\ \mathbf{C} & \mathbf{0} \end{bmatrix} = \mathbf{D}^{-1}(w)\mathbf{N}(w). \tag{6.20}$$

entnommen werden, da die Nullstellen von $\mathbf{D}(w)$ mit den Polen von $\mathbf{P}(1/w)$ übereinstimmen (Rosenbrock 1970:116). Darüber hinaus können mit Hilfe dieser Zerlegung auch die unendlichen Nullstellen von $\mathbf{P}(s)$ bestimmt werden, weil $\mathbf{P}(1/w)$ und $\mathbf{N}(w)$ über die gleiche endliche Nullstellenstruktur verfügen. Dieses Ergebnis wird abschließend in einem Satz zusammengefaßt:

Satz 6.1

Die Rosenbrock–Systemmatrix $\mathbf{P}(s)$ besitzt dann und nur dann eine Nullstelle der Ordnung k im Unendlichen, wenn die Matrix $\mathbf{N}(w)$ mit

$$\mathbf{N}(w) = \begin{bmatrix} \mathbf{I} - w\mathbf{A} & -w\mathbf{B} \\ \mathbf{C} & \mathbf{0} \end{bmatrix} \tag{6.21}$$

eine endliche Nullstelle k–ter Ordnung bei $w = 0$ besitzt.

Die Anzahl und die Ordnungen der Nullstellen im Unendlichen von $\mathbf{P}(s)$ bzw. $\mathbf{F}(s)$ legen dann die sogenannte „Struktur im Unendlichen" eines linearen, zeitinvarianten Mehrgrößensystems fest.

6.3   Eine abstrakte allgemeingültigere Definition

Die bisher vorgestellten Definitionen der Nullstellen im Unendlichen basieren auf linearen Systembeschreibungen (Übertragungsmatrix bzw. Rosenbrock–Systemmatrix), die nicht ohne weiteres für nichtlineare Systeme verallgemeinert werden können. Das Konzept der Struktur im Unendlichen ist allerdings von seiner Natur her durchaus allgemeiner, was durch den bereits besprochenen Zusammenhang mit der Länge der kürzesten Integratorkette zwischen Ein– und Ausgang eines Eingrößensystems deutlich wird. Es ist daher nicht verwunderlich, daß, nachdem sich anfangs der achtziger Jahre die Bedeutung des Konzeptes der Struktur im Unendlichen für die linearen Systeme herauskristallisierte, versucht wurde, dieses Konzept auf nichtlineare Systeme zu übertragen.

Bereits 1983 verallgemeinerte Isidori mit Hilfe differentialgeometrischer Methoden das Konzept der *Struktur im Unendlichen* auf eine bestimmte Klasse nichtlinearer Systeme (ein–/ausgangslinearisierbar). Anschließend gaben Nijmeijer und Schumacher (1985) eine lokale Definition der Nullstellen im Unendlichen für affine nichtlineare Systeme an, wobei „lokal" bedeutet, daß Voraussetzungen eingeführt wurden, die bedingt durch gewisse Singularitäten nicht im gesamten Zustandsraum erfüllt sein müssen. Darüber hinaus lassen sich mit Hilfe dieser differentialgeometrischen Definition der Nullstellenstruktur im Unendlichen die aus dem Bereich der linearen Systemtheorie bekannten Lösungsbedingungen für das verallgemeinerte reguläre Block–Entkopplungsproblem für affine nichtlineare Systeme verallgemeinern. Allerdings sind die Eigenschaften dieser Nullstellen im Unendlichen nur für ein–/ausgangslinearisierbare nichtlineare Systeme konsistent mit den bekannten Eigenschaften der unendlichen Nullstellen linearer Systeme.

Eine insbesondere auch für eine parameterunabhängige Charakterisierung (Svaricek 1992b) der Nullstellen im Unendlichen von nichtlinearen Systemen interessantere und konsistente Definition stellte 1986 dann Fliess vor. Diese mit Hilfe der Differentialalgebra definierten unendlichen Nullstellen haben im Gegensatz zu den differentialgeometrisch definierten Nullstellen die Eigenschaft, daß deren Anzahl sogar gegenüber regulären dynamischen Zustandsrückführungen invariant ist. Somit konnten Descusse und Moog (1987) erstmals auch Lösungsbedingungen für das nichtlineare Entkopplungsproblem bezüglich einer regulären *dynamischen* Zustandsrückführung angeben.

Angeregt durch die grundlegenden Arbeiten von Fliess zur Anwendung der Differentialalgebra im Rahmen der Analyse und Synthese nichtlinearer Regelungssysteme entwickelten Moog (1988) und Di Benedetto u.a. (1989) eine rein algebraische Methode zur Untersuchung nichtlinearer Systeme. Dieses Verfahren weist dabei gegenüber differentialgeometrischen Methoden den Vorteil auf, daß die bei nichtlinearen Systemen auftretenden Singularitäten keine Schwierigkeiten bereiten. Das bedeutet, die mit dieser algebraischen Methode gefundenen Lösungen stellen globale Lösungen dar.

Für eine globale algebraische Definition der Nullstellen im Unendlichen, die dann sowohl auf lineare als auch auf nichtlineare Systeme anwendbar ist (Svaricek 1993a), werden *gewöhnliche* Vektorräume bestehend aus Differentialen von Funktionen, die mit Hilfe der Ausgänge des nichtlinearen Systems gebildet werden, betrachtet. Weder zur Ableitung noch zur Anwendung der im folgenden behandelten allgemeingültigeren Definition sind also besondere mathematische Kenntnisse aus den Bereichen Differentialalgebra bzw. Differentialgeometrie erforderlich.

Für die Definition der Nullstellen im Unendlichen wird zunächst ein Körper $\mathcal{K}$ betrachtet, der sich aus rationalen Funktionen mit den unabhängigen Variablen $\mathbf{x}, \mathbf{u}, ..., \mathbf{u}^{(n-1)}$ zusammensetzt. Die unabhängigen Variablen sind demnach die Zustände $x_1, ..., x_n$, die Eingangsgrößen $u_1, ..., u_m$ sowie deren zeitliche Ableitungen. Die zeitlichen Ableitungen der Ausgangsgrößen $\mathbf{y}(t)$ ergeben sich dann zu

$$\dot{\mathbf{y}} = \dot{\mathbf{y}}(\mathbf{x}, \mathbf{u}) = \frac{\partial \mathbf{y}}{\partial \mathbf{x}}\dot{\mathbf{x}} + \frac{\partial \mathbf{y}}{\partial \mathbf{u}}\dot{\mathbf{u}} = \frac{\partial \mathbf{y}}{\partial \mathbf{x}}(\mathbf{Ax} + \mathbf{Bu}) = \mathbf{CAx} + \mathbf{CBu} \quad (6.22)$$

$$\mathbf{y}^{(k+1)} = \frac{\partial \mathbf{y}^{(k)}}{\partial \mathbf{x}}(\mathbf{Ax} + \mathbf{Bu}) + \sum_{i=0}^{k-1} \frac{\partial \mathbf{y}^{(k)}}{\partial \mathbf{u}^{(i)}}\mathbf{u}^{(i+1)} \quad (6.23)$$

$$= \mathbf{CA}^{k+1}\mathbf{x} + \mathbf{CA}^k\mathbf{Bu} + \mathbf{CA}^{k-1}\mathbf{B}\dot{\mathbf{u}} + \cdots + \mathbf{CBu}^{(k)} \quad (6.24)$$

und sind rationale Funktionen von $\mathbf{x}, \mathbf{u}, ..., \mathbf{u}^{(k)}, k = 1, 2, ..., n-1$.

Ein abstrakter Vektorraum $\mathcal{E}$ über dem Körper $\mathcal{K}$ werde jetzt durch die Komponenten der Differentiale $d\mathbf{x}, d\mathbf{u}, ..., d\mathbf{u}^{(n-1)}$ aufgespannt. Dieser Vektorraum setzt sich dabei aus allen möglichen Linearkombinationen der Differentiale dx_i und $du_i^{(j)}$ mit Koeffizienten aus $\mathcal{K}$ zusammen und ist ein gewöhnlicher Vektorraum. Eine Kette von Unterräumen $\mathcal{E}_0 \subset \cdots \subset \mathcal{E}_n$ sei nun durch

$$\mathcal{E}_k = \text{span} \{d\mathbf{x}, d\dot{\mathbf{y}}, ..., d\mathbf{y}^{(k)}\} \quad (6.25)$$

definiert. Die Liste $\rho_0 \leq \cdots \leq \rho_n$ der zugehörigen Dimensionen ist dann durch

$$\rho_k = \dim \mathcal{E}_k \quad (6.26)$$

gegeben, wobei für die Dimension von $\mathcal{E}_0 = \text{span } \{dx_1, ..., dx_n, dy_1, ..., dy_p\}$ immer $\rho_0 = \dim \mathcal{E}_0 = \dim (\text{span } \{dx_1, ..., dx_n\})$ gilt, da der Ausgang $\mathbf{y}(t)$ nur von $\mathbf{x}(t)$ abhängt. Somit muß in der Definitionsgleichung (6.25) das Differential $d\mathbf{y}$ nicht berücksichtigt werden.

Mit Hilfe der Dimensionen ρ_i der Unterräume $\mathcal{E}_i$ kann die *Struktur im Unendlichen* in folgender Weise definiert werden:

Definition 6.5

Die Anzahl σ_k der Nullstellen im Unendlichen der Ordnung kleiner oder gleich k, $k \geq 1$, ist $\sigma_k = \rho_k - \rho_{k-1} = \dim \mathcal{E}_k - \dim \mathcal{E}_{k-1}$. Die Anzahl der Nullstellen im Unendlichen der Ordnung k ist dann identisch mit $\sigma_k - \sigma_{k-1}$, wobei $\sigma_0 = 0$ vorausgesetzt wird.

Die Anwendung dieser Definition soll anhand eines überschaubaren Beispiels erläutert werden.

Beispiel 6.1

Gegeben seien die Zustandsdifferentialgleichungen eines linearen Systems mit 3 Zustandsgrößen und 2 Ein– und Ausgängen:

$$\dot{x}_1 = b_{12}u_2,$$
$$\dot{x}_2 = a_{21}x_1 + b_{21}u_1, \qquad y_1 = x_2,$$
$$\dot{x}_3 = a_{32}x_2 + b_{31}u_1, \qquad y_2 = x_3.$$

Die Dimension $\rho_0 = \dim \mathcal{E}_0$ ergibt sich zu $\rho_0 = n = 3$. Für die Bestimmung der Dimension ρ_1 ist eine Berechnung der vollständigen Differentiale $d\dot{y}_1$ und $d\dot{y}_2$ erforderlich:

$$\dot{y}_1 = \dot{x}_2 = a_{21}x_1 + b_{21}u_1, \quad => \quad d\dot{y}_1 = b_{21}du_1 + a_{21}dx_1,$$
$$\dot{y}_2 = \dot{x}_3 = a_{32}x_2 + b_{31}u_1, \quad => \quad d\dot{y}_2 = b_{31}du_1 + a_{32}dx_2.$$

Die Dimension ρ_1 des Unterraumes

$$\mathcal{E}_1 = \text{span } \{d\mathbf{x}, d\dot{\mathbf{y}}\} = \text{span } \{dx_1, dx_2, dx_3, d\dot{y}_1, d\dot{y}_2\}$$

ist dann gleich 4, da $d\dot{y}_2$ von $d\mathbf{x}$ und $d\dot{y}_1$ linear abhängig ist. D.h., für $d\dot{y}_2$ gilt:

$$d\dot{y}_2 = \alpha_1 d\dot{y}_1 + \alpha_2 dx_2 + \alpha_3 dx_1$$

mit

$$\alpha_1 = \frac{b_{31}}{b_{21}}; \quad \alpha_2 = a_{32} \quad \text{und} \quad \alpha_3 = -\frac{b_{31}}{b_{21}}a_{21}.$$

Die vollständigen Differentiale von $\ddot{y}$ berechnen sich aus

$$\ddot{y}_1 = a_{21}\dot{x}_1 + b_{21}\dot{u}_1 = a_{21}b_{12}u_2 + b_{21}\dot{u}_1$$

$$\ddot{y}_2 = a_{32}\dot{x}_2 + b_{31}\dot{u}_1 = a_{32}a_{21}x_1 + a_{32}b_{21}u_1 + b_{31}\dot{u}_1$$

zu

$$d\ddot{y}_1 \ = \ a_{21}b_{12}du_2 + b_{21}d\dot{u}_1,$$

$$d\ddot{y}_2 \ = \ a_{32}a_{21}dx_1 + a_{32}b_{21}du_1 + b_{31}d\dot{u}_1.$$

Diese beiden Differentiale sind bedingt durch die Terme du_2 und $d\dot{u}_1$ von den vorhergehenden Differentialen linear unabhängig, so daß

$$\rho_2 = \dim \mathcal{E}_2 \ = \ \dim\left(\text{span}\left\{dx_1, dx_2, dx_3, du_1, du_2, d\dot{u}_1\right\}\right) \ = \ 6$$

gilt. Das bedeutet, die Indizes σ_i berechnen sich zu

$$\sigma_1 \ = \ \rho_1 - \rho_0 = 1,$$

$$\sigma_2 \ = \ \rho_2 - \rho_1 = 2.$$

Das System besitzt also 2 Nullstellen im Unendlichen der Ordnungen 1 und 2.

6.4 Beziehungen zwischen den Nullstellendefinitionen im Unendlichen

Die endliche Nullstellenstruktur von $\mathbf{P}(s)$ und $\mathbf{F}(s)$ ist nur unter bestimmtem Voraussetzungen, wie z.B. der der vollständigen Steuer- und Beobachtbarkeit, von gleicher Gestalt (vgl. Abschnitt 5.2). Im Gegensatz dazu sind sowohl die Anzahl als auch die Ordnungen der Nullstellen im Unendlichen der Übertragungsmatrix $\mathbf{F}(s)$ und der Rosenbrock–Systemmatrix $\mathbf{P}(s)$ immer identisch:

Satz 6.2 (Verghese u.a. 1979)

Die Nullstellenstruktur von $\mathbf{F}(s)$ bei $s = \infty$ ist isomorph zu der Nullstellenstruktur von $\mathbf{P}(s)$ bei $s = \infty$.

Der Beweis dieses wichtigen Satzes soll kurz skizziert werden: Es ist bekannt (vgl. Abschnitt 5.2), daß die endliche Nullstellenstruktur einer Übertragungsmatrix $\mathbf{F}(s) = \mathbf{C}(s\mathbf{I} - \mathbf{A})^{-1}\mathbf{B}$ mit der endlichen Nullstellenstruktur der zugehörigen Rosenbrock–Systemmatrix $\mathbf{P}(s)$ übereinstimmt, wenn die Realisierung $(\mathbf{A},\mathbf{B},\mathbf{C})$ der Übertragungsmatrix $\mathbf{F}(s)$ vollständig steuer- und beobachtbar, d.h. eine Minimalrealisierung ist. Per Definition ist die Struktur im Unendlichen von $\mathbf{F}(s)$ durch die Struktur bei $w = 0$ von

$$\mathbf{F}\left(\frac{1}{w}\right) \ = \ \mathbf{C}\left(\frac{1}{w}\mathbf{I} - \mathbf{A}\right)^{-1}\mathbf{B}$$
$$= \ \mathbf{C}(\mathbf{I} - w\mathbf{A})^{-1}w\mathbf{B} \tag{6.27}$$

gegeben. Die endliche Nullstellenstruktur von

$$\mathbf{F}(w) \ = \ \mathbf{C}(\mathbf{I} - w\mathbf{A})^{-1}w\mathbf{B} \tag{6.28}$$

bei $w = 0$ ist dann isomorph zur Struktur bei $w = 0$ von

$$\mathbf{P}(w) = \begin{bmatrix} \mathbf{I} - w\mathbf{A} & -w\mathbf{B} \\ \mathbf{C} & \mathbf{0} \end{bmatrix}, \tag{6.29}$$

der zugehörigen Rosenbrock–Repräsentation von $\mathbf{F}(w)$ (Schwarz 1971:258). Diese Matrix $\mathbf{P}(w)$ ist jetzt offensichtlich mit der Matrix $\mathbf{N}(w)$ der Prim–Zerlegung (6.20) von $\mathbf{P}(1/w)$ identisch. Aus dem Satz 6.1, der auch direkt auf $\mathbf{P}(w)$ angewendet werden darf, ergibt sich sofort die Aussage des Satzes 6.2. $\quad\square$

Der oben angegebene Satz 6.2 enthält offenbar keinerlei Voraussetzungen und Einschränkungen und gilt daher allgemein, d.h. sowohl für degenerierte als auch für *nicht* vollständig steuer– und/oder beobachtbare Systeme. Mit anderen Worten kann die Ermittlung der *Struktur im Unendlichen* eines linearen Systems $(\mathbf{A},\mathbf{B},\mathbf{C})$ sowohl anhand der Übertragungsmatrix $\mathbf{F}(s)$ als auch anhand der Rosenbrock–Systemmatrix bzw. der Matrix $\mathbf{N}(w)$ (vgl. Gl. (6.21)) erfolgen.

Um zu zeigen, daß die in Abschnitt 6.3 vorgestellte abstrakte Definition der Nullstellen im Unendlichen mit den beiden anderen *klassischen* Definitionen konsistent ist, wird eine Charakterisierung der Nullstellenstruktur im Unendlichen der Übertragungsmatrix $\mathbf{F}(s)$ zu Hilfe genommen, die auf der *Laurent–Reihenentwicklung*

$$\mathbf{F}(s) = \mathbf{CB}s^{-1} + \mathbf{CAB}s^{-2} + \mathbf{CA}^2\mathbf{B}s^{-3} + \cdots \tag{6.30}$$

der Übertragungsmatrix in der Umgebung des Punktes $s = \infty$ basiert.

Dieser unendlichen Laurent–Reihe kann jetzt in eindeutiger Weise eine unendliche Reihe von Toeplitz–Matrizen der Gestalt

$$\mathbf{T}_\infty^i = \begin{bmatrix} \mathbf{CB} & \mathbf{CAB} & \cdots & \mathbf{CA}^{i-1}\mathbf{B} \\ \mathbf{0} & \ddots & \ddots & \vdots \\ \vdots & \ddots & \ddots & \mathbf{CAB} \\ \mathbf{0} & \cdots & \mathbf{0} & \mathbf{CB} \end{bmatrix} \tag{6.31}$$

zugeordnet werden. Die Übertragungsmatrix $\mathbf{F}(s)$ besitzt dann (Pugh u.a. 1989)

$$\rho_\infty^i - \rho_\infty^{i-1} \tag{6.32}$$

Nullstellen i–ter Ordnung im Unendlichen, wobei sich die Indizes ρ_∞^i, $i = 0, 1, 2, \ldots$ aus

$$\rho_\infty^i = \text{Rang } \mathbf{T}_\infty^i - \text{Rang } \mathbf{T}_\infty^{i-1}, \quad (\text{Rang } \mathbf{T}_\infty^i = 0, \quad \text{für} \quad i \le 0) \tag{6.33}$$

ergeben.

Die der abstrakten — allgemeingültigeren — Definition 6.5 zugrundeliegenden
vollständigen Differentiale $d\dot{y}, d\ddot{y}, ..., dy^{(k)}$ können mit Hilfe von (6.22) und der
Vektor– und Matrizenschreibweise in einer kompakten Form notiert werden:

$$
\begin{bmatrix} d\dot{y} \\ d\ddot{y} \\ \vdots \\ dy^{(k)} \end{bmatrix} = \begin{bmatrix} \mathbf{CA} \\ \mathbf{CA}^2 \\ \vdots \\ \mathbf{CA}^k \end{bmatrix} d\mathbf{x} + \begin{bmatrix} \mathbf{CB} & & & \\ \mathbf{CAB} & \ddots & & \\ \vdots & \ddots & \ddots & \\ \mathbf{CA}^{k-1}\mathbf{B} & \ldots & \mathbf{CAB} & \mathbf{CB} \end{bmatrix} \begin{bmatrix} d\mathbf{u} \\ d\dot{\mathbf{u}} \\ \vdots \\ d\mathbf{u}^{(k-1)} \end{bmatrix} . \tag{6.34}
$$

Für die Dimensionen ρ_k der in (6.25) definierten Räume $\mathcal{E}_k$ gilt nun:

$$
\begin{aligned}
\rho_k &= \dim \left(\mathrm{span}\ \{d\mathbf{x}, d\dot{y}, ..., dy^{(k)}\}\right) \\[2mm]
&= n + \mathrm{Rang} \begin{bmatrix} \mathbf{CB} & & & \\ \mathbf{CAB} & \ddots & & \\ \vdots & \ddots & \ddots & \\ \mathbf{CA}^{k-1}\mathbf{B} & \ldots & \mathbf{CAB} & \mathbf{CB} \end{bmatrix} \\[2mm]
&= n + \mathrm{Rang}\ \mathbf{T}^k_\infty .
\end{aligned}
\tag{6.35}
$$

Nach der Definition 6.5 besitzt ein System dann genau

$$
\sigma_k - \sigma_{k-1} \tag{6.36}
$$

Nullstellen k–ter Ordnung im Unendlichen, wobei für σ_k gilt:

$$
\sigma_k = \rho_k - \rho_{k-1} . \tag{6.37}
$$

Setzt man (6.35) nun in (6.37) ein, so erhält man den gesuchten Zusammenhang:

$$
\begin{aligned}
\sigma_k &= \rho_k - \rho_{k-1} \\[2mm]
&= n + \mathrm{Rang}\ \mathbf{T}^k_\infty - (n + \mathrm{Rang}\ \mathbf{T}^{k-1}_\infty) \\[2mm]
&= \mathrm{Rang}\ \mathbf{T}^k_\infty - \mathrm{Rang}\ \mathbf{T}^{k-1}_\infty .
\end{aligned}
\tag{6.38}
$$

Die Indizes σ_k der Definition 6.5 sind also mit den Rangindizes ρ^i_∞ der Toeplitz–
Matrizen (6.31) identisch. Demnach ist die Nullstellenstruktur im Unendlichen,
die sich anhand der Definition 6.5 ergibt, isomorph zu der Nullstellenstruktur
von $\mathbf{F}(s)$.

6.5 Bestimmung der Nullstellenstruktur im Unendlichen

Die endliche Pol-/Nullstellenstruktur einer rationalen Matrix $\mathbf{F}(s)$ wird durch die Smith–McMillan–Form der Matrix festgelegt. Für die Smith–McMillan–Form $\mathbf{M}(s)$ einer rationalen Matrix $\mathbf{F}(s)$ gilt (vgl. Abschnitt 2.4):

$$\mathbf{M}(s) \;=\; \mathrm{diag}\,[\,Z_1(s)/N_1(s),\ldots,Z_r(s)/N_r(s),\;\mathbf{0}_{l-r,m-r}\,]. \tag{6.39}$$

Die Nullstellen der Zählerpolynome $Z_i(s)$ sind dann die endlichen Nullstellen und die Nullstellen der Nennerpolynome $N_i(s)$ die endlichen Pole der rationalen Matrix $\mathbf{F}(s)$.

Zwischen der rationalen Matrix $\mathbf{F}(s)$ und ihrer Smith–McMillan–Form besteht dabei folgender Zusammenhang:

$$\mathbf{F}(s) \;=\; \mathbf{L}(s)\mathbf{M}(s)\mathbf{R}(s) \tag{6.40}$$

mit den unimodularen Matrizen $\mathbf{L}(s)$, $\mathbf{R}(s)$. Eine Polynommatrix wird *unimodular* genannt, wenn sie quadratisch ist und eine konstante nicht verschwindende Determinante besitzt, d.h. keine endlichen Pole und Nullstellen hat.

Derartige unimodulare Matrizen können allerdings, wie das Beispiel 6.2 zeigen wird, sehr wohl Pole und Nullstellen im Unendlichen besitzen, so daß die Pol-/Nullstellenstruktur im Unendlichen durch eine Multiplikation mit einer solchen Matrix zerstört werden kann (vgl. auch Kailath 1980).

Beispiel 6.2

Zur Verdeutlichung dieser Aussage betrachten wir folgende einfache unimodulare Matrix:

$$\mathbf{L}(s) \;=\; \begin{bmatrix} 1 & s \\ 0 & 1 \end{bmatrix}.$$

Der Smith–McMillan–Form von

$$\mathbf{L}(1/w) \;=\; \begin{bmatrix} 1 & 1/w \\ 0 & 1 \end{bmatrix},$$

die sich zu

$$\begin{bmatrix} w^{-1} & 0 \\ 0 & w \end{bmatrix}$$

ergibt, kann entnommen werden, daß $\mathbf{L}(1/w)$ einen Pol und eine Nullstelle bei $w = 0$, d.h. eine Nullstellle und einen Pol bei $s = \infty$ besitzt.

Die Smith–McMillan–Form gibt also das Verhalten einer rationalen Matrix $\mathbf{F}(s)$ i.a. nur für alle endlichen s-Werte korrekt wieder. Soll die Pol-/Nullstellenstruktur für den Punkt $s = \infty$ ermittelt werden, so ist dies zunächst nur nach der Transformation $s = 1/w$ anhand der Smith–McMillan–Form von $\mathbf{F}(1/w)$ möglich. Die Smith–McMillan–Struktur von $\mathbf{F}(1/w)$ bei $w = 0$ beschreibt dann das Verhalten von $\mathbf{F}(s)$ bei $s = \infty$ richtig.

6.5.1 Bestimmung mit Hilfe der Bewertungstheorie

Im weiteren wird eine alternative Möglichkeit vorgestellt, die zur Berechnung der Struktur im Unendlichen einer rationalen Matrix $\mathbf{F}(s)$ keine aufwendige separate Bestimmung der Smith–McMillan–Form von $\mathbf{F}(1/w)$ erfordert.

Dieses von Kailath (1980) vorgestellte Verfahren geht von einer Erweiterung des Begriffes „Gradbewertung einer rationalen Funktion" (vgl. z.B. Hasse 1969) auf rationale Matrizen aus. Die Gradbewertung $w_\infty(f(s))$ einer rationalen Funktion $f(s) = z(s)/n(s)$ ist eine Verallgemeinerung des absoluten Betrages einer reellen bzw. komplexen Zahl. Nach Hasse gilt für $w_\infty(f(s))$:

$$w_\infty(f(s)) \;=\; \mathrm{Grad}\ n(s) \;-\; \mathrm{Grad}\ z(s). \tag{6.41}$$

Für die rationale Funktion

$$f(s) \;=\; \frac{s}{s^2 + 2s + 1}$$

erhält man beispielsweise als zugehörige Gradbewertung

$$w_\infty(f(s)) \;=\; 1.$$

Nach der Festlegung $w_\infty(0) = \infty$ besitzt die Gradbewertung einer rationalen Funktion folgende Eigenschaften:

$$\text{i)} \qquad w_\infty(f) \;<\; \infty \quad \text{für}\ \ f \neq 0\,,$$

$$\text{ii)} \qquad w_\infty(ab) \;=\; w_\infty(a) + w_\infty(b)\,,$$

$$\text{iii)} \quad w_\infty(a + b) \;\geq\; \min\left[\,w_\infty(a), w_\infty(b)\,\right].$$

Von Kailath wird diese Gradbewertung einer *rationalen Funktion* auf rationale Matrizen übertragen:

Definition 6.6
    Die Gradbewertung $w_\infty^{(i)}(\mathbf{F})$ ist die kleinste Gradbewertung w_∞ aller $i \times i$ Unterdeterminanten der rationalen Matrix $\mathbf{F}(s)$.

Da bei der Bestimmung der Smith–McMillan–Form einer rationalen Matrix häufig sowieso alle Unterdeterminanten bestimmt werden müssen, sind für die Ermittlung der in der Definition 6.6 angegebenen Gradbewertungen keine umfangreichen zusätzlichen Berechnungen notwendig. Die Pol-/Nullstellenstruktur im Unendlichen einer rationalen Matrix kann bei Kenntnis der Gradbewertungen $w_\infty^{(i)}(\mathbf{F})$ dann sofort angegeben werden.

Hierzu wird die Smith–McMillan–Form einer rationalen Matrix $\mathbf{F}(s)$ für $s = \infty$ in folgender Form notiert:[13]

$$\mathbf{M}_\infty(s) = \operatorname{diag}\left[\, s^{\sigma_1}, \dots, s^{\sigma_r}, \mathbf{0}\,\right] \tag{6.42}$$

mit $\sigma_1 \geq \sigma_2 \geq \cdots \geq \sigma_r$.

Für $\sigma_i > 0$ besitzt $\mathbf{F}(s)$ dann einen Pol und für $\sigma_i < 0$ eine Nullstelle der Ordnung $|\sigma_i|$ im Unendlichen. Diese Indizes ergeben sich aus den Gradbewertungen $w_\infty^{(i)}$, $i = 1, \dots, r$ wie folgt:

$$
\begin{aligned}
\sigma_1 &= w_\infty^{(0)} - w_\infty^{(1)} \qquad (w_\infty^{(0)} = 0)\\
\sigma_2 &= w_\infty^{(1)} - w_\infty^{(2)}\\
&\;\;\vdots\\
\sigma_r &= w_\infty^{(r-1)} - w_\infty^{(r)}.
\end{aligned}
\tag{6.43}
$$

Das folgende Beispiel verdeutlicht noch einmal die Problematik und die bisher besprochenen Verfahren zur Bestimmung der Struktur im Unendlichen einer rationalen Matrix.

Beispiel 6.3
Gegeben sei

$$\mathbf{F}(s) = \operatorname{diag}\left[\,\frac{s}{s-1},\ \frac{1}{s-1},\ (s-1)^2\,\right]$$

mit der Smith–McMillan–Form

$$\mathbf{M}(s) = \operatorname{diag}\left[\,\frac{1}{s-1},\ \frac{1}{s-1},\ s(s-1)^2\,\right].$$

Das bedeutet, die rationale Matrix $\mathbf{F}(s)$ besitzt zwei endliche Pole bei s = 1 und endliche Nullstellen bei $s_1 = 0$ und $s_2 = s_3 = 1$. Betrachtet man den Punkt $s = \infty$, so würde sich anhand dieser Smith–McMillan–Form zwei Pole 1-ter Ordnung und eine Nullstelle 3-ter Ordnung im Unendlichen ergeben. Diese Nullstellenstruktur im Unendlichen stimmt offensichtlich nicht mit der Struktur bei $s = \infty$ von $\mathbf{F}(s)$ überein. Nach der Transformation $s = 1/w$ ergibt sich für

$$\mathbf{F}(1/w) = \operatorname{diag}\left[\,\frac{-1}{w-1},\ \frac{-w}{w-1},\ \frac{(w-1)^2}{w^2}\,\right]$$

---

[13]Diese Definition ist die inzwischen allgemein verwendete und unterscheidet sich von der frühen Definition von Kailath.

die zugehörige Smith–McMillan–Form zu:

$$\mathbf{M}(w) = \text{diag} \left[\frac{1}{w^2(w-1)}, \ \frac{1}{w-1}, \ w(w-1)^2 \right].$$

Die Nullstellenstruktur von $\mathbf{M}(w)$ bei $w = 0$ ist jetzt mit der Struktur im Unendlichen von $\mathbf{F}(s)$ identisch. Die betrachtete rationale Matrix besitzt also einen Pol 2–ter Ordnung und eine Nullstelle 1–ter Ordnung im Unendlichen.

Das gleiche Ergebnis erhalten wir auch mit Hilfe der zuvor eingeführten Gradbewertungen (vgl. Definition 6.6), die sich für dieses Beispiel anhand von $\mathbf{F}(s)$ zu

$$w_\infty^{(1)} = -2 \ , \quad w_\infty^{(2)} = -2 \ , \quad w_\infty^{(3)} = -1$$

ergeben. Aus (6.43) bestimmen sich dann die Strukturindizes von $\mathbf{F}(s)$ bei $s = \infty$ zu:

$$\sigma_1 = 2 \ , \quad \sigma_2 = 0 \ , \quad \sigma_3 = -1.$$

Die in diesem Beispiel betrachtete Matrix ist keine echt gebrochen rationale Matrix. Sie besitzt also mehr endliche Nullstellen als Pole und dementsprechend nicht nur Nullstellen sondern auch Pole im Unendlichen. Da die Übertragungsmatrizen der betrachteten linearen Systeme *echt* gebrochen rationale Matrizen sind, treten bei diesen Übertragungsmatrizen keine Pole im Unendlichen auf.

Ein Polynommatrix wie die Rosenbrock–Systemmatrix $\mathbf{P}(s)$ stellt eine spezielle rationale Matrix dar. Daher liegt der Gedanke nahe, die zuvor dargestellte Methode zur Bestimmung der Struktur im Unendlichen von $\mathbf{F}(s)$ auch direkt auf die Systemmatrix $\mathbf{P}(s)$ anzuwenden. Die hierbei zu betrachtenden Unterdeterminanten von $\mathbf{P}(s)$ sind dann allerdings Polynome mit

$$\text{Grad } n(s) = 0 \tag{6.44}$$

und keine gebrochen rationalen Funktionen. Alle endlichen Gradbewertungen $w_\infty^{(i)}(\mathbf{P})$ von $\mathbf{P}(s)$ sind demnach kleiner oder gleich Null und die Berechnungsvorschrift (6.43) liefert daher nur Pole aber keine Nullstellen im Unendlichen. Daraus folgt, daß eine unmittelbare Übertragung dieser Methode auf die Polynommatrix $\mathbf{P}(s)$ nicht zulässig ist.

Auch wenn eine direkte Anwendung der Methode der Gradbewertung auf $\mathbf{P}(s)$ nicht möglich ist, so können dennoch die Gradbewertungen $w_\infty^{(i)}(\mathbf{F})$ von $\mathbf{F}(s)$ auch allein mit Hilfe von $\mathbf{P}(s)$ berechnet werden, da zwischen den $k \times k$ Unterdeterminanten von $\mathbf{F}(s)$ und bestimmten $(n+k) \times (n+k)$ Unterdeterminanten von $\mathbf{P}(s)$ folgender Zusammenhang (Rosenbrock 1970:44) besteht:

$$\mathbf{F}^{i_1,i_2,\ldots,i_k}_{j_1,j_2,\ldots,j_k} = \frac{\mathbf{P}^{1,2,\ldots,n,n+i_1,n+i_2,\ldots,n+i_k}_{1,2,\ldots,n,n+j_1,n+j_2,\ldots,n+j_k}}{|s\mathbf{I}-\mathbf{A}|}. \tag{6.45}$$

Die Gradbewertung w_∞ einer $k \times k$ Unterdetermiante von $\mathbf{F}(s)$ berechnet sich dann mit Hilfe der Beziehung (6.45) zu

$$\begin{aligned}
w_\infty(\mathbf{F}^{i_1,i_2,\ldots,i_k}_{j_1,j_2,\ldots,j_k}) &= \mathrm{Grad}\,|s\mathbf{I}-\mathbf{A}| - \mathrm{Grad}\,\mathbf{P}^{1,2,\ldots,n,n+i_1,n+i_2,\ldots,n+i_k}_{1,2,\ldots,n,n+j_1,n+j_2,\ldots,n+j_k}, \\
&= n - \mathrm{Grad}\,\mathbf{P}^{1,2,\ldots,n,n+i_1,n+i_2,\ldots,n+i_k}_{1,2,\ldots,n,n+j_1,n+j_2,\ldots,n+j_k}.
\end{aligned} \tag{6.46}$$

Zur Bestimmung der Gradbewertung $w_\infty^{(k)}(\mathbf{F})$ muß also eine Unterdeterminante der Form

$$\mathbf{P}^{1,2,\ldots,n,n+i_1,n+i_2,\ldots,n+i_k}_{1,2,\ldots,n,n+j_1,n+j_2,\ldots,n+j_k} \tag{6.47}$$

gefunden werden, die über einen maximalen Grad ρ_k in s verfügt:

$$\begin{aligned}
w_\infty^{(k)}(\mathbf{F}^{i_1,i_2,\ldots,i_k}_{j_1,j_2,\ldots,j_k}) &= n - \max\,(\mathrm{Grad}\,\mathbf{P}^{1,2,\ldots,n,n+i_1,n+i_2,\ldots,n+i_k}_{1,2,\ldots,n,n+j_1,n+j_2,\ldots,n+j_k}), \\
&= n - \rho_k.
\end{aligned} \tag{6.48}$$

Ersetzt man die Gradbewertungen $w_\infty^{(k)}$ in (6.43) durch die rechte Seite der Gl.(6.48), so liefert dies eine einfache Vorschrift zur Berechnung der Indizes σ_i der Smith–McMillanform von $\mathbf{F}(s)$ für $s = \infty$:

$$\begin{aligned}
\sigma_1 &= \rho_1 - n \\
\sigma_2 &= \rho_2 - \rho_1 \\
&\;\;\vdots \\
\sigma_r &= \rho_r - \rho_{r-1}.
\end{aligned} \tag{6.49}$$

Die Übertragungsmatrix $\mathbf{F}(s)$ besitzt dann genau r Nullstellen im Unendlichen der Ordnungen $n - \rho_1$, $\rho_1 - \rho_2$, $\ldots$, $\rho_{r-1} - \rho_r$, wobei ρ_k das Maximum der Grade der Unterdetermianten (6.47) von $\mathbf{P}(s)$ ist.

Die im letzten Absatz gegebene Charakterisierung der Struktur im Unendlichen von $\mathbf{F}(s)$ mittels der maximalen Grade ρ_k gewisser Unterdeterminanten von $\mathbf{P}(s)$ entspricht genau der von van der Weiden und Bosgra (1979) vorgestellten Definition der *Nullstellen im Unendlichen von* $\mathbf{P}(s)$. Diese Definition der unendlichen Nullstellen eines linearen Systems, die beispielsweise auch von Reinschke (1988) übernommen wurde, ist demnach zu der in Abschnitt 6.1 vorgestellten Definition äquivalent.

Von besonderer Bedeutung ist die Nullstellendefinition von van der Weiden und
Bosgra, d.h. die Berechnungvorschrift (6.49), unter dem Gesichtspunkt, daß der
Grad einer Unterdeterminante (6.47) in erster Linie durch das Besetzungsmuster
der zugehörigen Matrix festgelegt wird und dann auch mit den im Abschnitt
5.7.4 behandelten *parameterunabhängigen* (strukturellen) Verfahren bestimmt
werden kann.

Die unendlichen Nullstellen eines linearen Systems $(\mathbf{A},\mathbf{B},\mathbf{C})$ können somit nach
der Transformation $s = 1/w$ sowohl über die Smith–McMillan–Form von $\mathbf{P}(1/w)$
als auch über die Smith–McMillan–Form von $\mathbf{F}(1/w)$ bestimmt werden. Eine
weniger aufwendige Methode stellt allerdings die oben angegebene direkte Berechnung mittels der Gradbewertungen der Unterdeterminanten der Übertragungsmatrix $\mathbf{F}(s)$ dar. Ist neben der Übertragungsmatrix auch ein zugehöriges
Zustandsraummodell $(\mathbf{A},\mathbf{B},\mathbf{C})$ bekannt, so können die Gradbewertungen der
Unterdeterminanten von $\mathbf{F}(s)$ auch mit Hilfe der Unterdeterminanten (6.47) der
Rosenbrock–Systemmatrix $\mathbf{P}(s)$ angegeben werden.

Eine weitere Bestimmungsmöglichkeit, die bei einer Untersuchung von Hand
bei größeren und schwach besetzten rationalen Matrizen von Vorteil ist und
weitere Zusammenhänge erkennt läßt, wird im nächsten Abschnitt vorgestellt.

6.5.2 Bestimmung anhand der Smith–McMillan–Form im Unendli-chen

Die Smith–McMillan–Normalform einer rationalen Matrix $\mathbf{F}(s)$ gibt deren Verhalten bei $s = \infty$ unter Umständen nicht richtig wieder. Dies kann darauf
zurückgeführt werden, daß die bei der Smith–McMillan–Zerlegung

$$\mathbf{F}(s) \;=\; \mathbf{L}(s)\mathbf{M}(s)\mathbf{R}(s) \tag{6.50}$$

verwendeten unimodularen Polynommatrizen $\mathbf{L}(s)$ und $\mathbf{R}(s)$ zwar keine endlichen
Pole und Nullstellen besitzen, aber sehr wohl Pole und Nullstellen im *Unendlichen*
haben können.

Die Pol-/Nullstellenstrukturen von $\mathbf{F}(s)$ und $\mathbf{M}(s)$ sind für den Punkt $s = \infty$
aber nur dann identisch, wenn die Transformationsmatrizen $\mathbf{L}(s)$ und $\mathbf{R}(s)$
weder Pole noch Nullstellen im Unendlichen aufweisen. Die Matrizen $\mathbf{L}(s)$ und
$\mathbf{R}(s)$ müssen also auf jeden Fall *gebrochen rationale* Matrizen sein, da eine
Polynommatrix immer Pole im Unendlichen hat. Zur Beschreibung darüber
hinausgehender Eigenschaften wird zunächst der Begriff einer „echt rationalen
Funktion" eingeführt.

Definition 6.7 (Vardulakis u.a. 1982)
Eine gebrochen rationale Funktion $f(s) = z(s)/n(s)$ wird *echt rational*

genannt, wenn

$$\text{Grad } n(s) \geq \text{Grad } z(s). \tag{6.51}$$

gilt.[14]

Entsprechend wird eine Matrix $\mathbf{F}(s)$, deren Elemente echt rationale Funktionen in s sind als *echt rationale* Matrix bezeichnet. Eine echt rationale Matrix erfüllt dann immer

$$\lim_{s \to \infty} \mathbf{F}(s) < \infty. \tag{6.52}$$

Mit Hilfe dieser Definitionen kann eine sogenannte *bikausale* Matrix, die für die Darstellung der weiteren Ergebnisse benötigt wird, wie folgt definiert werden:

Definition 6.8 (Hautus und Heymann 1978)
Eine echt rationale $p \times p$ Matrix $\mathbf{F}(s)$ ist bikausal, wenn

$$\det \left(\lim_{s \to \infty} \mathbf{F}(s) \right) \neq 0 \tag{6.53}$$

gilt.

Eine solche bikausale Matrix $\mathbf{F}(s)$ verfügt dann über folgende besondere Eigenschaften (Vardulakis u.a. 1982):

   i) Die Determinante von $\mathbf{F}(s)$ ist eine echt rationale Funktion.

   ii) Die Inverse einer bikausalen Matrix ist auch eine echt rationale Matrix.

Für eine gegebene rationale Übertragungsmatrix existiert nun immer folgende Zerlegung (siehe z.B. Hautus und Heymann 1976, Vardulakis u.a. 1982):

Definition 6.9
Die Zerlegung einer rationalen $p \times q$ Matrix $\mathbf{F}(s)$ mit Rang $\mathbf{F}(s) = r$ in

$$\mathbf{F}(s) = \mathbf{L}(s)\mathbf{M}_\infty(s)\mathbf{R}(s) \tag{6.54}$$

mit der bikausalen $p \times p$ Matrix $\mathbf{L}(s)$, der bikausalen $q \times q$ Matrix $\mathbf{R}(s)$ und der blockdiagonalen Matrix

$$\mathbf{M}_\infty(s) = \text{block diag }[\, s^{\sigma_1}, s^{\sigma_2}, \ldots, s^{\sigma_r}, \mathbf{0}\,], \quad \sigma_1 \geq \sigma_2 \geq \cdots \geq \sigma_r \tag{6.55}$$

wird *Smith–McMillan–Zerlegung im Unendlichen* genannt. Die Matrix $\mathbf{M}_\infty(s)$ ist dabei die *Smith–McMillan–Normalform im Unendlichen* von $\mathbf{F}(s)$.

---

[14]Diese Definition unterscheidet sich von der allgemein üblichen Definition einer *echt gebrochen rationalen* Funktion für die immer Grad $n(s) >$ Grad $z(s)$ gelten muß.

Mit Hilfe der folgenden elementaren Zeilen– und Spaltenoperationen (Vardulakis 1991) kann jede rationale Übertragungsmatrix $\mathbf{F}(s)$ auf eine derartige
Normalform transformiert werden:

i) Vertauschung zweier Zeilen (Spalten).

ii) Multiplikation einer Zeile (Spalte) mit einer echt rationalen Funktion $C(s)$.

iii) Addition einer mit einer echt rationalen Funktion $C(s)$ multiplizierten
Zeile (Spalte) zu einer anderen Zeile (Spalte).

Diese elementaren Operationen lassen sich nun durch quadratische rationale
Matrizen beschreiben, deren Elemente echt rationale Funktionen sind und somit
die Pol–/Nullstellenstruktur im Unendlichen nicht verändern.

Die Berechnung der Nullstellenstruktur im Unendlichen einer rationalen Matrix mit Hilfe der zuvor eingeführten Smith–McMillan–Form im Unendlichen
verdeutlicht das folgende Beispiel.

Beispiel 6.4
Betrachtet wird die rationale Matrix

$$\mathbf{F}(s) = \begin{bmatrix} \dfrac{1}{s+1} & 0 & \dfrac{s-1}{(s+1)(s+2)} \\[2ex] -\dfrac{1}{s-1} & \dfrac{1}{s+2} & \dfrac{1}{s+2} \end{bmatrix}$$

aus dem Beispiel 2.2, deren Elemente alle echt gebrochen rationale Funktionen sind.

Der in dem Beispiel 2.2 bestimmten Smith–McMillan–Form

$$\mathbf{M}\{\mathbf{F}(s)\} = \frac{1}{H(s)}\mathbf{S}\{\mathbf{N}(s)\} = \begin{bmatrix} \dfrac{1}{(s+1)(s+2)(s-1)} & 0 & 0 \\[2ex] 0 & \dfrac{s-1}{s+2} & 0 \end{bmatrix}$$

kann eine Nullstelle bei $s = 1$, je ein Pol bei $s = 1$ und $s = -1$ sowie
2 Pole bei $s = -2$ entnommen werden. Darüber hinaus besitzt diese
Smith–McMillan–Form von $\mathbf{F}(s)$ lediglich eine Nullstelle 3–ter Ordnung
im Unendlichen (vgl. Element $1/(s+1)(s+2)(s-1)$). Offensichtlich ist
die Struktur im Unendlichen von $\mathbf{M}(s)$ nicht mehr mit der von $\mathbf{F}(s)$
identisch, da, obwohl alle Elemente von $\mathbf{F}(s)$ echt gebrochen rationale
Funktionen sind, das zweite Diagonalelement $(s-1)/(s+2)$ von $\mathbf{M}(s)$
keine echt gebrochen rationale Funktion ist.

Zur korrekten Bestimmung der Nullstellen im Unendlichen wird jetzt die
rationale Übertragungsmatrix $\mathbf{F}(s)$ mit Hilfe der folgenden Elementar-
operationen auf die zugehörige Smith–McMillan–Form im Unendlichen

transformiert. Indem man die an $\mathbf{F}(s)$ ausgeführten Transformationen auf entsprechende Einheitsmatrizen anwendet, erhält man die angegebenen bikausalen Transformationsmatrizen.

Addition der mit $-(s-1)/(s+2)$ multiplizierten erste Spalte zur dritten:

$$
\begin{bmatrix} \dfrac{1}{s+1} & 0 & \dfrac{s-1}{(s+1)(s+2)} \\[2mm] -\dfrac{1}{s-1} & \dfrac{1}{s+2} & \dfrac{1}{s+2} \end{bmatrix}
\begin{bmatrix} 1 & 0 & -\dfrac{s-1}{s+2} \\[1mm] 0 & 1 & 0 \\[1mm] 0 & 0 & 1 \end{bmatrix} =
$$

$$
= \begin{bmatrix} \dfrac{1}{s+1} & 0 & 0 \\[2mm] -\dfrac{1}{s-1} & \dfrac{1}{s+2} & \dfrac{2}{s+2} \end{bmatrix}.
$$

Addition der mit -2 multiplizierten 2–ten Spalte zur dritten:

$$
\begin{bmatrix} \dfrac{1}{s+1} & 0 & 0 \\[2mm] -\dfrac{1}{s-1} & \dfrac{1}{s+2} & \dfrac{2}{s+2} \end{bmatrix}
\begin{bmatrix} 1 & 0 & 0 \\ 0 & 1 & -2 \\ 0 & 0 & 1 \end{bmatrix} =
$$

$$
= \begin{bmatrix} \dfrac{1}{s+1} & 0 & 0 \\[2mm] -\dfrac{1}{s-1} & \dfrac{1}{s+2} & 0 \end{bmatrix}.
$$

Multiplikation der 2–ten Zeile mit $(s-1)/(s+1)$:

$$
\begin{bmatrix} 1 & 0 \\[1mm] 0 & \dfrac{s-1}{s+1} \end{bmatrix}
\begin{bmatrix} \dfrac{1}{s+1} & 0 & 0 \\[2mm] -\dfrac{1}{s-1} & \dfrac{1}{s+2} & 0 \end{bmatrix} =
\begin{bmatrix} \dfrac{1}{s+1} & 0 & 0 \\[2mm] -\dfrac{1}{s+1} & \dfrac{s-1}{(s+1)(s+2)} & 0 \end{bmatrix}.
$$

Addition der 1–ten Zeile zur zweiten:

$$
\begin{bmatrix} 1 & 0 \\ 1 & 1 \end{bmatrix}
\begin{bmatrix} \dfrac{1}{s+1} & 0 & 0 \\[2mm] -\dfrac{1}{s+1} & \dfrac{s-1}{(s+1)(s+2)} & 0 \end{bmatrix} =
\begin{bmatrix} \dfrac{1}{s+1} & 0 & 0 \\[2mm] 0 & \dfrac{s-1}{(s+1)(s+2)} & 0 \end{bmatrix}.
$$

Multiplikation der 1–ten Zeile mit $(s+1)/s$ und der 2–ten Zeile mit $(s+1)(s+2)/s(s-1)$:

$$
\begin{bmatrix} \dfrac{s+1}{s} & 0 \\[2mm] 0 & \dfrac{(s+1)(s+2)}{s(s-1)} \end{bmatrix}
\begin{bmatrix} \dfrac{1}{s+1} & 0 & 0 \\[2mm] 0 & \dfrac{s-1}{(s+1)(s+2)} & 0 \end{bmatrix} =
\begin{bmatrix} \dfrac{1}{s} & 0 & 0 \\[2mm] 0 & \dfrac{1}{s} & 0 \end{bmatrix}.
$$

Anhand der Smith–McMillan–Form im Unendlichen

$$\mathbf{M}_\infty(s) \;=\; \begin{bmatrix} \frac{1}{s} & 0 & 0 \\[2mm] 0 & \frac{1}{s} & 0 \end{bmatrix}$$

ergibt sich dann, daß $\mathbf{F}(s)$ nicht eine Nullstelle 3–ter, sonden zwei Nullstellen 1–ter Ordnung im Unendlichen besitzt.

6.5.3 Bestimmung mittels Toeplitz–Matrizen

Abschließend wird in diesem Abschnitt ein Verfahren besprochen, das auf einer von Van Dooren u.a. (1979) vorgestellten Methode zur *numerischen* Berechnung der Smith–McMillan–Form einer rationalen Matrix basiert und daher in erster Linie für die rechnergestützte Ermittlung der Struktur im Unendlichen eines linearen Systems $(\mathbf{A},\mathbf{B},\mathbf{C})$ von Interesse ist.

Ausgangspunkt dieser Methode ist eine *Laurent–Reihenentwicklung*

$$\mathbf{P}(s) \;=\; \mathbf{P}_1 s \;+\; \mathbf{P}_0 \tag{6.56}$$

der Rosenbrock–Systemmatrix in der Umgebung des Punktes $s = \infty$. Die Matrizen $\mathbf{P}_0$ und $\mathbf{P}_1$ sind dann konstante Matrizen und ergeben sich anhand der Zerlegung (6.56) zu:

$$\mathbf{P}_0 \;=\; \begin{bmatrix} -\mathbf{A} & -\mathbf{B} \\ \mathbf{C} & 0 \end{bmatrix} \quad \text{und} \quad \mathbf{P}_1 \;=\; \begin{bmatrix} \mathbf{I} & 0 \\ 0 & 0 \end{bmatrix}. \tag{6.57}$$

Mit Hilfe dieser Matrizen kann der Systemmatrix $\mathbf{P}(s)$ eine unendliche Reihe von Toeplitz–Matrizen[15] $\mathbf{T}^i_\infty$, $i = -1, 0, 1, 2, \dots$ (Pugh u.a. (1989) folgend werden diese Matrizen im weiteren auch als „Toeplitz–Matrizen im Unendlichen" bezeichnet), wie folgt zugeordnet werden:

$$\mathbf{T}^i_\infty\{\mathbf{P}(s)\} \;=\; \begin{bmatrix} \mathbf{P}_1 & \mathbf{P}_0 & \cdots & \mathbf{P}_{-i} \\ 0 & \ddots & \ddots & \vdots \\ \vdots & \ddots & \ddots & \mathbf{P}_0 \\ 0 & \cdots & 0 & \mathbf{P}_1 \end{bmatrix}, \quad i \geq -1 \tag{6.58}$$

mit $\mathbf{P}_i = 0$ für $i < 0$. Die ersten beiden Toeplitz–Matrizen $\mathbf{T}^0_\infty$ und $\mathbf{T}^1_\infty$ dieser

---

[15]Eine Matrix, die entlang der Diagonalen mit jeweils gleichen Elementen besetzt ist, wird Toeplitz–Matrix genannt.

Reihe haben dann folgendes Aussehen:

$$\mathbf{T}_\infty^0\{\mathbf{P}(s)\} = \begin{bmatrix} \mathbf{P}_1 & \mathbf{P}_0 \\ \mathbf{0} & \mathbf{P}_1 \end{bmatrix} \tag{6.59}$$

und

$$\mathbf{T}_\infty^1\{\mathbf{P}(s)\} = \begin{bmatrix} \mathbf{P}_1 & \mathbf{P}_0 & \mathbf{P}_{-1} \\ \mathbf{0} & \mathbf{P}_1 & \mathbf{P}_0 \\ \mathbf{0} & \mathbf{0} & \mathbf{P}_1 \end{bmatrix} = \begin{bmatrix} \mathbf{P}_1 & \mathbf{P}_0 & \mathbf{0} \\ \mathbf{0} & \mathbf{P}_1 & \mathbf{P}_0 \\ \mathbf{0} & \mathbf{0} & \mathbf{P}_1 \end{bmatrix}. \tag{6.60}$$

Zur Berechnung der Anzahl und Ordnungen der Nullstellen im Unendlichen werden $\mathbf{P}(s)$ jetzt sogenannte *Rangindizes im Unendlichen* zugewiesen, die mit dem Rang der zuvor definierten Toeplitz–Matrizen in einfacher Weise verknüpft sind:

Definition 6.10 (Pugh u.a. 1989)
Die Indizes ρ_∞^i, $i = -1, 0, 1, 2, \ldots$ mit

$$\rho_\infty^i = \text{Rang } \mathbf{T}_\infty^i - \text{Rang } \mathbf{T}_\infty^{i-1}, \qquad (\text{Rang } \mathbf{T}_\infty^{-2} := 0) \tag{6.61}$$

sind die *Rangindizes im Unendlichen* von $\mathbf{P}(s)$.

Mit Hilfe der in Abschnitt 6.5.2 eingeführten Smith–McMillan–Form im Unendlichen kann bewiesen werden (Pugh u.a. 1989), daß die in dieser Form definierten Rangindizes alle notwendigen Informationen zur Berechnung der Nullstellenstruktur im Unendlichen enthalten.

Satz 6.3 (Pugh u.a. 1989)
Wenn $\rho_\infty^i - \rho_\infty^{i-1}$ für $i > 0$ von Null veschieden ist, dann besitzt $\mathbf{P}(s)$ genau

$$\rho_\infty^i - \rho_\infty^{i-1} \tag{6.62}$$

Nullstellen i–ter Ordnung im Unendlichen.

Die Bildung der Toeplitz–Matrizen und die Berechnung ihres Ranges kann beendet werden, d.h., alle notwendigen Informationen zur Berechnung der Nullstellen im Unendlichen liegen vor, wenn für ein bestimmtes k erstmals

$$\rho_\infty^k = \text{Normalrang } \mathbf{P}(s) \tag{6.63}$$

erfüllt ist.

Dieses Abbruchkriterium ergibt sich aus der Tatsache, daß die Rangdifferenz zweier aufeinander folgender Toeplitz–Matrizen nicht größer als der Normalrang von $\mathbf{P}(s)$ sein kann. Ab diesem k gilt also immer

$$\rho_\infty^{k+i} - \rho_\infty^{k+i-1} = 0, \qquad i = 1, 2, \ldots \tag{6.64}$$

A priori ist der Normalrang r von $\mathbf{P}(s)$ allerdings nur dann bekannt, wenn das System $(\mathbf{A},\mathbf{B},\mathbf{C})$ *nicht* degeneriert ist. In diesem Fall berechnet er sich aus den Systemdimensionen zu

$$r \;=\; \text{Normalrang } \mathbf{P}(s) \;=\; n + \min\,(l,m). \tag{6.65}$$

Das bedeutet, zunächst müßte eigentlich immer erst überprüft werden, ob ein gegebenes System degeneriert ist. Wenn dies der Fall ist, können über den Normalrang von $\mathbf{P}(s)$ — ohne weitere Untersuchungen — keine Aussagen mehr getroffen werden. Aus dem bekannten Ergebnis (Vardulakis 1980), daß die Summe der Ordnungen der Nullstellen im Unendlichen nicht größer als n, die Anzahl der Zustandsgrößen, sein kann, läßt sich allerdings ein Abbruchkriterium ableiten, das die Kenntnis des Normalrangs von $\mathbf{P}(s)$ nicht voraussetzt:

Satz 6.4   (Svaricek 1991a)
Wenn für ein bestimmtes k erstmals die Ungleichung

$$k\rho_\infty^k \;-\; \sum_{i=0}^{k-1} \rho_\infty^i \;>\; n - k - 1 \tag{6.66}$$

bzw.

$$k \,\text{Rang } \mathbf{T}_\infty^k - (k+1)\,\text{Rang } \mathbf{T}_\infty^{k-1} \;>\; -(k+1) \tag{6.67}$$

erfüllt ist, dann ist

$$\rho_\infty^{k+i} \;=\; \rho_\infty^k, \quad i = 1,2,\dots \;, \tag{6.68}$$

und die Berechnung der Rangindizes kann beendet werden.

Steht ein zuverlässiges Programm zur Berechnung des Ranges einer Matrix zur Verfügung, so kann dieses Verfahren problemlos mit Hilfe eines Digitalrechners realisiert werden. Die Eigenart des Verfahrens, daß beim Beginn der Berechnung nicht bekannt ist, von wievielen Toeplitz–Matrizen der Rang bestimmt werden muß, rührt daher (vgl. Satz 6.3), daß die Anzahl k der zu betrachtenden Matrizen von der maximal auftretenden Ordnung der Nullstellen im Unendlichen abhängt. Für ein quadratisches System $(\mathbf{A},\mathbf{B},\mathbf{C})$ muß im ungünstigsten Fall also der Rang von $n - m + 2$ Toeplitz–Matrizen berechnet werden, wenn das System keine endliche Nullstellen, $m - 1$ Nullstellen 1–ter und somit eine Nullstelle $(n-m+1)$–ter Ordnung im Unendlichen besitzt. Da sich die Ordnung n_T einer Toeplitz–Matrix $\mathbf{T}_\infty^k$ aus (6.58) zu $n_T = k(n + m) + 2(n + m)$ ergibt, verfügt die letzte zu bildende Toeplitz–Matrix dann über $n^2 - m^2 + 4(n + m)$ Zeilen und Spalten. Für ein System mit z.B. 100 Zustandsgrößen und 10 Ein– und Ausgängen im ungünstigsten Fall also über 10340 Zeilen und Spalten. Das bedeutet, diese Matrix hat dann mehr als 106 Millionen Matrizenelemente, für deren Abspeicherung in doppelter Genauigkeit ein Speicherbereich von mehr als 800 MByte benötigt würde.

Wie diese Betrachtungen zeigen, kommt ein solch einfach zu realisierendes Verfahren für größere Systeme nicht in Betracht, weil der erforderliche Speicherbereich auch in einer Zeit, wo Haupt– und Massenspeicher zu immer günstigeren Preisen angeboten werden, einfach zu groß wird.

Beschränkt man sich allerdings darauf, anstatt des numerischen Rangs nur den generischen Rang der Toeplitz–Matrizen zu bestimmen, so kann man, wie im Abschnitt 6.10 noch ausführlich dargestellt werden wird, die spezielle Struktur und eine weitere charakteristische Eigenschaft der Toeplitz–Matrizen optimal ausnutzen. Abgesehen von der rasch anwachsenden Ordnung zeichnen sich die Toeplitz–Matrizen (6.58) nämlich dadurch aus, daß sie unabhängig von der Besetzungsdichte der Matrizen $\mathbf{A},\mathbf{B},\mathbf{C}$, mit wachsendem i immer schwächer besetzt sind.

6.6 Eigenschaften der Nullstellen im Unendlichen

Die große Bedeutung der Nullstellenstruktur im Unendlichen für eine Reihe regelungstechnischer Fragestellungen, wie z.B. der Frage, ob ein System durch eine entsprechende Rückführung so beeinflußt werden kann, daß die Wirkung einer jeden Führungsgröße lediglich auf die ihr fest zugeordnete Regelgröße beschränkt ist (Entkopplungsproblem), kann auf die im folgenden dargestellten Invarianzeigenschaften der Nullstellen im Unendlichen zurückgeführt werden.

Seit der Arbeit von Morse (1973b) ist bekannt, daß ein lineares System $(\mathbf{A},\mathbf{B},\mathbf{C})$ im allgemeinsten Fall vier Listen sogenannter „struktureller Invarianten" besitzt, die durch folgende Transformationen nicht verändert werden können:

T1: $(\mathbf{A},\mathbf{B},\mathbf{C}) \rightarrow (\mathbf{TAT}^{-1}, \mathbf{TB}, \mathbf{CT}^{-1})$, mit einer regulären $n \times n$ Matrix $\mathbf{T}$;

T2: $(\mathbf{A},\mathbf{B},\mathbf{C}) \rightarrow (\mathbf{A}, \mathbf{BV}, \mathbf{C})$, mit einer regulären $m \times m$ Matrix $\mathbf{V}$;

T3: $(\mathbf{A},\mathbf{B},\mathbf{C}) \rightarrow (\mathbf{A}, \mathbf{B}, \mathbf{WC})$, mit einer regulären $l \times l$ Matrix $\mathbf{W}$;

T4: $(\mathbf{A},\mathbf{B},\mathbf{C}) \rightarrow (\mathbf{A}+\mathbf{BK}, \mathbf{B}, \mathbf{C})$, mit einer beliebigen $m \times n$ Matrix $\mathbf{K}$;

T5: $(\mathbf{A},\mathbf{B},\mathbf{C}) \rightarrow (\mathbf{A}+\mathbf{JC}, \mathbf{B}, \mathbf{C})$, mit einer beliebigen $n \times l$ Matrix $\mathbf{J}$.

Die Transformationen T1 – T3 repräsentieren dabei eine Transformation des Zustands–, Eingangs– und Ausgangsvektors, die Transformation T4 ist identisch mit einer Zustandsrückführung und die Transformation T5 mit einer physikalisch nicht realisierbaren Ausgangsinjektion, dem dualen Problem zur Zustandsrückführung. In welcher Form diese Transformationen auf ein lineares

System (**A,B,C**) einwirken, kann in einem Blockschaltbild (Bild 6.2) veranschaulicht werden.

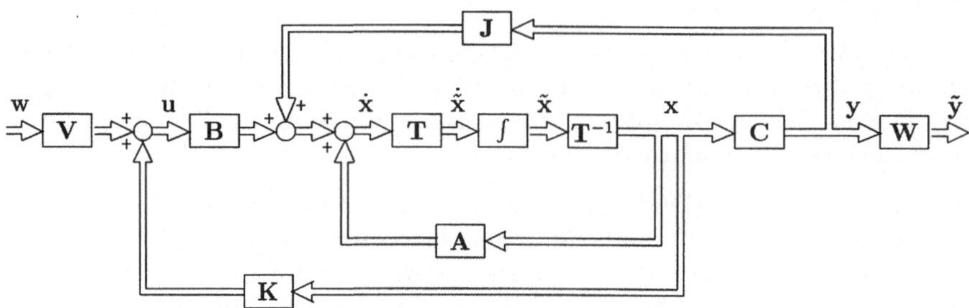

Bild 6.2: Struktur streng äquivalenter Systeme

Für die Charakterisierung dieser Strukturinvarianten wird zunächst noch der Begriff eines *primen Systems* benötigt. Ein System (**A,B,C**) ist im Sinne von Morse gegenüber den Transformationen T1–T4 *prim*, wenn folgende Bedingungen erfüllt sind:

i) Anzahl der Eingänge = Anzahl der Ausgänge,

ii) das System (**A,B,C**) ist *streng* beobachtbar (vollständig beobachtbar bei unbekannten Eingangssignalen (Engell und Konik 1986b)),

iii) Steuerbarkeitsindizes von (**A**, **B**) = Beobachtbarkeitsindizes von (**A**, **C**).

Die zweite Bedingung (streng beobachtbar) bedeutet, daß die Beobachtbarkeit eines Systems durch eine Zustandsrückführung nicht verändert werden kann. Nach Hautus (1983) ist ein nicht degeneriertes System mit $l \geq m$ dann und nur dann streng beobachtbar, wenn es keine endlichen Invarianten Nullstellen besitzt.

Die in den Transformationen T1–T5 verwendeten Transformationsmatrizen können jetzt zu quadratischen Matrizen der Ordnung $n + l$ und $n + m$ wie folgt zusammengefaßt werden:

$$\mathbf{L} = \begin{bmatrix} \mathbf{T} & \mathbf{J} \\ \mathbf{0} & \mathbf{W} \end{bmatrix} \quad \text{und} \quad \mathbf{R} = \begin{bmatrix} \mathbf{T}^{-1} & \mathbf{0} \\ \mathbf{K} & \mathbf{V} \end{bmatrix}. \tag{6.69}$$

Die an die Matrizen **T**, **W** und **V** gestellte Anforderung der Regularität stellt sicher, daß auch die Matrizen **L** und **R** immer regulär sind. Es gilt also sowohl det $\mathbf{L} \neq 0$ als auch det $\mathbf{R} \neq 0$.

Es können nun immer Transformationen T1, T2, ..., T5 und damit Matrizen **L** und **R** in der Form gefunden werden, daß die zur Rosenbrock–Systemmatrix *streng*[16] äquivalente Matrix

$$\tilde{\mathbf{P}}(s) = \mathbf{L}\mathbf{P}(s)\mathbf{R} \tag{6.70}$$

diese Gestalt annimmt:

$$\tilde{\mathbf{P}}(s) = \left[\begin{array}{cccc|cc} s\mathbf{I}-\tilde{\mathbf{A}}_{11} & 0 & 0 & 0 & 0 & 0 \\ 0 & s\mathbf{I}-\tilde{\mathbf{A}}_{22} & 0 & 0 & 0 & 0 \\ 0 & 0 & s\mathbf{I}-\tilde{\mathbf{A}}_{33} & 0 & -\tilde{\mathbf{B}}_3 & 0 \\ 0 & 0 & 0 & s\mathbf{I}-\tilde{\mathbf{A}}_{44} & 0 & -\tilde{\mathbf{B}}_4 \\ \hline 0 & \tilde{\mathbf{C}}_2 & 0 & 0 & 0 & 0 \\ 0 & 0 & 0 & \tilde{\mathbf{C}}_4 & 0 & 0 \end{array}\right] . \tag{6.71}$$

Die von Morse (1973b) eingeführten strukturellen Invarianten lassen sich dann anhand dieser Matrix in einfacher Weise charakterisieren:

i) Die Elemente der Morse–Liste I_1 sind die endlichen Elementarteiler der Polynommatrix $s\mathbf{I} - \tilde{\mathbf{A}}_{11}$.

ii) Das Matrizenpaar $(\tilde{\mathbf{A}}_{33}, \tilde{\mathbf{B}}_3)$ ist vollständig steuerbar, und die Morse–Liste I_2 ist identisch mit den Steuerbarkeitsindizes von $(\tilde{\mathbf{A}}_{33}, \tilde{\mathbf{B}}_3)$.

iii) Das Matrizenpaar $(\tilde{\mathbf{A}}_{22}, \tilde{\mathbf{C}}_2)$ ist vollständig beobachtbar, und die Morse–Liste I_3 ist identisch mit den Beobachtbarkeitsindizes von $(\tilde{\mathbf{A}}_{22}, \tilde{\mathbf{C}}_2)$.

iv) Das System $(\tilde{\mathbf{A}}_{44}, \tilde{\mathbf{B}}_4, \tilde{\mathbf{C}}_4)$ ist prim, und die Steuerbarkeitsindizes von $(\tilde{\mathbf{A}}_{44}, \tilde{\mathbf{B}}_4)$ sind identisch mit der Morse–Liste I_4.

Die Zerlegung eines Systems mittels der Transformationen T1 – T5 in die Form (6.71) kann als eine Verallgemeinerung der bekannten „Kalman–Zerlegung" (Kalman 1963), die lediglich mittels der Transformation T1 vorgenommen wird, angesehen werden.

Für das transformierte System $(\mathbf{TBV}, \mathbf{T}(\mathbf{A}+\mathbf{BK}+\mathbf{JC})\mathbf{T}^{-1}, \mathbf{WCT}^{-1})$ mit der Rosenbrock–Systemmatrix $\tilde{\mathbf{P}}(s)$ gilt offenbar:

i) Die Eigenwerte von $\tilde{\mathbf{A}}_{11}$ sind nicht steuer– und beobachtbar,

ii) die Eigenwerte von $\tilde{\mathbf{A}}_{22}$ sind nicht steuer–, aber beobachtbar,

iii) die Eigenwerte von $\tilde{\mathbf{A}}_{33}$ sind steuer–, aber nicht beobachtbar,

iv) die Eigenwerte von $\tilde{\mathbf{A}}_{44}$ sind sowohl steuer– als auch beobachtbar.

---

[16]Streng äquivalent bedeutet, daß nur *konstante*, reguläre Transformationsmatrizen zugelassen sind.

Für die Invarianz der Nullstellen im Unendlichen eines linearen Systems ist jetzt der folgende Satz, der z.B. von Commault und Dion (1982) mit Hilfe der geometrischen Theorie bewiesen werden konnte, von entscheidender Bedeutung.

Satz 6.5

Die Struktur eines linearen Systems im Unendlichen $(\mathbf{A},\mathbf{B},\mathbf{C})$ ist durch die Morse–Liste I_4 gegeben.

Die grundlegende Bedeutung der Definition der endlichen Invarianten Nullstellen für die lineare Systemanalyse wird durch den folgenden Zusammenhang noch einmal verdeutlicht.

Satz 6.6 (van der Weiden und Bosgra 1979)

Wenn $s\mathbf{I} - \tilde{\mathbf{A}}_{11}$ die linke, obere Teilmatrix in (6.71) ist, dann sind die Nullstellen von det $(s\mathbf{I} - \tilde{\mathbf{A}}_{11})$ die Invarianten Nullstellen des Systems $(\mathbf{A},\mathbf{B},\mathbf{C})$.

Die Elemente der Morse–Liste I_1 sind also direkt mit den endlichen Invarianten Nullstellen verknüpft, so daß sowohl die endlichen Invarianten Nullstellen als auch die Nullstellen im Unendlichen durch die Transformationen T1–T5 nicht verändert werden und somit gegenüber regulären Transformationen des Eingangs–, Ausgangs– und Zustandsvektors, einer Zustandsrückführung und einer Ausgangsinjektion invariant sind.

Aus rein mathematischer Sicht ist die Rosenbrock–Systemmatrix $\mathbf{P}(s)$, wie mehrfach bereits erwähnt, nichts anderes als ein Matrizenbüschel $s\mathbf{M} - \mathbf{L}$ (Gantmacher 1986), mit den konstanten Matrizen

$$\mathbf{M} = \begin{bmatrix} \mathbf{I}_n & \mathbf{0} \\ \mathbf{0} & \mathbf{0} \end{bmatrix} \quad \text{und} \quad \mathbf{L} = \begin{bmatrix} \mathbf{A} & \mathbf{B} \\ -\mathbf{C} & \mathbf{0} \end{bmatrix}. \tag{6.72}$$

Bereits seit dem vorherigen Jahrhundert (Kronecker 1890) ist bekannt, daß ein derartiges Matrizenbüschel gegenüber *streng äquivalenten* Transformationen im allgemeinen vier Arten struktureller Invarianten (vgl. auch Abschnitt 2.8) besitzt. Unter der Voraussetzung $l \geq m$ und $\rho = \text{Normalrang } \mathbf{P}(s) \leq n + m$ sind dies:

i) Die minimalen Spaltenindizes (rechte Kroneckerindizes) $\{\epsilon_1 = \cdots = \epsilon_g = 0 < \epsilon_{g+1} \leq \cdots \leq \epsilon_p\}$ mit $p = n + m - \rho$.

ii) Die minimalen Zeilenindizes (linke Kroneckerindizes) $\{\eta_1 = \cdots = \eta_h = 0 < \eta_{h+1} \leq \cdots \leq \eta_q\}$ mit $q = n + l - \rho$.

iii) Die unendlichen Elementarteiler $w^{\nu_1}, w^{\nu_2}, ..., w^{\nu_r}$, wobei $r = \rho - n$ der Normalrang der Übertragungsmatrix $\mathbf{F}(s) = \mathbf{C}(s\mathbf{I} - \mathbf{A})^{-1}\mathbf{B}$ ist.

iv) Die endlichen Elementarteiler der Form $(s - \lambda)^i$.

An dieser Stelle ergibt sich die Frage, ob und in welcher Weise die von Morse eingeführten Strukturinvarianten mit diesen *Kronecker–Invarianten* verknüpft sind. Ein erster Zusammenhang zwischen den Ordnungen der Nullstellen im Unendlichen, d.h. der Morse–Liste I_4, und den unendlichen Elementarteilern wurde bereits in Abschnitt 6.2 aufgedeckt: Die Ordnungen der unendlichen Elementarteiler sind genau um Eins größer als die Ordnungen der Nullstellen im Unendlichen.

Für die vollständige Beantwortung dieser Frage ist die Arbeit von Thorp (1973) von Bedeutung, in der — unabhängig von Morse — die kanonische Form (6.71) der Rosenbrock–Systemmatrix $\mathbf{P}(s)$ mit Hilfe der zuvor angegebenen Kronecker–Invarianten charakterisiert wird. Aus dem Vergleich dieser Charakterisierung mit der von Morse ergibt sich der gesuchte Zusammenhang:

i) Morse–Liste I_1 $\Leftrightarrow$ Invariante Nullstellen $\Leftrightarrow$ endliche Elementarteilern.

ii) Morse–Liste I_2 $\Leftrightarrow$ Steuerbarkeitsindizes von $(\tilde{\mathbf{A}}_{33}, \tilde{\mathbf{B}}_3)$ $\Leftrightarrow$ minimale Zeilenindizes.

iii) Morse–Liste I_3 $\Leftrightarrow$ Beobachtbarkeitsindizes von $(\tilde{\mathbf{A}}_{22}, \tilde{\mathbf{C}}_2)$ $\Leftrightarrow$ minimale Spaltenindizes.

iv) Morse–Liste I_4 $\Leftrightarrow$ Ordnungen der Nullstellen im Unendlichen $\Leftrightarrow$ Ordnungen der unendlichen Elementarteiler -1

Die Zusammenhänge zwischen den Morse–Listen und den Kronecker–Invarianten sind nicht nur aus systemtheoretischer sondern auch aus numerischer Sicht von Bedeutung, da der Literatur zuverlässige Algorithmen und Programme zur numerischen Berechnung der Kronecker–Invarianten entnommen werden können (vgl. Abschnitt 2.8.3).

Zum Abschluß werden noch einige weitergehende Zusammenhänge zwischen den Systemdimensionen und dem Auftreten der verschiedenen Morse–Listen aufgeführt, die sich anhand der Kronecker–Normalform von $\mathbf{P}(s)$ unter Berücksichtigung der zuvor angegebenen Beziehungen ergeben:

i) Ein nicht degeneriertes System $(\mathbf{A},\mathbf{B},\mathbf{C})$ mit m Ein- und Ausgängen kann höchstens die Morse–Listen I_1 (Invarianten Nullstellen) und I_4 (Nullstellen im Unendlichen) besitzen.

ii) Ein nicht degeneriertes System $(\mathbf{A},\mathbf{B},\mathbf{C})$ mit m Ein- und l Ausgängen und $m > l$ enthält immer die Morse–Liste I_2 (Spaltenindizes) und kann darüber hinaus noch die Listen I_1 und I_4 besitzen.

iii) Ein nicht degeneriertes System $(\mathbf{A},\mathbf{B},\mathbf{C})$ mit m Ein- und l Ausgängen und $m < l$ enthält immer die Morse–Liste I_3 (Zeilenindizes) und kann darüber hinaus noch die Listen I_1 und I_4 besitzen.

iv) Ein degeneriertes System $(\mathbf{A},\mathbf{B},\mathbf{C})$ enthält immer die Morse–Listen I_2 und I_3 sowie im allgemeinen Fall auch noch die Listen I_1 und I_4.

v) Minimale Spaltenindizes $\epsilon_i = 0$ bzw. Zeilenindizes $\eta_i = 0$ treten dann und nur dann auf, wenn Rang $\mathbf{B} < m$ bzw. Rang $\mathbf{C} < l$ gilt.

Wie diese Aufstellung deutlich macht, werden bei den meisten praktischen Problemstellungen nie alle vier Morse–Listen gleichzeitig vorkommen.

6.7 Anzahl der Nullstellen im Unendlichen

Bei den endlichen Nullstellen (vgl. Abschnitt 5.4) existiert nur für den Fall $m = l$ und Rang $\mathbf{CB} = m$ ein direkter Zusammenhang zwischen den Systemdimensionen und der Anzahl der endlichen Nullstellen. In allen anderen Fällen ist die Anzahl der endlichen Nullstellen von den Strukturen und Zahlenbelegungen der Matrizen $\mathbf{A},\mathbf{B},\mathbf{C}$ abhängig. Bereits bei relativ kleinen Systemen sind somit zur Bestimmung der Anzahl der endlichen Nullstellen aufwendige numerische Verfahren (vgl. Abschnitt 5.7) oder ein Einsatz graphentheoretischer Methoden erforderlich (Svaricek 1987, Wend 1991).

Im Gegensatz dazu wird die *Anzahl* der unendlichen Nullstellen eines linearen Systems $(\mathbf{A},\mathbf{B},\mathbf{C})$ in der Regel bereits durch die Systemdimensionen festgelegt. Die genauen Zusammenhänge werden in diesem Abschnitt diskutiert.

Satz 6.7 (Svaricek 1987)
> Die Anzahl der Nullstellen im Unendlichen eines linearen Systems $(\mathbf{A},\mathbf{B},\mathbf{C})$ ist identisch mit dem Normalrang der Übertragungsmatrix $\mathbf{F}(s)$.

Betrachtet man die graphentheoretische Charakterisierung der Nullstellen im Unendlichen (Svaricek 1987) eines linearen Systems, so ergibt sich aus dieser Charakterisierung und dem im Satz 6.7 angesprochenen Zusammenhang eine anschauliche physikalische Interpretation des Ranges eines linearen Systems: Der Rang eines linearen Systems $(\mathbf{A},\mathbf{B},\mathbf{C})$, d.h. der Normalrang von $\mathbf{F}(s)$ ist im allgemeinen gleich der maximalen Anzahl der unabhängigen Integratorketten zwischen den Ein– und Ausgängen des Systems. Hierbei bedeutet „im allgemeinen", daß der Rang eines Systems nur für ganz gewisse Werte der Systemparameter kleiner als die Anzahl der unabhängigen Integratorketten werden kann. Die maximale Anzahl dieser Integratorketten stellt also eine obere Schranke für den Systemrang dar.

Aus dem Satz 6.7 kann der folgende Satz, der die Anzahl der unendlichen Nullstellen für ein *nicht* degeneriertes System $(\mathbf{A},\mathbf{B},\mathbf{C})$ explizit angibt, leicht abgeleitet werden.

Satz 6.8
> Ein nicht degeneriertes System $(\mathbf{A},\mathbf{B},\mathbf{C})$ besitzt genau q Nullstellen im Unendlichen mit $q = \min(l, m)$.

Der Beweis für die nachstehende Folgerung ist bei Svaricek (1987) zu finden:
Ein System (**A**,**B**,**C**) mit z.B. $m \leq l$ und Rang $\mathbf{CB} = m$ hat genau m Nullstellen
1-ter Ordnung im Unendlichen. Wenn allerdings die Matrix **CB** nicht über
einen vollen Zeilen- oder Spaltenrang verfügt, so verringert sich sofort die
Anzahl der Nullstellen 1-ter Ordnung:

Satz 6.9 (Svaricek 1987)
Ein System (**A**,**B**,**C**) mit Rang $\mathbf{CB} = p$ hat genau p Nullstellen 1-ter
Ordnung im Unendlichen.

Verschwindet das Matrizenprodukt **CB**, so können ohne zusätzliche Berechnungen keine weiteren Aussagen über die Ordnungen der Nullstellen im Unendlichen
getroffen werden, da die Ordnungen dann sowohl von den Strukturen als auch
von den Zahlenwerten der Matrizen **A**,**B**,**C** abhängen.

Für quadratische, nicht degenerierte Systeme (**A**,**B**,**C**) kann allerdings noch
folgende wichtige Beziehung zwischen der Anzahl der Zustandsgrößen und der
Anzahl der endlichen und unendlichen Nullstellen angegeben werden.

Satz 6.10 (Svaricek 1987)
Für *nicht degenerierte* Systeme (**A**,**B**,**C**) mit n Zustanndsgrößen und m
Ein- und Ausgängen gilt

$$n = n_{IN} + \sum_{i=1}^{m} \mu_i \, , \tag{6.73}$$

wenn n_{IN} die Anzahl der endlichen Invarianten Nullstellen und μ_1, μ_2,
..., μ_m die Ordnungen der Nullstellen im Unendlichen bezeichnen.

6.8 Praktische Bedeutung der Nullstellen im Unendlichen

Im Bereich der linearen Systeme wird die Systemtheorie häufig als in sich
abgeschlossen angesehen. Das erst in den vergangenen 10 Jahren intensiv
untersuchte Konzept der *Nullstellen im Unendlichen* ist ein schönes Beispiel
dafür, wie durch neue Ansätze ermöglichte Einsichten immer noch zu einer
Bereicherung und Ausweitung dieser Systemtheorie beitragen können.

Die unendlichen Nullstellen spielen inzwischen bei einer Reihe regelungstechnischer Fragestellungen, wie dem Entkopplungsproblem (Descusse u.a. 1988), der
Störungsentkopplung (Commault u.a. 1984), dem exakten Modellfolgeproblem
(Malabre und Kučera 1984), dem Wurzelortskurvenverfahren für Mehrgrößensysteme (Hung und MacFarlane 1981), dem Entwurf von optimalen Reglern
(Schwarz 1976, Kouvaritakis 1981) und dem Entwurf von dezentralen Beobachtern (Engell und Konik 1986a) eine wichtige Rolle.

6.8.1 Ein–/Ausgangsentkopplung durch Zustandsrückführung

Die bekannten klassischen Reglerentwurfsverfahren für Eingrößensysteme können auch bei Systemen mit mehreren Ein– und Ausgängen eingesetzt werden, wenn das Ein–/Ausgangsverhalten des betrachteten Mehrgrößensystems entkoppelt ist, d.h. die zugehörige Übertragungsmatrix eine reine Diagonalmatrix ist. Da dies in der Regel nicht der Fall sein wird, ist die Frage von Bedeutung, ob für ein gegebenes lineares, zeitinvariantes System $(\mathbf{A},\mathbf{B},\mathbf{C})$ eine Rückführung

$$\mathbf{u}(t) \;=\; -\mathbf{R}\mathbf{x}(t) \;+\; \mathbf{V}\mathbf{w}(t) \qquad \text{mit det } \mathbf{V} \neq 0 \tag{6.74}$$

in der Form existiert, daß die Übertragungsmatrix

$$\mathbf{F}_w(s) \;=\; \mathbf{C}[s\mathbf{I} - \mathbf{A} + \mathbf{B}\mathbf{R}]^{-1}\mathbf{B}\mathbf{V} \tag{6.75}$$

des rückgekoppelten Systems (vgl. Bild 6.3) eine reine Diagonalmatrix ist, also die Gestalt

$$\mathbf{F}_w(s) \;=\; \begin{bmatrix} F_1(s) & & 0 \\ & \ddots & \\ 0 & & F_m(s) \end{bmatrix} \tag{6.76}$$

hat.

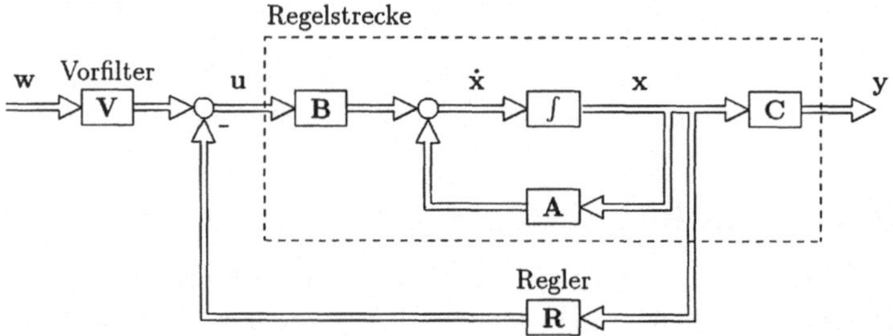

Bild 6.3: Struktur der Zustandsregelung mit konstantem Vorfilter $\mathbf{V}$

Die erste befriedigende Formulierung dieses sogenannten „Diagonal–Entkopplungsproblems" (im Englischen auch als Morgan's Problem bekannt) geht auf Morgan (1964) zurück, der auch eine erste *hinreichende* Bedingung angab. Heute werden meistens die bekannten Bedingungen von *Falb* und *Wolovich* verwendet, die nicht nur notwendig, sondern auch hinreichend sind. Diese in dem Satz 6.11 zusammengefaßten Bedingungen machen Gebrauch von einer Liste $d_1, d_2, ..., d_m$, die *Entkopplungsindizes* genannt werden und und wie folgt definiert sind:

Definition 6.11

Die Entkopplungsindizes d_i, $i = 1, 2, ..., m$ sind die jeweils kleinsten positiven Zahlen, die

$$\mathbf{c}_i^T \mathbf{A}^{d_i} \mathbf{B} \neq 0 \tag{6.77}$$

erfüllen, wobei $\mathbf{c}_i^T$ die i-te Zeile von $\mathbf{C}$ bezeichnet. Falls $\mathbf{c}_i^T \mathbf{A}^j \mathbf{B} = 0$ für alle j gilt, wird $d_i = n - 1$ gesetzt.

Unter Zuhilfenahme dieser Indizes kann das bekannte *Entkoppelbarkeitskriterium* von Falb und Wolovich so formuliert werden:

Satz 6.11 (Falb und Wolovich 1967)

Ein System (A,B,C) mit m Ein– und Ausgängen kann dann und nur dann durch eine Zustandsrückführung (6.74) entkoppelt werden, wenn die $m \times m$ Entkopplungsmatrix $\tilde{\mathbf{D}}$ mit

$$\tilde{\mathbf{D}} = \begin{bmatrix} \mathbf{c}_1^T \mathbf{A}^{d_1} \mathbf{B} \\ \mathbf{c}_2^T \mathbf{A}^{d_2} \mathbf{B} \\ \vdots \\ \mathbf{c}_m^T \mathbf{A}^{d_m} \mathbf{B} \end{bmatrix} \tag{6.78}$$

regulär ist, d.h.

$$\text{Rang } \tilde{\mathbf{D}} = m \tag{6.79}$$

gilt.

Welche Bedeutung den Nullstellen im Unendlichen bei dem Diagonal–Entkopplungsproblem zukommt, deckte Vardulakis erst 1980 auf. Er zeigte, daß für ein *entkoppelbares* System ein eindeutiger Zusammenhang zwischen den soeben definierten Entkopplungsindizes d_i und den Ordnungen μ_i der Nullstellen im Unendlichen gegeben ist:

$$d_i = \mu_i - 1, \quad i = 1, 2, ..., m. \tag{6.80}$$

Da zwischen den Entkopplungsindizes und den Ordnungen der Nullstellen im Unendlichen der Teilsysteme $(\mathbf{A}, \mathbf{B}, \mathbf{c}_i^T)$, $i = 1, 2, ..., m$ ein Zusammenhang besteht, der dem der Gleichung (6.80) entspricht (Vardulakis 1980), bedeutet dies, daß für ein entkoppelbares System die Nullstellen im Unendlichen des Systems (A,B,C) mit den Ordnungen der unendlichen Nullstellen der Teilsysteme $(\mathbf{A}, \mathbf{B}, \mathbf{c}_i^T)$, $i = 1, 2, ..., m$ übereinstimmen. Kurz darauf konnten Descusse und Dion (1982) nachweisen, daß diese Bedingung nicht nur notwendig, sondern sogar *hinreichend* ist:

Satz 6.12

Ein quadratisches, nicht degeneriertes lineares System $(\mathbf{A},\mathbf{B},\mathbf{C})$ kann dann und nur dann durch eine statische Zustandsrückführung (6.74) entkoppelt werden, wenn die Ordnungen der Nullstellen im Unendlichen des Systems $(\mathbf{A},\mathbf{B},\mathbf{C})$ identisch sind mit den Ordnungen der unendlichen Nullstellen der Teilsysteme $(\mathbf{A},\mathbf{B},\mathbf{c}_i^T)$ für $i = 1, 2, ..., m$.

Aus numerischer Sicht sind diese neuen Bedingungen zur Überprüfung der Entkoppelbarkeit wesentlich besser geeignet, als die klassische Bedingung von *Falb* und *Wolovich*. Bei der Bedinung von Falb und Wolovich kann bereits die numerische Entscheidung, ob ein Vektor $\mathbf{c}_i^T \mathbf{A}^j \mathbf{B}$ von Null verschieden ist, problematisch sein. Darüber hinaus ist die Entkopplungsmatrix $\tilde{\mathbf{D}}$ aufgrund der auftretenden Potenzen von $\mathbf{A}$ unter Umständen sehr schlecht konditioniert (vgl. Diskussion in Abschnitt 3.3), so daß eine zuverlässige numerische Rangbestimmung nicht mehr gewährleistet ist.

Für eine effiziente numerische Überprüfung (Svaricek 1991b) der Entkoppelbarkeit sind die beiden folgenden hinreichenden Bedingungen von Bedeutung. Die erste Bedingung kann dabei direkt von *Morgans* klassischer Bedingung Rang $\mathbf{CB} = m$ abgeleitet werden:

Satz 6.13

Ein quadratisches, nicht degeneriertes lineares System $(\mathbf{A},\mathbf{B},\mathbf{C})$ kann durch eine statische Zustandsrückführung (6.74) entkoppelt werden, wenn das System $(\mathbf{A},\mathbf{B},\mathbf{C})$ m Nullstellen 1–ter Ordnung

$$\mu_1 = \mu_2 = \cdots = \mu_m = 1 \tag{6.81}$$

im Unendlichen und somit genau $n - m$ endliche Nullstellen besitzt.

Als eine Verallgemeinerung dieser hinreichenden Bedingung kann folgender von Suda und Umahasi (1984) bewiesene Zusammenhang angesehen werden:

Satz 6.14

Ein quadratisches, nicht degeneriertes lineares System $(\mathbf{A},\mathbf{B},\mathbf{C})$ kann durch eine statische Zustandsrückführung (6.74) entkoppelt werden, wenn für die Ordnungen $\mu_1, ..., \mu_m$ der Nullstellen im Unendlichen das System $(\mathbf{A},\mathbf{B},\mathbf{C})$ gilt:

$$\mu_1 = \mu_2 = \cdots = \mu_m . \tag{6.82}$$

Sind die Bedingungen der Entkoppelbarkeit erfüllt, ist also die Entkopplungsmatrix $\tilde{\mathbf{D}}$ invertierbar, so ergeben sich die Reglermatrix $\mathbf{R}$ und die Vorfiltermatrix $\mathbf{V}$ des Regelgesetzes (6.74) nach Falb und Wolovich (1967) zu:

$$\mathbf{R} = \tilde{\mathbf{D}}^{-1}\tilde{\mathbf{A}} \tag{6.83}$$

mit

$$\tilde{\mathbf{A}} = \begin{bmatrix} \mathbf{c}_1^T \mathbf{A}^{d_1+1} \\ \mathbf{c}_2^T \mathbf{A}^{d_2+1} \\ \vdots \\ \mathbf{c}_m^T \mathbf{A}^{d_m+1} \end{bmatrix} = \begin{bmatrix} \mathbf{c}_1^T \mathbf{A}^{\mu_1} \\ \mathbf{c}_2^T \mathbf{A}^{\mu_2} \\ \vdots \\ \mathbf{c}_m^T \mathbf{A}^{\mu_m} \end{bmatrix} \tag{6.84}$$

und

$$\mathbf{V} = \tilde{\mathbf{D}}^{-1} \mathbf{K} \tag{6.85}$$

mit

$$\mathbf{K} = \begin{bmatrix} k_1 & & 0 \\ & \ddots & \\ 0 & & k_m \end{bmatrix}. \tag{6.86}$$

Die diagonale Übertragungsmatrix des geregelten Systems

$$\begin{aligned} \mathbf{F}_w(s) &= \mathbf{C}[s\mathbf{I} - \mathbf{A} + \mathbf{BR}]^{-1}\mathbf{BV} \\[2mm] &= \mathbf{C}[s\mathbf{I} - \mathbf{A} + \mathbf{B}\tilde{\mathbf{D}}^{-1}\tilde{\mathbf{A}}]^{-1}\mathbf{B}\tilde{\mathbf{D}}^{-1}\mathbf{K} \\[2mm] &= \begin{bmatrix} \dfrac{k_1}{s^{\mu_1}} & & & \\ & \dfrac{k_2}{s^{\mu_2}} & & \\ & & \ddots & \\ & & & \dfrac{k_m}{s^{\mu_m}} \end{bmatrix} \end{aligned} \tag{6.87}$$

hat dann eine einfache Struktur (Gilbert 1969), die durch die Ordnungen $\mu_1, \mu_2, ..., \mu_m$ der Nullstellen im Unendlichen eindeutig festgelegt wird. Das rückgeführte, entkoppelte System, das sich aus m Integratorketten zu μ_i, $i = 1, 2, ..., m$ Integratoren zusammensetzt (vgl. Bild 6.4), wird auch *integratorentkoppeltes* System genannt (Schwarz 1991).

Wie ein Blick auf die diagonale Übertragungsmatrix (6.87) zeigt, besitzt das mit (6.74) rückgeführte System offenbar keine endlichen Übertragungsnullstellen. Aufgrund der Entkopplungsbedingungen ist allerdings nicht auszuschließen, daß die betrachtete *Regelstrecke* endliche Übertragungsnullstellen hat. Eine entkoppelnde Zustandsrückführung kann also die endliche Nullstellenstruktur der Übertragungsmatrix verändern. Wie in Abschnitt 5.3 bereits besprochen, können

Übertragungsnullstellen allerdings nur in der Weise verändert werden, daß sie
Ausgangs–Entkopplungsnullstellen und somit *nicht* beobachtbar werden.

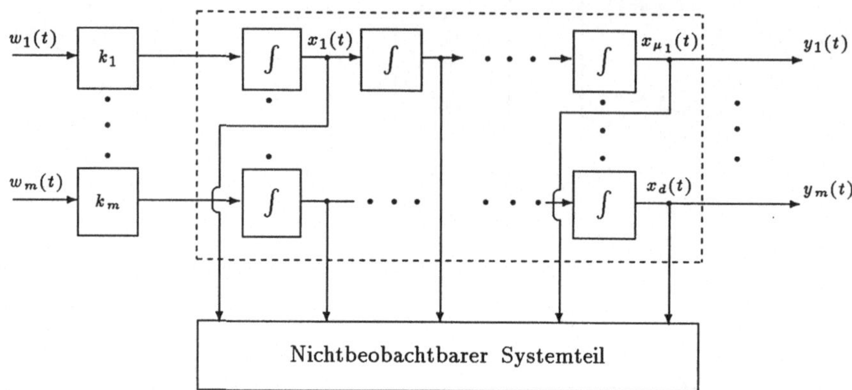

Bild 6.4: Integratorentkoppeltes System

Wenn eine entkoppelbare Strecke also $n_{\ddot{U}N}$ Übertragungsnullstellen mit $n_{\ddot{U}N} >$
0 hat, dann entsteht durch eine Entkopplung mit (6.74) immer ein nicht
beobachtbarer Unterraum des Zustandsraumes der Dimension $n_{\ddot{U}N}$ mit

$$
\begin{aligned}
n_{\ddot{U}N} &= n - \sum_{i=1}^{m} \mu_i \\
&= n - d.
\end{aligned}
$$

(6.88)

Die Summe d der Ordnungen der Nullstellen im Unendlichen ist dann gerade
gleich dem (Vektor–)Differenzgrad des Systems (vgl. Schwarz 1991:348).

Wie aus diesem Zusammenhang ersichtlich, ist die Lage etwaiger vorhandener
Streckennullstellen für die Stabilität des entkoppelten Systems von entscheidender Bedeutung. Liegen Übertragungsnullstellen der Regelstrecke in der
rechten s–Halbebene, so ist das entkoppelte System immer instabil, da die
Zustandsrückführung (6.74) bewirkt, daß alle Übertragungsnullstellen durch
entsprechend plazierte Pole kompensiert werden.

Besitzt ein System Übertragungsnullstellen in der rechten s–Halbebene oder
erfüllt es erst gar nicht die Entkoppelungsbedingungen, so ist eine stabile,
vollständige Entkopplung mit einer statischen Zustandsrückführung nicht zu
verwirklichen. Neben dem Einsatz eines zusätzlichen dynamischen Kompensator (Cremer 1971) kann dann eine Beschränkung auf eine teilweise oder
näherungsweise Entkopplung in Betracht gezogen werden (Descusse u.a. 1983,
Lohmann 1991).

Die folgende allgemeinere Formulierung des Entkopplungsproblems ist für den letzteren Fall von Interesse ist: Die Ausgangsgrößen $y_1, y_2, ..., y_l$ eines Systems $(\mathbf{A}, \mathbf{B}, \mathbf{C})$ mit m Eingängen seien zu k Teilvektoren zusammengefaßt, d.h. $\mathbf{y}^T = [\mathbf{y}_1^T, \mathbf{y}_2^T, ..., \mathbf{y}_k^T]$. Die Ausgangsmatrix $\mathbf{C}$ hat dann die Gestalt

$$\mathbf{C} = \begin{bmatrix} \mathbf{C}_1 \\ \mathbf{C}_2 \\ \vdots \\ \mathbf{C}_k \end{bmatrix} \tag{6.89}$$

mit Matrizen $\mathbf{C}_i$ der Dimensionen $l_i \times n$. Gesucht werden jetzt Bedingungen, die sicherstellen, daß eine Rückführung

$$\mathbf{u}(t) = -\mathbf{R}\mathbf{x}(t) + \sum_{i=1}^{k} \mathbf{V}_i \mathbf{w}_i(t) \tag{6.90}$$

in der Form existiert, daß die Übertragungsmatrix des geschlossenen Systems

$$\mathbf{F}_w(s) = \begin{bmatrix} \mathbf{F}_1(s) & & \mathbf{0} \\ & \ddots & \\ \mathbf{0} & & \mathbf{F}_k(s) \end{bmatrix}, \tag{6.91}$$

eine block–diagonale Matrix ist, wobei die Matrizen auf der Diagonalen $l_i \times m_i$ Matrizen sind. Die Matrizen $\mathbf{V}_i$ der Aufteilung $[\mathbf{V}_1, \mathbf{V}_2, ..., \mathbf{V}_k]$ der Vorfiltermatrix haben dabei die Dimensionen $m \times m_i$, wenn durch m_i, $i = 1, 2, ..., k$ die Einteilung $[\mathbf{w}_1^T, \mathbf{w}_2^T, ..., \mathbf{w}_k^T]$ der Eingangsgrößen $w_1, w_2, ..., w_m$ festgelegt wird.

Mit anderen Worten sollen in dem entkoppelten System die in k Untermengen aufgeteilten Ausgangsgrößen jeweils nur von einer eindeutig zugeordneten Untermenge der Eingangsgrößen angesprochen werden. Als Spezialfall $k = m = l$ ist in dieser allgemeineren Formulierung auch das ursprüngliche Diagonal-Entkopplungsproblem enthalten.

Die erste Formulierung dieses sogenannten *Block–Entkopplungsproblems* geht auf Wonham und Morse (1970) zurück, die mit Hilfe der geometrischen Theorie nur für die Fälle $m = n$ und $k = l$ notwendige und hinreichende Bedingungen angeben konnten. In den folgenden Jahren fanden Silverman und Payne (1971), Wolovich (1974) und Koussiouris (1979) Bedingungen für weitere Sonderfälle. Unter der Voraussetzung einer regulären Vorfiltermatrix $\mathbf{V} = [\mathbf{V}_1, \mathbf{V}_2, ..., \mathbf{V}_k]$ konnte dann gezeigt werden (Descusse u.a. 1983, Dion 1983), daß die von Descusse und Dion gefundenen Kriterien der diagonalen Entkoppelbarkeit (Satz 6.12) in entsprechender Form auch für das *reguläre Block–Entkopplungsproblem* gelten:

Satz 6.15

Das reguläre Block–Entkopplungsproblem ist dann und nur dann lösbar, wenn sich die Struktur des Systems (**A**,**B**,**C**) im Unendlichen aus den Strukturen im Unendlichen der Teilsysteme ($\mathbf{A}, \mathbf{B}, \mathbf{C}_i$) zusammensetzt.

Dieser Satz gilt dabei für ein beliebiges lineares, zeitinvariantes System (**A**,**B**,**C**), so daß beispielweise auch degenerierte Systeme eingeschlossen sind.

Die Bedeutung des Konzeptes der *Nullstellen im Unendlichen* für das Entkopplungsproblem wurde in den darauffolgenden Jahren noch deutlicher, da mit Hilfe dieses Konzeptes einfache und anschauliche Lösungsbedingungen für noch allgemeinere Fälle angegeben werden konnten, wo z.B. eine vollständige Zustandsrückführung technisch nicht realisierbar ist (Descusse u.a. 1984a), die Regularität der Vorfiltermatrix **V** nicht vorausgesetzt wird (Descusse u.a. 1984b, Suda und Umahashi 1984, Descusse u.a. 1988) oder die Matrix **V** auch ein dynamischer Kompensator (Commault u.a. 1991) sein darf.

6.8.2 Das exakte dynamische Modellfolgeproblem

Im vorhergehenden Abschnitt wurde das Problem behandelt, welche Bedingungen ein lineares, zeitinvariantes System (**A**,**B**,**C**) erfüllen muß, damit eine entkoppelnde Zustandsrückführung gefunden werden kann. Ein System ist vollständig bzw. teilweise entkoppelt, wennn die Übertragungsmatrix des Systems eine diagonale bzw. blockdiagonale Matrix ist.

Eine weitere Verallgemeinerung ist die Frage, ob für ein gegebenes System eine Zustandsrückführung in der Form existiert, daß die Übertragungsmatrix des rückgekoppelten Systems mit einer vorgegebenen Modell–Übertragungsmatrix übereinstimmt. Dieses Problem im Englischen auch als „Exact Model Matching Problem" bekannt (vgl. Wolovich 1974) kann im Zustandsraum folgendermaßen formuliert werden (Malabre und Kučera 1984).

Gegeben sei ein lineares System ($\mathbf{A}_o, \mathbf{B}_o, \mathbf{C}_o$) in der Zustandsraumbeschreibung

$$
\begin{aligned}
\dot{\mathbf{x}}_o(t) &= \mathbf{A}_o\mathbf{x}_o(t) + \mathbf{B}_o\mathbf{u}_o(t) \\
\mathbf{y}_o(t) &= \mathbf{C}_o\mathbf{x}_o(t)
\end{aligned}
\tag{6.92}
$$

mit $\mathbf{x}_o(t) \in \mathbb{R}^{n_o}$, $\mathbf{u}_o(t) \in \mathbb{R}^{m_o}$ und $\mathbf{y}_o(t) \in \mathbb{R}^{l}$ sowie ein vorgegebenes Referenzmodell

$$
\begin{aligned}
\dot{\mathbf{x}}_m(t) &= \mathbf{A}_m\mathbf{x}_m(t) + \mathbf{B}_m\mathbf{u}_m(t) \\
\mathbf{y}_m(t) &= \mathbf{C}_m\mathbf{x}_m(t)
\end{aligned}
\tag{6.93}
$$

mit $\mathbf{x}_m(t) \in \mathbb{R}^{n_m}$, $\mathbf{u}_m(t) \in \mathbb{R}^{m_m}$ und $\mathbf{y}_m(t) \in \mathbb{R}^{l}$.

Da das exakte Modellfolgeproblem in vielen Fällen mit einer rein statischen Zustandsrückführung nicht lösbar ist (Morse 1973a, Tolle 1983), setzt man sofort eine dynamische Erweiterung der Form

$$\dot{\mathbf{x}}_e(t) = \mathbf{B}_e \mathbf{u}_e(t) \tag{6.94}$$

mit $\mathbf{x}_e(t) \in \mathbb{R}^{n_e}$ und $\mathbf{u}_e(t) \in \mathbb{R}^{n_e}$ an. Das um n_e Integratoren erweiterte System $(\mathbf{A}_o, (\mathbf{B}_o, \mathbf{B}_e), \mathbf{C}_o)$ läßt sich dann durch

$$\begin{bmatrix} \dot{\mathbf{x}}_o(t) \\ \hline \dot{\mathbf{x}}_e(t) \end{bmatrix} = \begin{bmatrix} \mathbf{A}_o & 0 \\ \hline 0 & 0 \end{bmatrix} \begin{bmatrix} \mathbf{x}_o(t) \\ \hline \mathbf{x}_e(t) \end{bmatrix} + \begin{bmatrix} \mathbf{B}_o & 0 \\ \hline 0 & \mathbf{B}_e \end{bmatrix} \begin{bmatrix} \mathbf{u}_o(t) \\ \hline \mathbf{u}_e(t) \end{bmatrix}$$

$$\mathbf{y}_o(t) = [\,\mathbf{C}_o \,|\, 0\,] \begin{bmatrix} \mathbf{x}_o(t) \\ \hline \mathbf{x}_e(t) \end{bmatrix} \tag{6.95}$$

beschreiben (vgl. Bild 6.5).

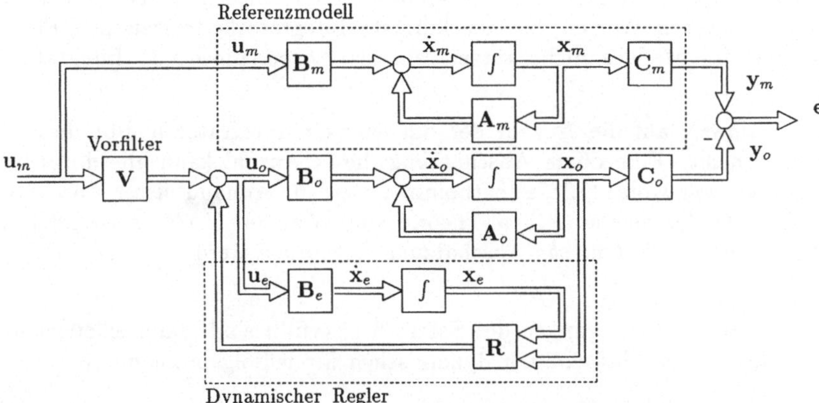

Bild 6.5: Struktur des exakten dynamischen Modellfolgeproblems

Die Erweiterung des Originalsystem $(\mathbf{A}_o, \mathbf{B}_o, \mathbf{C}_o)$ um n_e Integratoren stellt, zusammengenommen mit der konstanten Zustandsrückführung

$$\begin{bmatrix} \mathbf{u}_o(t) \\ \hline \mathbf{u}_e(t) \end{bmatrix} = \mathbf{R} \begin{bmatrix} \mathbf{x}_o(t) \\ \hline \mathbf{x}_e(t) \end{bmatrix} + \mathbf{V}\mathbf{u}_m(t), \tag{6.96}$$

für das Originalsystem einen dynamischen Kompensator dar.

Das exakte dynamische Modellfolgeproblem (Bild 6.5) kann dann wie folgt formuliert werden: Wann existiert für ein gegebenes System $(\mathbf{A}_o, \mathbf{B}_o, \mathbf{C}_o)$ ein

$n_e \geq 0$ und ein Rückführgesetz (6.96) in der Form, daß die Differenz $e(t)$ zwischen den Ausgangsgrößen $\mathbf{y}_m(t)$ in (6.93) und $\mathbf{y}_o(t)$ in (6.95) verschwindet?

Eine Antwort auf diese Frage gibt der nächste Satz, der mit Hilfe der geometrischen Theorie von Malabre und Kučera (1984) bewiesen werden konnte.

Satz 6.16

Für das exakte dynamische Modellfolgeproblem existiert dann und nur dann eine Lösung, wenn die Struktur im Unendlichen des Systems $(\mathbf{A}_o, \mathbf{B}_o, \mathbf{C}_o)$ identisch ist mit der Struktur des zusammengesetzten Systems

$$\mathbf{A} = \left[\begin{array}{c|c} \mathbf{A}_o & \mathbf{0} \\ \hline \mathbf{0} & \mathbf{A}_m \end{array} \right], \quad \mathbf{B} = \left[\begin{array}{c|c} \mathbf{B}_o & \mathbf{0} \\ \hline \mathbf{0} & \mathbf{B}_m \end{array} \right], \quad \mathbf{C} = \left[\begin{array}{c|c} \mathbf{C}_o & -\mathbf{C}_m \end{array} \right]. \quad (6.97)$$

Sind sowohl die Strecke $(\mathbf{A}_o, \mathbf{B}_o, \mathbf{C}_o)$ als auch das Modell $(\mathbf{A}_m, \mathbf{B}_m, \mathbf{C}_m)$ Eingrößensysteme, so besagt dieser Satz, daß das Modellfolgeproblem dann und nur dann lösbar ist, wenn die Ordnung der Nullstelle im Unendlichen des Modells größer oder gleich der Ordnung der unendlichen Nullstelle der Stecke ist. Mit anderen Worten darf die kürzeste Integratorkette zwischen Ein- und Ausgang des Modells nicht kürzer sein als die entsprechende Integratorkette der Strecke.

Einen Hinweis auf die Anzahl der notwendigen Integratoren gibt dieser Satz offenbar nicht. Eine obere Abschätzung dieser Anzahl kann allerdings bereits der Arbeit von Morse (1973a) entnommen werden. Anhand dieser Abschätzung, die Begriffe der geometrischen Theorie von Wonham (1974) verwendet, kann sofort folgende *algebraische* Abschätzung angegeben werden.

Satz 6.17

Wenn die Bedingungen des Satzes 6.16 erfüllt sind, dann existiert immer eine Lösung des exakten dynamischen Modellfolgeproblems für

$$n_e = \min(n_m, n_\epsilon), \quad (6.98)$$

wobei n_m die Anzahl der Zustandsgrößen des Referenzmodells und $n_\epsilon = \sum_{i=1}^{p} \epsilon_i$ ist. Die Indizes $\epsilon_1, \epsilon_2, ..., \epsilon_p$ bezeichnen dabei die Elemente der Morse–Liste I_2 (vgl. Abschnitt 6.6) des zusammengesetzten Systems $(\mathbf{A}, \mathbf{B}, \mathbf{C})$.

Diese algebraische Abschätzung wird dabei im allgemeinen eine größere Anzahl von Integratoren angeben als die geometrische Abschätzung von Morse.

6.8.3   Das Störungs–Entkopplungsproblem

Ein geregeltes System soll nicht nur ein gutes Folgeverhalten zeigen, sondern gegenüber äußeren Störungen auch weitgehend unempfindlich sein. Somit ist die Frage von Interesse, ob für ein gegebenes System $(\mathbf{A},\mathbf{B},\mathbf{C})$ eine Zustandsrückführung existiert, die die Ausgangsgrößen des *geschlossenen* Regelkreises von den angreifenden Störungen entkoppelt.

Dieses sogenannte „Störungs–Entkopplungsproblem" wurde bereits Ende der sechziger Jahre formuliert. Basile und Marro (1969) untersuchten es dann im Zustandsraum und Wonham und Morse (1970) mit Hilfe geometrischer Methoden. Als weitere wichtige Quellen sind Wonham (1974), Bhattacharyya (1980), Hautus (1980) und Willems und Commault (1981) zu nennen.

Die bekannten und häufig zitierten geometrischen Lösungsbedingungen von Wonham (1974) sind allerdings nur dann anwendbar (Tolle 1985:95), wenn man sich mit der geometrischen Methode in der von Wonham gegebenen Ausprägung intensiv beschäftigt hat. Für den Ingenieur wesentlich besser geeignet sind daher neuere Bedingungen (Commault u.a. 1984), die mit Hilfe des Konzeptes der *Struktur im Unendlichen* formuliert werden können.

Den folgenden Betrachtungen liegt ein lineares System $(\mathbf{A},\mathbf{B},\mathbf{C})$ zugrunde, das um einen zusätzlichen Störsignaleingang $\mathbf{z}(t) \in \mathbb{R}^{\,d}$ erweitert wird:

$$\begin{aligned}
\dot{\mathbf{x}}(t) &= \mathbf{A}\mathbf{x}(t) + \mathbf{B}\mathbf{u}(t) + \mathbf{E}\mathbf{z}(t) \qquad & \mathbf{x}(t) \in \mathbb{R}^{\,n}, \quad \mathbf{u}(t) \in \mathbb{R}^{\,m} \\
\mathbf{y}(t) &= \mathbf{C}\mathbf{x}(t) & \mathbf{y}(t) \in \mathbb{R}^{\,l}
\end{aligned} \tag{6.99}$$

Die Fragestellung, unter welchen Bedingungen eine Zustandsrückführung

$$\mathbf{u}(t) = -\mathbf{R}\mathbf{x}(t) \tag{6.100}$$

existiert, die bewirkt, daß das Ausgangssignal $\mathbf{y}(t)$ des geschlossenen Regelkreises von dem unbekannten, nicht meßbaren Störsignal $\mathbf{z}(t)$ nicht beeinflußt wird, nennt man dann Störungs–Entkopplungsproblem.

Setzt man in (6.99) die Rückführung $\mathbf{u} = -\mathbf{R}\mathbf{x}$ ein, so erhält man:

$$\begin{aligned}
\dot{\mathbf{x}}(t) &= (\mathbf{A} - \mathbf{B}\mathbf{R})\mathbf{x}(t) + \mathbf{E}\mathbf{z}(t) \\
\mathbf{y}(t) &= \mathbf{C}\mathbf{x}(t)
\end{aligned} \tag{6.101}$$

Die Störbarkeit der Ausgänge $\mathbf{y}(t)$ des rückgeführten Systems (6.101) ist offenbar eng mit deren Ausgangssteuerbarkeit (vgl. Abschnitt 3.1.2) bezüglich der Eingänge $\mathbf{z}(t)$ verknüpft. Das bedeutet, die Störbarkeit der Ausgänge ist beispielsweise *voll gegeben* (vgl. Satz 3.5), wenn

$$\text{Rang } \mathbf{F}_g(s) = \text{Rang } \mathbf{C}[s\mathbf{I} - (\mathbf{A} - \mathbf{B}\mathbf{R})]^{-1}\mathbf{E} = l \tag{6.102}$$

erfüllt ist. Die Ausgänge $\mathbf{y}(t)$ sind daher gerade dann von den Störeingängen $\mathbf{z}(t)$ vollständig entkoppelt, wenn der Rang dieser Übertragungsmatrix gleich Null ist, d.h., wenn die Rückführmatrix $\mathbf{R}$ so gewählt werden kann, daß $\mathbf{F}_g(s)$ identisch verschwindet.

Die gesuchten notwendigen und hinreichenden Bedingungen für die Existenz einer derartigen Lösung können anhand eines einfach erweiterten Systems angegeben werden. Diese Erweiterung ist von der Form, daß jedem Eingang des Systems (6.99) ein Integrator vorgeschaltet wird:

$$\dot{\mathbf{u}}(t) \;=\; \mathbf{I}_m \mathbf{w}(t). \tag{6.103}$$

Der zugehörigen Zustandsraumbeschreibung

$$\left[\begin{array}{c} \dot{\mathbf{x}}(t) \\ \hline \dot{\mathbf{u}}(t) \end{array}\right] \;=\; \left[\begin{array}{c|c} \mathbf{A} & \mathbf{B} \\ \hline \mathbf{0} & \mathbf{0} \end{array}\right] \left[\begin{array}{c} \mathbf{x}(t) \\ \hline \mathbf{u}(t) \end{array}\right] \;+\; \left[\begin{array}{c} \mathbf{0} \\ \hline \mathbf{I} \end{array}\right] \mathbf{w}(t) \;+\; \left[\begin{array}{c} \mathbf{E} \\ \hline \mathbf{0} \end{array}\right] \mathbf{z}(t)$$

$$\mathbf{y}(t) \;=\; [\,\mathbf{C}\,|\,\mathbf{0}\,] \left[\begin{array}{c} \mathbf{x}(t) \\ \hline \mathbf{u}(t) \end{array}\right] \tag{6.104}$$

können dann die Systemmatrizen

$$\tilde{\mathbf{A}} \;=\; \left[\begin{array}{c|c} \mathbf{A} & \mathbf{B} \\ \hline \mathbf{0} & \mathbf{0} \end{array}\right], \; \tilde{\mathbf{B}} \;=\; \left[\begin{array}{c} \mathbf{0} \\ \hline \mathbf{I} \end{array}\right], \; \tilde{\mathbf{E}} \;=\; \left[\begin{array}{c} \mathbf{E} \\ \hline \mathbf{0} \end{array}\right], \; \tilde{\mathbf{C}} \;=\; [\,\mathbf{C}\,|\,\mathbf{0}\,] \tag{6.105}$$

des erweiterten Systems entnommen werden. Das fiktive System $(\tilde{\mathbf{A}}, \tilde{\mathbf{B}}, \tilde{\mathbf{E}}, \tilde{\mathbf{C}})$ verfügt hierbei über einen neuen Eingang $\mathbf{w}(t)$, und der ursprüngliche Eingang $\mathbf{u}(t)$ ist jetzt Bestandteil des vergrößerten Zustandvektors.

Ein Beweis zu dem folgenden Satz kann in der Literatur an verschiedenen Stellen (z.B. Verghese 1978, Commault u.a. 1984) gefunden werden.

Satz 6.18
> Das Störungs–Entkopplungsproblem ist dann und nur dann lösbar, wenn die Strukturen im Unendlichen der Systeme $(\tilde{\mathbf{A}}, \tilde{\mathbf{B}}, \tilde{\mathbf{C}})$ und $(\tilde{\mathbf{A}}, (\tilde{\mathbf{B}}, \tilde{\mathbf{E}}), \tilde{\mathbf{C}})$ identisch sind.

Anders als beim Modellfolgeproblem werden die zusätzlichen Integratoren hier nicht zur technischen Realsierung sondern nur bei der Überprüfung der Störentkoppelbarkeit benötigt. Dies wird vielleicht anhand der folgenden, alternativen Formulierung des Satzes 6.18 deutlicher:

Satz 6.19
> Für das Störungs–Entkopplungsproblem existiert dann und nur dann eine Lösung, wenn sowohl die Anzahl als auch die Ordnungen der Nullstellen von $s^{-1}\mathbf{F}_u(s)$ und $[s^{-1}\mathbf{F}_u(s), \mathbf{F}_z(s)]$ übereinstimmen. Hierbei beschreibt die Übertragungsmatrix

$$\mathbf{F}_u(s) \;=\; \mathbf{C}(s\mathbf{I} - \mathbf{A})^{-1}\mathbf{B} \tag{6.106}$$

das Übertragungsverhalten zwischen dem Eingang $\mathbf{u}(t)$ und $\mathbf{y}(t)$, während

$$\mathbf{F}_z(s) \;=\; \mathbf{C}(s\mathbf{I} - \mathbf{A})^{-1}\mathbf{E} \tag{6.107}$$

das Übertragungsverhalten zwischen der Störung $\mathbf{z}(t)$ und $\mathbf{y}(t)$ beschreibt.

Erfüllt ein System diese Bedingungen, so ist damit noch nicht sichergestellt, daß das rückgeführte, störentkoppelte System auch stabilisierbar ist. Eine einfache Antwort auf diese Frage gibt der folgende Satz, zu dessen Anwendung die Invarianten Nullstellen des Systems $(\mathbf{A},\mathbf{B},\mathbf{C})$ und des um den Störeingang erweiterten Systems $(\mathbf{A},(\mathbf{B},\mathbf{E}),\mathbf{C})$ bekannt sein müssen.

Satz 6.20 (Marro und Piazzi 1992)
Gegeben sei ein System $(\mathbf{A},\mathbf{B},\mathbf{E},\mathbf{C})$, das die Bedingungen des Satzes 6.18 erfüllt und dessen Teil $(\mathbf{A},\mathbf{B})$ vollständig steuer– oder zumindest stabilisierbar ist. Unter diesen Voraussetzungen ist das störentkoppelte System dann und nur dann stabilisierbar, wenn die Liste

$$\{IN_{(\mathbf{A},\mathbf{B},\mathbf{C})}\} \;-\; \{IN_{(\mathbf{A},(\mathbf{B},\mathbf{E}),\mathbf{C})}\} \tag{6.108}$$

nur Nullstellen enthält, die in der linken s–Halbebene liegen. Hierbei stellt der Ausdruck $\{IN_{(\mathbf{A},\mathbf{B},\mathbf{C})}\}$ in (6.108) die Liste der Invarianten Nullstellen des Systems $(\mathbf{A},\mathbf{B},\mathbf{C})$ dar.

Für Hinweise zur expliziten Berechnung einer störentkoppelnden Rückführung wird auf Knobloch und Kwakernaak (1985), Linnemann (1987), Reinschke (1988) und DeCarlo (1989) verwiesen.

6.8.4 Das Wurzelortskurvenverfahren für Mehrgrößensysteme

Das Wurzelortskurvenverfahren (Schwarz 1976) ist ein anschauliches und einfaches Verfahren zur Analyse und Synthese eines in Bild 6.6 dargestellten Eingrößenregelkreises.

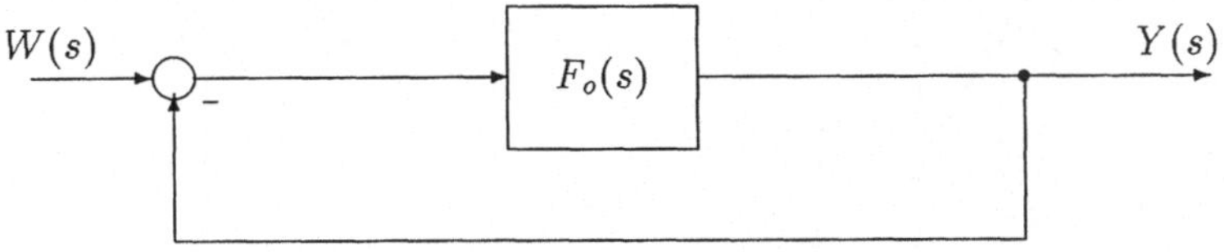

Bild 6.6: Eingrößenregelkreis

Dabei muß die Übertragungsfunktion $F_o(s)$ des offenen Regelkreises zur Konstruktion der Wurzelortskurve (WOK) in einer besonderen Form vorliegen:

$$F_o(s) \; = \; k_o \frac{\prod\limits_{i=1}^{m}(s - N_i)}{\prod\limits_{j=1}^{n}(s - P_j)} . \tag{6.109}$$

Ausgehend von den Polen und Nullstellen des offenen Systems beschreibt die Wurzelortskurve die Lage der Pole des geschlossenen Kreises in Abhängigkeit von der Verstärkung k_o. Unter anderem kann anhand der WOK auch der Einfluß einer hohen Verstärkung k_o auf die Stabilität des Regelkreises beurteilt werden. Ein großer Vorteil des WOK–Verfahrens ist darin zu sehen, daß der qualitative Verlauf der WOK mit Hilfe weniger Regeln (Schwarz 1976, Unbehauen 1984) angegeben werden kann.

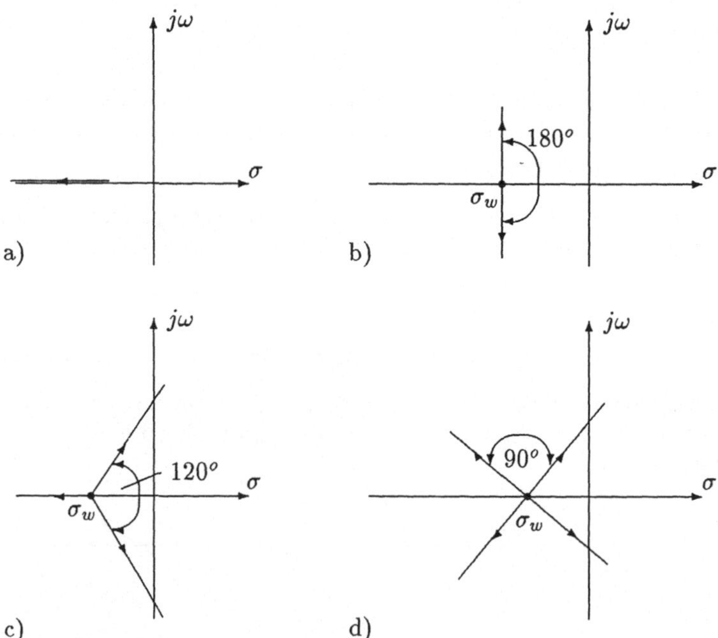

Bild 6.7: Asymptotenmuster für $d = 1$ bis $d = 4$

Die n Zweige der WOK beginnen für $k_o = 0$ in den n Polen des offenen Systems und laufen für $k_o \rightarrow \infty$ zu den m endlichen Nullstellen bzw. ins Unendliche zu den Asymptoten (den $n - m$ Nullstellen im Unendlichen). Dabei gehen alle Asymptoten von demselben Punkt auf der reellen Achse aus, dem

Wurzelschwerpunkt σ_w. Die Winkel ϕ_r der Asymptoten zur positiven reellen Achse ergeben sich zu

$$\phi_r = \frac{(2r-1)\pi}{(n-m)}, \quad r = 1, 2, ..., n-m. \tag{6.110}$$

In Abhängigkeit von der Nenner–/Zählergraddifferenz $d = n - m$ der Übertragungsfunktion erhält man die in Bild 6.7 gezeigten charakteristischen Asymptotenmuster.

Wie man Bild in 6.7 erkennt, wird der geschlossene Kreis – unabhängig von der Lage der endlichen Nullstellen – für große Verstärkungen immer instabil, wenn die Nenner–/Zählergraddifferenz d größer als zwei ist. Dabei wandern die Wurzelortskurven mit wachsender Nenner–/Zählergraddifferenz immer schneller in die rechte s–Halbebene.

Seit etwa Mitte der siebziger Jahre wurde das Eingrößen–WOK–Verfahren in erster Linie von den Arbeitsgruppen um MacFarlane (Kouvaritakis und Shaked 1976, Kouvaritakis und Edmunds 1979, Hung und MacFarlane 1981) und Owens (Owens 1978, Owens 1980, Owens 1984) so erweitert, daß auch für quadratische Mehrgrößenregelkreissysteme der in Bild 6.8 dargestellten Form Aussagen getroffen werden können.

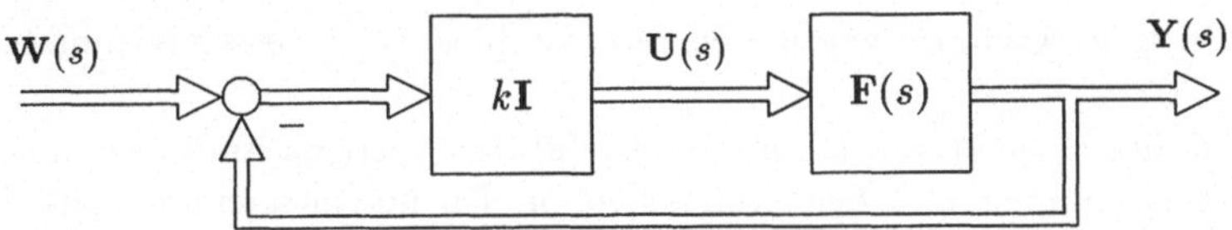

Bild 6.8: Mehrgößenregelkreis des Mehrgrößen–WOK–Verfahrens

Der Mehrgrößenregelkreis von Bild 6.8 ist offensichtlich die einfachste Verallgemeinerung des Eingrößenregelkreises von Bild 6.6 bei dem nur gleichzeitige Verstärkungsänderungen für alle Hauptkreise zugelassen werden. Somit sind die Aussagen des Mehrgrößen–WOK–Verfahrens sowohl für die dezentrale Regelung (Litz 1983b, Wend 1991) als auch bei der Anwendung hoher Rückführverstärkungen (high gain feedback) von besonderem Interesse.

Wie sich bei den Untersuchungen der in Bild 6.8 dargestellten Regelkreisstruktur zeigte, bleiben eine Reihe der charakteristischen Eigenschaften der Eingrößen–WOK bei der Mehrgrößen–WOK erhalten. So hat auch die Mehrgrößen–WOK n Zweige (n ist hier die Anzahl der Zustandsgrößen eines Systems $(\mathbf{A},\mathbf{B},\mathbf{C})$), die für $k = 0$ in den Polen beginnen und für $k \to \infty$ zu den n_{IN} endlichen Invarianten Nullstellen und zu den $n - n_{IN}$ Nullstellen im Unendlichen[17] laufen.

---

[17]Hierbei werden die Nullstellen im Unendlichen entsprechend ihrer Vielfachheit gezählt.

Im Gegensatz zu der Eingrößen–WOK treten bei der Mehrgrößen–WOK in der
Regel m der in Bild 6.7 gezeigten Asymptotenmuster auf, wobei die Wurzel-
schwerpunkte nicht mehr ausschließlich auf der reellen Achse liegen müssen.
Da die Mehrgrößen–WOK allerdings wie die Eingrößen–WOK symmetrisch zur
reellen Achse verläuft, bleibt die Symmetrie durch zwei spiegelbildliche Asymptotengruppen mit konjugiert komplexen Wurzelschwerpunkten bestehen (vgl. Bild
6.9).

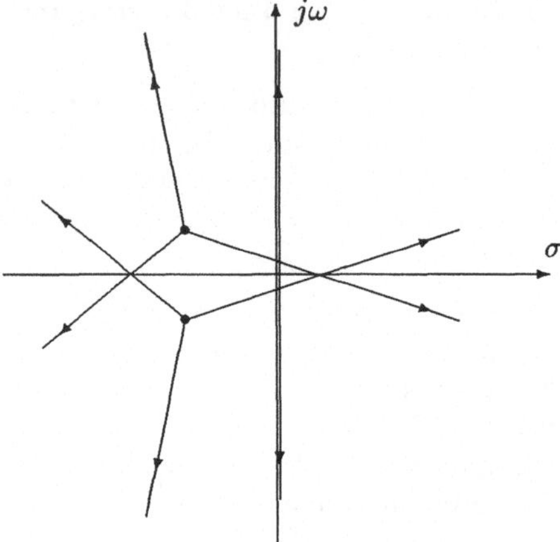

Bild 6.9: Asymptotengruppen mit komplexen Wurzelschwerpunkten

Zwischen diesen die Stabilität eines rückgeführten Systems stark beeinflussenden
Asymptotengruppen und den Nullstellen im Unendlichen eines nicht degene-
rierten Systems $(\mathbf{A},\mathbf{B},\mathbf{C})$ besteht im allgemeinen ein direkter Zusammenhang.
So besitzt das System von Bild 6.9 zwei Nullstellen 3–ter Ordnung und eine
Nullstelle 2–ter Ordnung im Unendlichen. Wenn also ein System z.B. eine
Nullstelle 3–ter Ordnung im Unendlichen hat, tritt in der Mehrgrößen–WOK
eine Asymptotengruppe der in Bild 6.7 c gezeigten Form auf.

Allerdings sind die Asymptotenmuster der Mehrgrößen–WOK im Gegensatz
zu den Nullstellen im Unendlichen der Rosenbrock–Systemmatrix gegenüber
Transformationen des Eingangs– bzw. Ausgangsvektors *nicht* invariant. Das
bedeutet, es existieren Systeme, deren Mehrgrößen–WOK weniger Asymptotengruppen als Nullstellen im Unendlichen besitzt. Diese seltenen Sonderfälle sind
allerdings, wie von Owens (1980) gezeigt, von keiner praktischen Bedeutung,
da bereits durch eine einfache Umordnung der Ein– bzw. Ausgangsgrößen der
oben angegebene Zusammenhang wiederhergestellt werden kann.

Der Zusammenhang der Nullstellen im Unendlichen mit den Asymptotenmustern
der Mehrgrößen–WOK macht deutlich, daß ein System $(\mathbf{A},\mathbf{B},\mathbf{C})$ nur dann mit
Hilfe hoher Rückführverstärkungen stabilisiert werden kann, wenn

i) keine endlichen Invarianten Nullstellen in der rechten s–Halbebene,

ii) höchstens Nullstellen 2–ter Ordnung im Unendlichen

vorhanden sind. Bei der Auslegung von Mehrgrößenregelkreisen müssen also nicht nur die endlichen Nullstellen sondern auch die Anzahl und die Ordnungen der Nullstellen im Unendlichen berücksichtigt werden.

Die Ordnungen der Nullstellen im Unendlichen sollte man daher auch dann im Auge behalten (Gehre 1989), wenn ein Regler anhand eines reduzierten Modells entworfen wird. Die zuvor besprochenen Zusammenhänge haben zur Folge, daß Nullstellen im Unendlichen mit einer Ordnung größer als 2 zu Stabilitätsproblemen führen können, wenn der mit Hilfe des reduzierten Modells bestimmte Regler am Originalsystem eingesetzt wird und im reduzierten Modell unendliche Nullstellen höherer Ordnung vernachlässigt wurden.

6.9 Numerische Berechnung der Nullstellen im Unendlichen

In den Arbeiten, die sich in den vergangenen 20 Jahren mit den endlichen Nullstellen linearer Systeme auseinandersetzten, wurden immer wieder auch neue Verfahren zu deren numerischer Berechnung vorgestellt. Im Gegensatz dazu ist die Literatur, die sich mit der numerischen Berechnung der Nullstellenstruktur im Unendlichen befaßt, von eher bescheidenem Umfang (Van Dooren u.a. 1979, van der Weiden und Bosgra 1979, Svaricek 1985, Svaricek 1987, Reinschke 1988, Pugh u.a. 1989, van der Woude 1989, Svaricek 1991a).

Wie ein genauerer Blick auf die im Abschnitt 6.5 bereits besprochenen Verfahren zur Berechnung der Anzahl und Ordnungen der Nullstellen im Unendlichen eines linearen Systems $(\mathbf{A},\mathbf{B},\mathbf{C})$ zeigt, können die meisten dieser Verfahren nur für kleinere Systeme bei einer Berechnung von Hand eingesetzt werden.

- Bei einer Bestimmung der Nullstellen im Unendlichen mit Hilfe der *Bewertungstheorie* müssen der Grad bzw. die Gradbewertung einer gewissen Anzahl von Unterdeterminanten von $\mathbf{P}(s)$ bzw. $\mathbf{F}(s)$ ermittelt werden, was für größere Systeme nur mit Hilfe eines symbolverarbeitenden Programmsystems möglich ist. Die Anzahl der hierbei zu betrachtenden Unterdeterminanten ist abhängig von der Anzahl der Ein– und Ausgänge und berechnet sich bei quadratischen Systemen mit m Ein– und Ausgängen aus

$$\sum_{i=1}^{m} \binom{m}{i}^2 = \binom{2m}{m} - 1 \ . \tag{6.111}$$

Das bedeutet, für Systeme mit mehr als 2 Ein– und Ausgängen steigt die Anzahl der zu bildenden Minoren schnell an. Ergeben sich bei einem

System mit 2 Ein– und Ausgängen lediglich 5 Unterdeterminanten, so sind dies bei 6 Ein– und Ausgängen bereits 923 und bei 10 Ein– und Ausgängen sogar 184755. Aus diesem Grund ist diese Methode, unabhängig von der Rechenzeit die zur symbolischen Bestimmung einer einzigen Unterdeterminante benötigt wird, für einen rechnergestützten Einsatz weniger gut geeignet.

- Auch die explizite Berechnung der *Smith–McMillan–Normalform im Unendlichen* mit Hilfe der in Abschnitt 6.5.2 angegebenen elementaren Transformationen ist digital nur sehr aufwendig zu realisieren und daher nicht empfehlenswert.

- Von allen in Abschnitt 6.5 vorgestellten Bestimmungsmethoden ist die der Toeplitz–Matrizen (Abschnitt 6.5.3) sicherlich am leichtesten und schnellsten zu implementieren, da hier nur der Rang *konstanter* Matrizen berechnet werden muß, d.h. keine Operationen an bzw. mit Polynom– oder rationalen Matrizen erforderlich sind. Aufgrund der schnell anwachsenden Dimension der Toeplitz–Matrizen ist dieses Verfahren für größere Systeme ($n > 50$) allerdings nur beschränkt einsetzbar.

Für eine effiziente numerische Berechnung der Struktur im Unendlichen eines linearen Systems ($\mathbf{A},\mathbf{B},\mathbf{C}$) ist jetzt der in Abschnitt 6.6 angegebene Zusammenhang zwischen den Ordnungen der Nullstellen im Unendlichen und den Ordnungen der unendlichen Elementarteiler der *Kronecker–Normalform* von $\mathbf{P}(s)$ von entscheidender Bedeutung: Seien $\mu_1, \mu_2, ..., \mu_r$ die gesuchten Ordnungen der Nullstellen im Unendlichen, $\nu_1, \nu_2, ..., \nu_r$ die Ordnungen der unendlichen Elementarteiler von $\mathbf{P}(s)$ und r der Normalrang von $\mathbf{F}(s)$, dann gilt:

$$\mu_i = \nu_i - 1, \qquad i = 1, 2, ..., r. \tag{6.112}$$

Bei dem Problem der zuverlässigen Berechnung der *Kronecker–Normalform* eines beliebigen Matrizenbüschels $s\mathbf{M}-\mathbf{L}$ kann man nun auf einschlägige Erfahrungen der Mathematiker und Informatiker zurückgreifen, die sich mit diesem Problem in den vergangenen zwei Dekaden eingehend beschäftigt haben. Erprobte Algorithmen sowohl zur numerischen Berechnung der Kronecker–Normalform als auch zur Berechnung der Kronecker–Invarianten stehen daher bereits seit Anfang der achtziger Jahre (Van Dooren 1979) zur Verfügung. Im Abschnitt 5.7.3 wurde bereits darauf hingewiesen, daß das Programm ZEROS von Emami–Naeini und Van Dooren (1982) zur Berechnung der endlichen Nullstellen mehr oder weniger ein Abfallprodukt dieser Bemühung zur zuverlässigen numerischen Berechnung der Kronecker–Normalform darstellt. Der nächste Abschnitt wird zeigen, wie die Bedeutung des Programmes ZEROS für die Analyse linearer Regelungssysteme durch eine kleine Erweiterung noch erheblich gesteigert werden kann. Eine modifizierte Version, EZEROS genannt, berechnet dann nicht nur die endlichen, sondern neben den unendlichen Nullstellen auch die restlichen beiden Morse–Listen I_2 und I_3.

6.9.1 Der erweiterte Algorithmus ZEROS

Die im Abschnitt 5.7.3 besprochene Methode zur Berechnung der endlichen Invarianten Nullstellen, der Morse–Liste I_1 eines linearen Systems $(\mathbf{A},\mathbf{B},\mathbf{C})$ basiert auf einer Transformation der Rosenbrock–Systemmatrix $\mathbf{P}(s)$ auf eine obere *Quasi–Schur–Form*

$$\mathbf{UP}(s)\mathbf{V} = \begin{bmatrix} s\mathbf{A}_\epsilon - \mathbf{B}_\epsilon & * & * & * \\ 0 & s\mathbf{A}_f - \mathbf{B}_f & * & * \\ 0 & 0 & s\mathbf{A}_\infty - \mathbf{B}_\infty & * \\ 0 & 0 & 0 & s\mathbf{A}_\eta - \mathbf{B}_\eta \end{bmatrix}, \qquad (6.113)$$

wobei unter der Voraussetzung $l \geq m$ und $\rho = \text{Normalrang } \mathbf{P}(s) \leq n + m$ gilt:

i) Das singuläre Matrizenbüschel $(s\mathbf{A}_\epsilon - \mathbf{B}_\epsilon)$ enthält nur die minimalen Spaltenindizes (rechten Kroneckerindizes) $\{\epsilon_1 = \cdots = \epsilon_g = 0 < \epsilon_{g+1} \leq \cdots \leq \epsilon_p\}$ mit $p = n + m - \rho$ (Morse–Liste I_3) von $\mathbf{P}(s)$.

ii) Das reguläre Matrizenbüschel $(s\mathbf{A}_f - \mathbf{B}_f)$ enthält nur endliche Elementarteiler des Typs $(s - \lambda)^i$, d.h. die endlichen Invarianten Nullstellen (Morse–Liste I_1) von $\mathbf{P}(s)$.

iii) Das reguläre Matrizenbüschel $(s\mathbf{A}_\infty - \mathbf{B}_\infty)$ enthält nur die unendlichen Elementarteiler des Typs $w^{\nu_1}, w^{\nu_2}, ..., w^{\nu_r}$ mit $r = \rho - n$ (Morse–Liste I_4) von $\mathbf{P}(s)$.

iv) Das singuläre Matrizenbüschel $(s\mathbf{A}_\eta - \mathbf{B}_\eta)$ enthält nur die minimalen Zeilenindizes (linke Kroneckerindizes) $\{\eta_1 = \cdots = \eta_h = 0 < \eta_{h+1} \leq \cdots \leq \eta_q\}$ mit $q = n + l - \rho$ (Morse–Liste I_2) von $\mathbf{P}(s)$.

Bei der Konzipierung des Algorithmus ZEROS war man eigentlich nur an einer zuverlässigen Berechnung der endlichen Nullstellen interessiert, d.h. lediglich am zweiten Block auf der Diagonalen. Dieses gesuchte Matrizenbüschel $s\mathbf{A}_f - \mathbf{B}_f$ mit den endlichen Nullstellen bestimmt der Algorithmus ZEROS dabei in 3 Schritten:

i) Berechnung eines reduzierten Systems $(\mathbf{A}_r, \mathbf{B}_r, \mathbf{C}_r, \mathbf{D}_r)$ mit einer Matrix $\mathbf{D}_r$ von vollem Zeilenrang, das die gleichen endlichen Nullstellen besitzt.

ii) Reduzierung des transponierten Systems $(\mathbf{A}_r^T, \mathbf{C}_r^T, \mathbf{B}_r^T, \mathbf{D}_r^T)$ zu einem neuen System $(\mathbf{A}_{rc}, \mathbf{B}_{rc}, \mathbf{C}_{rc}, \mathbf{D}_{rc})$ mit den gleichen endlichen Nullstellen und mit einer invertierbaren Matrix $\mathbf{D}_{rc}$.

iii) Verdichtung der Spalten von $[\mathbf{C}_{rc} \; \mathbf{D}_{rc}]$ und Anwendung dieser Transformation auf die Systemmatrix:

$$\left[\begin{array}{c|c} \mathbf{A}_f & * \\ \hline \mathbf{0} & \mathbf{D}_f \end{array}\right] := \left[\begin{array}{c|c} \mathbf{A}_{rc} & \mathbf{B}_{rc} \\ \hline \mathbf{C}_{rc} & \mathbf{D}_{rc} \end{array}\right] \mathbf{W};$$

$$\left[\begin{array}{c|c} \mathbf{B}_f & * \\ \hline \mathbf{0} & \mathbf{0} \end{array}\right] := \left[\begin{array}{c|c} \mathbf{I} & \mathbf{0} \\ \hline \mathbf{0} & \mathbf{0} \end{array}\right] \mathbf{W}.$$

Die Reduktionen in den Schritten i) und ii) werden dabei mit Hilfe des in Abschnitt 5.7.3 erläuterten Strukturalgorithmus REDUCE durchgeführt. Das Ergebnis nach den ersten k Reduktionsschritten ist eine transformierte Matrix

$$\mathbf{P}_1(s) = \mathbf{L}_1\mathbf{P}(s)\mathbf{R}_1 = \left[\begin{array}{cccccc} s\mathbf{I}_{n_r} - \mathbf{A}_r & -\mathbf{B}_r & * & \cdots & \cdots & * \\ \mathbf{C}_r & \mathbf{D}_r & * & & & * \\ \mathbf{0} & \mathbf{0} & -\mathbf{S}_k & * & \cdots & * \\ \mathbf{0} & & \cdots & \mathbf{0} & \ddots & \ddots & \vdots \\ \vdots & & & & \ddots & \ddots & * \\ \mathbf{0} & & \cdots & \cdots & \cdots & \mathbf{0} & -\mathbf{S}_1 \end{array}\right], \quad (6.114)$$

die zur Rosenbrock–Systemmatrix $\mathbf{P}(s)$ streng äquivalent ist und daher über die gleichen strukturellen Invarianten wie $\mathbf{P}(s)$ verfügt. Die $l_r \times m$ Matrix $\mathbf{D}_r$ weist dann vollen Zeilenrang l_r auf, und die $\tau_i \times \rho_i$ Matrizen $\mathbf{S}_i$ sind von vollem Spaltenrang ρ_i. Kompakter geschrieben ergibt sich also folgende Aufteilung:

$$\mathbf{P}_1(s) = \mathbf{L}_1\mathbf{P}(s)\mathbf{R}_1 = \left[\begin{array}{c|c} s\mathbf{A}_1 - \mathbf{B}_1 & * \\ \hline \mathbf{0} & s\mathbf{A}_2 - \mathbf{B}_2 \end{array}\right]. \quad (6.115)$$

Der Teil

$$s\mathbf{A}_1 - \mathbf{B}_1 = \left[\begin{array}{cc} s\mathbf{I}_{n_r} - \mathbf{A}_r & -\mathbf{B}_r \\ \mathbf{C}_r & \mathbf{D}_r \end{array}\right] \quad (6.116)$$

hat aufgrund des vollen Zeilenranges von $\mathbf{D}_r$ keine linken Kroneckerindizes (Zeilenindizes) und enthält darüber hinaus auch keine Nullstellen im Unendlichen. Das bedeutet, er besitzt als Strukturinvarianten lediglich noch die endlichen Nullstellen und gegebenenfalls die rechten Kroneckerindizes (Spaltenindizes) (Emami–Naeini und Van Dooren 1982). Entsprechend enthält der andere Teil $s\mathbf{A}_2 - \mathbf{B}_2$ die linken Kroneckerindizes und die Nullstellen im Unendlichen. Für die Berechnung der gesuchten Nullstellen im Unendlichen ist nun der folgende, von Svaricek (1985b) bewiesene, Zusammenhang entscheidend:

Satz 6.21
> Die Ordnungen der unendlichen Elementarteiler von $sA_2 - B_2$ sind mit
> den Ordnungen der Nullstellen im Unendlichen des Systems (A,B,C)
> identisch.

Dieser Satz zeigt auf, wie der Teilmatrix $sA_2 - B_2$ die Informationen über
die Nullstellenstruktur im Unendlichen entnommen werden können, da sich
sowohl die Ordnungen der unendlichen Elementarteiler als auch die linken
Kroneckerindizes von $sA_2 - B_2$ mit Hilfe eines bekannten Satzes (Van Dooren
1979) anhand der besonderen Struktur von (6.114) sofort angeben lassen:

Satz 6.22
> Das Matrizenbüschel $sA_2 - B_2$ mit der in (6.114) dargestellten Struktur
> besitzt
>
> i) $\rho_i - \tau_{i+1}$ unendliche Elementarteiler der Ordnung i, $i = 1, 2, ..., k$ und
>
> ii) $\tau_i - \rho_i$ minimale Zeilenindizes der Größe $i - 1$, $i = 1, 2, ..., k$,
>
> wobei die Indizes τ_i, $i = 1, 2, ..., k$ gleich der Anzahl der Zeilen und
> ρ_i, $i = 1, 2, ..., k$ gleich der Anzahl der Spalten der Matrizen S_i in (6.114)
> sind.

Werden die Ergebnisse dieser beiden Sätze in den Ablauf der Algorithmus
ZEROS (vgl. Algorithmus 5.3 in Abschnitt 5.7.3) integriert, so ergibt sich eine
erweiterte Version, die nicht nur die endlichen Nullstellen sondern alle vier
Listen der strukturellen Invarianten eines linearen Systems (A,B,C) berechnet.

Algorithmus 6.1 EZEROS (Svaricek 1985b)
> Gegeben sei ein System (A,B,C) mit n Zustandsgrößen, m Ein- und l
> Ausgängen. Gesucht sind die strukturellen Invarianten (die Morse–Listen
> $I_1 - I_4$) des Systems.
>
> 1. Berechnung eines reduzierten Systems (A_r, B_r, C_r, D_r) mit n_r Zu-
>   standsgrößen, m_r Ein- und l_r Ausgängen und einer Matrix D_r von
>   vollem Zeilenrang l_r, das die gleichen endlichen Nullstellen besitzt.
>
>   Berechnung der Ordnungen $\mu_1, \mu_2, ..., \mu_r$ der Nullstellen im Unend-
>   lichen sowie der minimalen Zeilenindizes (linke Kroneckerindizes)
> $\{\eta_1 = \cdots = \eta_h = 0 < \eta_{h+1} \leq \cdots \leq \eta_q\}$, $q = l - l_r$ mit Hilfe der Sätze
>   6.21 und 6.22.
>
>   Die Anzahl r der Nullstellen im Unendlichen (Rang der Übertra-
>   gungsmatrix) ist gleich dem Zeilenrang l_r von D_r.
>
>   **if** $n_r + l_r = 0$ **then** Anzahl n_f der endlichen Nullstellen $= 0$ (Ende).

2. Reduzierung des transponierten Systems $(\mathbf{A}_r^T, \mathbf{C}_r^T, \mathbf{B}_r^T, \mathbf{D}_r^T)$ zu einem neuen System $(\mathbf{A}_{rc}, \mathbf{B}_{rc}, \mathbf{C}_{rc}, \mathbf{D}_{rc})$ mit n_{rc} Zustandsgrößen, m_{rc} Ein- und l_{rc} Ausgängen und einer invertierbaren Matrix $\mathbf{D}_{rc}$, d.h. $m_{rc} = l_{rc} = l_r$, das die gleichen endlichen Nullstellen besitzt.

Berechnung der minimalen Spaltenindizes (rechte Kroneckerindizes) $\{\epsilon_1 = \cdots = \epsilon_g = 0 < \epsilon_{g+1} \leq \cdots \leq \epsilon_p\}$ mit $p = m - m_{rc}$ mit Hilfe des Satzes 6.22.

if $n_{rc} = 0$ **then** $n_f = 0$ (Ende).

3. Die Anzahl n_f der endlichen Invarianten Nullstellen ist gleich n_{rc}.

    if $r = 0$ **then** $\mathbf{A}_f = \mathbf{A}_{rc}$, $\mathbf{B}_f = \mathbf{I}$.

              else   Verdichtung der Spalten von $[\mathbf{C}_{rc}\ \mathbf{D}_{rc}]$ und Anwendung dieser Transformation auf die Systemmatrix:

$$\left[\begin{array}{c|c} \mathbf{A}_f & * \\ \hline 0 & \mathbf{D}_f \end{array}\right] := \left[\begin{array}{c|c} \mathbf{A}_{rc} & \mathbf{B}_{rc} \\ \hline \mathbf{C}_{rc} & \mathbf{D}_{rc} \end{array}\right] \mathbf{W};$$

$$\left[\begin{array}{c|c} \mathbf{B}_f & * \\ \hline 0 & 0 \end{array}\right] := \left[\begin{array}{c|c} \mathbf{I} & 0 \\ \hline 0 & 0 \end{array}\right] \mathbf{W}.$$

4. Die Invarianten Nullstellen des Systems $(\mathbf{A},\mathbf{B},\mathbf{C})$ sind die allgemeinen Eigenwerte der Matrix $(s\mathbf{A}_f - \mathbf{B}_f)$. (Ende).

Vergleicht man diese erweiterte Version mit dem Original–Algorithmus, so stellt man fest, daß zur Berechnung aller vier Morse–Listen keine zusätzlichen Transformationen angewendet werden müssen. Daraus folgt,

i) der Rechenzeitbedarf der beiden Algorithmen ist fast identisch, da die zusätzlichen Rechenzeiten zur Auswertung der Struktur (6.114) und zur Abspeicherung der strukturellen Invarianten gegenüber den sonstigen Rechenzeiten praktisch vernachlässigt werden können,

ii) die numerischen Eigenschaften (numerische Stabilität) der beiden Algorithmen unterscheiden sich nicht voneinander, da die zusätzlichen Rechenoperationen lediglich ganze Zahlen betreffen.

Eine Realisierung[18] des Algorithmus EZEROS liefert dann, abhängig vom untersuchten System, folgende Ergebnisse:

---

[18] Siehe RPMZE1 in der regelungstechnischen Programm–Bibliothek RASP (ab RASP'89) oder AB08BD in der internationalen Programm–Bibliothek SLICOT.

i) Für ein gegebenes System $(\mathbf{A},\mathbf{B})$ werden die Anzahl der Eingangs–Entkopplungsnullstellen und die Kroneckerindizes (die geordnete Liste der Steuerbarkeitsindizes) berechnet. Ist die Anzahl der Eingangs–Entkopplungsnullstellen von Null verschieden, so ist das System $(\mathbf{A},\mathbf{B})$ *nicht* steuerbar und die *nicht steuerbaren* Eigenwerte sind dann die Eigenwerte der Matrix $\mathbf{A}_f$.

ii) Für ein gegebenes System $(\mathbf{A},\mathbf{C})$ werden die Anzahl der Ausgangs–Entkopplungsnullstellen und die Kroneckerindizes (die geordnete Liste der Beobachtbarkeitsindizes) berechnet. Ist die Anzahl der Ausgangs–Entkopplungsnullstellen von Null verschieden, so ist das System $(\mathbf{A},\mathbf{C})$ *nicht* beobachtbar und die *nicht beobachtbaren* Eigenwerte sind dann die Eigenwerte der Matrix $\mathbf{A}_f$.

iii) Für ein nicht degeneriertes System $(\mathbf{A},\mathbf{B},\mathbf{C})$ mit m Ein– und Ausgängen werden die Anzahl der endlichen Invarianten Nullstellen und die Anzahl und Ordnungen der Nullstellen im Unendlichen berechnet. Die Invarianten Nullstellen des Systems sind dann die allgemeinen Eigenwerte der Matrix $s\mathbf{A}_f - \mathbf{B}_f$.

iv) Für ein nicht degeneriertes System $(\mathbf{A},\mathbf{B},\mathbf{C})$ mit m Ein– und l Ausgängen und $m > l$ werden neben der Anzahl der endlichen Invarianten Nullstellen, der Anzahl und Ordnungen der Nullstellen im Unendlichen auch die minimalen Spaltenindizes (Morse–Liste I_2) bestimmt. Die Invarianten Nullstellen des Systems sind dann die allgemeinen Eigenwerte der Matrix $s\mathbf{A}_f - \mathbf{B}_f$.

v) Für ein nicht degeneriertes System $(\mathbf{A},\mathbf{B},\mathbf{C})$ mit m Ein– und l Ausgängen und $m < l$ werden neben der Anzahl der endlichen Invarianten Nullstellen, der Anzahl und Ordnungen der Nullstellen im Unendlichen auch die minimalen Zeilenindizes (Morse–Liste I_3) bestimmt. Die Invarianten Nullstellen des Systems sind dann die allgemeinen Eigenwerte der Matrix $s\mathbf{A}_f - \mathbf{B}_f$.

vi) Für ein degeneriertes System $(\mathbf{A},\mathbf{B},\mathbf{C})$ werden neben der Anzahl der endlichen Invarianten Nullstellen, der Anzahl und Ordnungen der Nullstellen im Unendlichen sowohl die minimalen Spalten– als auch die minimalen Zeilenindizes bestimmt. Die Invarianten Nullstellen des Systems sind dann die allgemeinen Eigenwerte der Matrix $s\mathbf{A}_f - \mathbf{B}_f$.

Wie zuvor bereits erwähnt, verfügen die Algorithmen ZEROS und EZEROS über die gleichen numerischen Eigenschaften. Dies hat zur Folge, daß die in Abschnitt 5.7 angesprochenen numerischen Probleme des Algorithmus ZEROS mit *Systemen von schwieriger Struktur* auch bei dem Algorithmus EZEROS auftreten können. Bei der numerischen Berechnung der *endlichen* Nullstellen konnte die Zuverlässigkeit des Algorithmus ZEROS in Abschnitt 5.7.4 durch eine vorgezogene Berechnung einer oberen Abschätzung der Anzahl der endlichen Nullstellen erheblich verbessert werden. Unabhängig von der Systemgröße ließ sich diese obere Abschätzung anhand eines einfachen Strukturmodells *absolut zuverlässig* bestimmen. Im folgenden Abschnitt wird untersucht, inwieweit ein derartiges einfaches Strukturmodell eines linearen Systems bereits Informationen über Anzahl und Ordnungen der Nullstellen im Unendlichen enthält und in welcher Form diese zur Verbesserung der Zuverlässigkeit der numerischen Berechnung beitragen können.

6.10 Bestimmung der generischen Struktur im Unendlichen

In der Regel wird die *Anzahl* der endlichen Nullstellen bei quadratischen, nicht degenerierten Systemen bereits durch den physikalischen und technischen Aufbau des betrachteten Systems festgelegt (vgl. Abschnitt 5.7.4). Die Lage der endlichen Nullstellen in der komplexen s–Halbebene ist dann aber von den Parametern, d.h. von den konkreten Zahlenwerten der von Null verschiedenen Elemente in den Matrizen $\mathbf{A},\mathbf{B},\mathbf{C}$ abhängig. Die endlichen Nullstellen eines linearen Systems lassen sich also durch ein einfaches Strukturmodell nicht vollständig beschreiben.

In der Einführung dieses Kapitels wurde bereits darauf hingewiesen, daß die Struktur im Unendlichen eines Systems eng mit der Länge von Integratorketten zwischen den Systemein– und -ausgängen verknüpft ist. Im einfachsten Fall eines Systems mit einem Ein– und einem Ausgang ist dieser Zusammenhang besonders einfach: Die Ordnung der Nullstelle im Unendlichen ist gerade gleich der Länge der kürzesten Integratorkette zwischen dem Ein– und Ausgang des Systems (vgl. Bild 6.1). Derartige Beziehungen (Svaricek 1987, Reinschke 1988, van der Woude 1989, Commault u.a. 1990) können auch bei System mit mehreren Ein– und/oder Ausgängen angegeben werden. Es ist daher nicht verwunderlich, wenn sowohl die Anzahl als auch die Ordnungen der Nullstellen im Unendlichen bereits durch ein einfaches Strukturmodell beschreibbar sind. Anders als bei den endlichen Nullstellen läßt sich allerdings die Nullstellenstruktur im Unendlichen mit Hilfe eines Strukturmodells vollständig charakterisieren. Eine derartige paramterunabhängige Charakterisierung ist dabei nicht nur für spezielle Systemklassen wie Eingrößen– oder quadratische Systeme, sondern für beliebige lineare Systeme $(\mathbf{A},\mathbf{B},\mathbf{C})$ möglich.

6.10.1 Bestimmung mit Hilfe der Bewertungstheorie

Bei der Darstellung der verschiedenen Möglichkeiten zur parameterunabhängigen Bestimmung der Struktur im Unendlichen eines linearen Systems wird von dem Begriff *der strukturellen Nullstellen im Unendlichen* Gebrauch gemacht:

Definition 6.12 (Svaricek 1987)

Sei ρ^* der *generische Rang* (vgl. Abschnitt 2.2) der Übertragungsmatrix $\mathbf{F}(s)$. Ein lineares System $(\mathbf{A},\mathbf{B},\mathbf{C})$ besitzt dann ρ^* strukturelle Nullstellen der Ordnungen $\mu_1^*, ..., \mu_{\rho^*}^*$ im Unendlichen mit $\mu_1^* \leq \cdots \leq \mu_{\rho^*}^*$, wenn *fast alle* Systeme gleicher Struktur genau ρ^* Nullstellen der Ordnungen $\mu_1^*, ..., \mu_{\rho^*}^*$ im Unendlichen besitzen.

Mit für *fast alle* Systeme gleicher Struktur wird ausgedrückt, daß $\mu_1^*, ..., \mu_{\rho^*}^*$ eine Struktur im Unendlichen festlegen, von der Zahlenrealisierungen eines gegebenen Strukturmodells nur für ganz bestimmte numerische Werte bzw. Wertekombinationen abweichen können. Durch eine geringfügige Variation der von Null verschiedenen Matrizenelemente wird ein solches System allerdings wieder in ein System überführt, dessen Struktur im Unendlichen mit $\mu_1^*, ..., \mu_{\rho^*}^*$ übereinstimmt.

Der in dieser Definition verwendete generische Rang der Übertragungsmatrix ist ein Beispiel dafür, daß der Term–Rang und der generische Rang einer Matrix nicht immer übereinstimmen müssen (vgl. Abschnitt 2.2).

Beispiel 6.5

Betrachtet wird ein System $(\mathbf{A},\mathbf{B},\mathbf{C})$ mit 3 Zustandsgrößen und 2 Ein- und Ausgängen:

$$\mathbf{A} = \begin{bmatrix} 0 & a_1 & 0 \\ 0 & 0 & 0 \\ a_2 & 0 & 0 \end{bmatrix}, \quad \mathbf{B} = \begin{bmatrix} b_1 & 0 \\ 0 & b_2 \\ 0 & 0 \end{bmatrix}, \quad \mathbf{C} = \begin{bmatrix} c_1 & 0 & 0 \\ 0 & 0 & c_2 \end{bmatrix}.$$

Bildet man die Rosenbrock–Sytemmatrix

$$\mathbf{P}(s) = \begin{bmatrix} s & -a_1 & 0 & \boxed{b_1} & 0 \\ 0 & s & 0 & 0 & \boxed{b_2} \\ -a_2 & 0 & \boxed{s} & 0 & 0 \\ \boxed{c_1} & 0 & 0 & 0 & 0 \\ 0 & 0 & c_2 & 0 & 0 \end{bmatrix},$$

so gibt die Anzahl der eingerahmten Elemente den Term–Rang von $\mathbf{P}(s)$ an. Das bedeutet, der Term–Rang und damit auch der Normalrang von $\mathbf{P}(s)$ ist mit 4 stets kleiner als die Dimension der Systemmatrix. Dieses System ist also degeneriert. Eine Bestimmung der Übertragungsmatrix

$$\mathbf{F} = \mathbf{C}(s\mathbf{I} - \mathbf{A})^{-1}\mathbf{B} = \frac{1}{s^3} \begin{bmatrix} c_1 b_1 s^2 & c_1 b_2 a_1 s \\ c_2 b_1 a_2 s & c_2 b_2 a_1 a_2 \end{bmatrix}$$

liefert allerdings, daß diese Matrix einen vollen Term–Rang von 2 besitzt. Da die Determinante von $\mathbf{F}(s)$ aber für beliebige Werte der unbestimmten Parameter $a_1, a_2, b_1, b_2, c_1, c_2$ und s verschwindet, ist der generische Rang dieser Übertragungsmatrix lediglich gleich 1.

Wie dieses Beispiel zeigt, kann der generische Rang von $\mathbf{F}(s)$ zwar nicht mit Hilfe des Term–Ranges von $\mathbf{F}(s)$, dafür aber über

$$\rho^* = r^* - n \tag{6.117}$$

anhand des Term–Ranges r^* der Rosenbrock–Systemmatrix $\mathbf{P}(s)$ bestimmt werden. Eine anschauliche physikalische Interpretation dieses generischen Ranges einer Übertragungsmatrix, d.h. der *generischen Anzahl* der Nullstellen im Unendlichen, ist folgende: Der generische Rang ρ^* der Übertragungsmatrix $\mathbf{F}(s)$ eines linearen Systems $(\mathbf{A},\mathbf{B},\mathbf{C})$ ist gleich der maximalen Anzahl unabhängiger Integratorketten zwischen den Ein– und Ausgängen eines Systems.

Die oben definierte Liste der Ordnungen der *strukturellen* Nullstellen im Unendlichen stellt eine sogenannte *dominante Liste* (Hinrischsen und Linnemann 1984) dar. Diese Liste ist damit für eine ganze Klasse von Systemen, die beispielsweise durch die Strukturmatrizen $\mathbf{A}^*, \mathbf{B}^*, \mathbf{C}^*$ eines Systems $(\mathbf{A},\mathbf{B},\mathbf{C})$ beschrieben wird, gegenüber kleinen Parametervariationen invariant, bzw. die Listen von parameterisierten Systemen, die mit der dominanten Liste nicht übereinstimmen, können bereits durch eine geringfügige Variation der von Null verschiedenen Elemente der Matrizen $\mathbf{A},\mathbf{B},\mathbf{C}$ in die dominante Liste überführt werden. Die Ordnungen $\mu_1^*, ..., \mu_{\rho^*}^*$ der strukturellen Nullstellen im Unendlichen legen dann die *generische* Nullstellenstruktur eines Systems im Unendlichen fest.

Im weiteren wird nun untersucht, in welcher Weise die *generische* Struktur im Unendlichen mit Hilfe eines Digitalrechners effizient berechnet werden kann.

Betrachtet man noch einmal die in Abschnitt 6.5 besprochenen Berechnungsverfahren in Hinblick auf deren Tauglichkeit für die numerische Berechnung der *generischen* Struktur im Unendlichen, so ergibt sich ein anderes Bild als zuvor: Bei einer Bestimmung der Struktur im Unendlichen mit Hilfe der *Bewertungstheorie* muß der Grad aller Unterdetermianten der Form

$$\mathbf{P}^{1,2,...,n,n+i_1,n+i_2,...,n+i_k}_{1,2,...,n,n+j_1,n+j_2,...,n+j_k} \tag{6.118}$$

bestimmt werden. Diese Unterdeterminanten sind die Determinanten von Teilsystemen mit k Ein– und Ausgängen, die man erhält, wenn alle Eingänge eines Systems $(\mathbf{A},\mathbf{B},\mathbf{C})$ bis auf die Eingänge $j_1, j_2, ..., j_k$ und alle Ausgänge bis auf $i_1, i_2, ..., i_k$ gestrichen werden. Ein effizientes Verfahren zur parameterunabhängige Berechnung des Grades der Determinante eines solchen *quadratischen* Systems ist in der Form des Algorithmus 5.4 bereits bekannt. Die in Abhängigkeit von der Anzahl der Ein– und Ausgänge stark anwachsende Zahl der Unterdeterminanten (6.118) würde, trotz der relativ geringen Rechenzeit zur Bestimmung der Grades einer Unterdeterminante, die Einsetzbarkeit eines derartigen Algorithmus allerdings stark einschränken. Erst mit Hilfe des im folgenden dargestellten Ergebnisses läßt sich die generische Nullstellenstruktur im Unendlichen auch bei Systemen mit einer größeren Anzahl von Ein- und Ausgängen berechnen.

Hierzu wird eine $(n+k) \times (n+k)$ Teilmatrix von $\mathbf{P}(s)$, die zu einer Unterdeterminante der Form (6.118) mit einem maximalen Grad korrespondiert, mit $\mathbf{P}_k(s)$ bezeichnet. Der maximale Grad dieser Unterdeterminante sei d_k, d.h. es gilt:

$$d_k = \text{Grad} \ (\det \ \mathbf{P}_k(s)) = \max \ (\text{Grad} \ \mathbf{P}_{1,2,\dots,n,n+j_1,n+j_2,\dots,n+j_k}^{1,2,\dots,n,n+i_1,n+i_2,\dots,n+i_k}). \tag{6.119}$$

Satz 6.23　(Svaricek 1990)

Der maximale Grad $\tilde{d}_h$, $h = 1, 2, \dots, k-1$ der Unterdeterminaten der Form

$$\mathbf{P}_k \ {}^{1,2,\dots,n,n+u_1,n+u_2,\dots,n+u_h}_{\ 1,2,\dots,n,n+v_1,n+v_2,\dots,n+v_h} \ , \tag{6.120}$$

wobei alle möglichen Kombinationen $u_1, u_2, \dots, u_h$ und $v_1, v_2, \dots, v_h$ der Zahlen $(i_1, i_2, \dots, i_k)$ bzw. $(j_1, j_2, \dots, j_k)$ zu betrachten sind, ist mit dem Maximum der Grade d_h, $h = 1, 2, \dots, k-1$ von $\mathbf{P}(s)$ identisch.

Mit anderen Worten besagt dieser Satz, sobald ein Teilsystem mit k Ein- und Ausgängen und einer größtmöglichen Anzahl von endlichen Nullstellen gefunden wurde, müssen nur noch die Teilsysteme betrachtet werden, die mit Hilfe der Ein- und Ausgänge dieses Teilsystems gebildet werden können.

Bei Systemen mit mehr als 2 Ein- und Ausgängen reduziert dieser Satz die Anzahl der zu untersuchenden Teilsysteme, d.h. der Unterdeterminaten von $\mathbf{P}(s)$, erheblich. Anstatt

$$\sum_{i=1}^{m} \binom{m}{i}^2 = \binom{2m}{m} - 1 \tag{6.121}$$

Unterdeterminanten müssen dann nur noch

$$\sum_{i=1}^{m-1} \binom{i+1}{i}^2 + 1 = \sum_{i=1}^{m} i^2 = \frac{m(m - \frac{1}{2})(m-1)}{3} \tag{6.122}$$

Minoren bei einem System mit m Ein- und Ausgängen berücksichtigt werden. Besitzt ein System z.B. 4 Ein- und Ausgänge, so werden zunächst für $k = 3$ alle 16 Unterdeterminanten der Form (6.118) betrachtet. Anschließend reduziert das Ergebnis des Satzes 6.23 die Anzahl der zu berücksichtigenden Unterterminanten für $k = 2$ von 36 auf 9 und für $k = 1$ von 16 auf 4. Insgesamt wird also die Anzahl der Unterdeterminanten von 69 auf 30 mehr als halbiert. Dieses Verhältnis steigt mit zunehmender Ein- und Ausgangszahl schnell an, wie die entsprechenden Zahlen von 923 zu 91 Unterdeterminanten bei 6 Ein- und Ausgängen belegen.

Ausgehend von (6.49) und unter Berücksichtigung des Satzes 6.22 ergibt sich dann folgender Algorithmus zur Berechnung der *generischen* Struktur im Unendlichen eines beliebigen linearen Systems (**A**,**B**,**C**):

Algorithmus 6.2   Generische Nullstellenstruktur im Unendlichen[19]
Gegeben sei ein System $(\mathbf{A}, \mathbf{B}, \mathbf{C})$ mit n Zustandsgrößen, m Ein– und l Ausgängen sowie die zugehörige Rosenbrock–Systemmatrix:

$$\mathbf{P}(s) \;=\; \begin{bmatrix} s\mathbf{I} - \mathbf{A} & -\mathbf{B} \\ \mathbf{C} & \mathbf{0} \end{bmatrix}.$$

Gesucht ist die *generische* Nullstellenstruktur $\mu_1^*, \mu_2^*, ..., \mu_{\rho^*}^*$ im Unendlichen.

1. Setze $k := \min\,(m, l)$, $\rho^* := 0$.

2. Für alle möglichen Kombinationen (ohne Wiederholungen) $i_1, i_2, ..., i_k$ und $j_1, j_2, ..., j_k$ der Zahlen $(1, 2, ..., l)$ und $(1, 2, ..., m)$ Bilden der zugehörigen Teilsysteme zu den Unterdeterminanten
$$\mathbf{P}^{1,2,...,n,n+i_1,n+i_2,...,n+i_k}_{1,2,...,n,n+j_1,n+j_2,...,n+j_k}$$
und Berechnen des maximalen Grades d_k (maximale Anzahl der strukturellen Invarianten Nullstellen) dieser Unterdeterminanten mit Hilfe des Algorithmus 5.4.

3. **if** $\rho^* > 0$ **then** gehe nach 4.
          else   **if** $d_k > 0$ **then** $\rho^* = k$.
                     else setze $k := k - 1$.
                              if $k = 0$ **then** gehe nach 6.
                              else gehe nach 2.

4. Setze $\mathbf{P}(s) := \mathbf{P}_k(s)$, $m := l := k$, $k := k - 1$.
$\mathbf{P}_k(s)$ ist dabei eine der in Schritt 2 gebildeten $(n + k) \times (n + k)$ Teilmatrizen von $\mathbf{P}(s)$ mit grad $(\det \mathbf{P}_k(s)) = d_k$.
if $k > 0$ **then** gehe nach 2.

5. Berechnung der *generischen* Ordnungen $\mu_1^*, \mu_2^*, ..., \mu_{\rho^*}^*$

$$\mu_1^* = n - d_1$$
$$\mu_2^* = d_1 - d_2$$
$$\vdots$$
$$\mu_{\rho^*}^* = d_{\rho^*-1} - d_{\rho^*}.$$

6. ENDE

Der Grad d_k für $k = \rho^*$, der der maximale Grad der größten nicht verschwindenden Unterdeterminanten (6.118) von $\mathbf{P}(s)$ ist, stellt eine obere Abschätzung für die *Anzahl* der endlichen Nullstellen dar, die nicht nur für quadratische, sondern auch für rechteckige und degenerierte Systeme gilt.

6.10.2 Bestimmung mittels Toeplitz-Matrizen

Auch die in Abschnitt 6.5.3 besprochene Berechnungsmethode, die auf einer Bestimmung des Ranges einer Reihe von Toeplitz–Matrizen der Form

$$\begin{bmatrix} \mathbf{P}_1 & \mathbf{P}_0 & \mathbf{0} & \cdots & \mathbf{0} \\ \mathbf{0} & \ddots & \ddots & \ddots & \vdots \\ \vdots & \ddots & \ddots & \ddots & \mathbf{0} \\ \vdots & & \ddots & \ddots & \mathbf{P}_0 \\ \mathbf{0} & \cdots & \cdots & \mathbf{0} & \mathbf{P}_1 \end{bmatrix} \tag{6.123}$$

mit

$$\mathbf{P}_0 = \begin{bmatrix} -\mathbf{A} & -\mathbf{B} \\ \mathbf{C} & \mathbf{0} \end{bmatrix} \quad \text{und} \quad \mathbf{P}_1 = \begin{bmatrix} \mathbf{I} & \mathbf{0} \\ \mathbf{0} & \mathbf{0} \end{bmatrix} \tag{6.124}$$

basiert, kann für die Berechnung der *generischen* Struktur so abgeändert werden, daß ein äußerst effizienter Algorithmus zur numerischen Bestimmung der *generischen* Nullstellenstruktur im Unendlichen entsteht. Die Grundlage dieses Algorithmus bildet der folgende Satz.

Satz 6.24 (Svaricek 1991a)
Der *generische* Rang der Toeplitz–Matrizen

$$\mathbf{T}_\infty^i\{\mathbf{P}(s)\} = \begin{bmatrix} \mathbf{P}_1 & \mathbf{P}_0 & \cdots & \mathbf{P}_{-i} \\ \mathbf{0} & \ddots & \ddots & \vdots \\ \vdots & \ddots & \ddots & \mathbf{P}_0 \\ \mathbf{0} & \cdots & \mathbf{0} & \mathbf{P}_1 \end{bmatrix}, \quad (\mathbf{P}_i = 0 \text{ für } i < 0) \tag{6.125}$$

ist für alle $i \geq 0$ gleich dem Term-Rang.

Der Term–Rang und der generische Rang einer konstanten Matrix sind im allgemeinen nur dann identisch (vgl. Abschnitt 2.2), wenn alle von Null verschiedenen Elemente der Matrix unabhängig voneinander variiert werden können. Da die von Null verschiedenen Elemente in den Toeplitz–Matrizen gar nicht (Elemente der Einheitsmatrizen in den Matrizen $\mathbf{P}_1$) bzw. nicht *unabhängig* voneinander verändert werden können, stellt die Aussage dieses Satzes ein nicht unbedingt zu erwartendes Ergebnis dar.

Die rasch anwachsende Größe der Toeplitz–Matrizen sprengt bei der numerischen Rangbestimmung normalerweise schnell den Rahmen, der bezüglich Speicherplatz und Rechenzeit zur Verfügung stehenden Ressourcen. Da man aufgrund des Satzes 6.24 zur Berechnung der *generischen* Struktur im Unendlichen nur den Term–Rang dieser Toeplitz–Matrizen bestimmen muß, können deren besondere Eigenschaften, wie z.B., daß die Anzahl der von Null verschiedenen Elemente in den Matrizen $\mathbf{T}^i_\infty$ nur proportional zu i zunimmt, wesentlich besser ausgenutzt werden.

Das Programm MC21A (Duff 1981b) zur rechnergestützten Bestimmung des Term–Ranges einer Matrix, das speziell für die Untersuchung von großen, schwach besetzten Matrizen entwickelt wurde und in allgemein zugänglichen Software–Bibiliotheken (z.B. ELIB des Konrad–Zuse–Zentrum für Informationstechnik, Berlin) verfügbar ist, wurde bereits in Abschnitt 3.4 angesprochen. Dieses Programm speichert nur die Positionen der τ von Null verschiedenen Elemente einer Matrix ab, so daß sowohl der Rechenzeit– als auch der Speicherplatzbedarf lediglich *lineare* Funktionen in τ sind.

Wirklich konkurrenzfähig in Bezug auf die benötigte Rechenzeit wird die Toeplitz–Matrix–Methode allerdings erst dann, wenn eine an die besondere Struktur der Toeplitz–Matrizen angepaßte Version des Programmes MC21A eingesetzt wird. Die Grundidee dieser Anpassung soll im weiteren näher erläutert werden:

Der Algorithmus MC21A löst das Problem der Term–Rangbestimmung, indem er eine Permutation der Zeilen berechnet, die eine maximale Anzahl von Null verschiedener Elemente auf der Diagonalen der permutierten Matrix plaziert. Für die Menge der von Null verschiedenen Elemente auf der Diagonalen einer Matrix führt Duff den Begriff der *Transversalen* ein. Die Anzahl dieser Elemente bezeichnet er dann als *Länge der Transversalen*. Betrachtet man nun zwei aufeinanderfolgende Toeplitz–Matrizen $\mathbf{T}^i_\infty$ und $\mathbf{T}^{i+1}_\infty$, so besitzen die ersten $i(n+l)$ Zeilen von $\mathbf{T}^i_\infty$ und $\mathbf{T}^{i+1}_\infty$ die gleichen von Null verschiedenen Elemente. Lediglich die letzten $2(n+l)$ Zeilen von $\mathbf{T}^{i+1}_\infty$ sind neue Zeilen bzw. enthalten zusätzliche von Null verschiedene Elemente. Aus dieser Beobachtung ergibt sich, daß zwei Teilmatrizen, die mit Hilfe der ersten $i(n+l)$ Zeilen von $\mathbf{T}^i_\infty$ und $\mathbf{T}^{i+1}_\infty$ gebildet werden den gleichen Rang haben. Der Term–Rang dieser Teilmatrizen ist dann (Duff 1981a) mit der *Länge der Transversalen* der permutierten Matrix identisch. Die Indizes der Zeilen, die diese Transversale bilden, speichert das Programm MC21A in einem Variablenfeld IPERM ab. Die in dem Vektor IPERM enthaltene Ranginformation bezüglich $\mathbf{T}^i_\infty$ kann nun in der Form genutzt werden, daß das Programm bei der Bestimmung des Ranges der folgenden Toeplitz–Matrix $\mathbf{T}^{i+1}_\infty$ nicht in der ersten sondern erst in der $(i(n+l)+1)$-ten Zeile von $\mathbf{T}^{i+1}_\infty$ beginnt.

Damit eine derartige sukzessive Bestimmung des Ranges der Toeplitz–Matrizen verwirklicht werden kann, die offenkundig zu einer signifikanten Reduzierung der Rechenzeit führt, muß das Programm MC21A lediglich so geändert werden, daß der Startindex der Hauptschleife von 1 verschieden sein darf. Der folgende Algorithmus zur Berechnung der generischen Nullstellenstruktur im Unendlichen, der von einer derart modifizierten Version des Programmes MC21A ausgeht, wird aus Gründen der Übersichtlichkeit zunächst nur für quadratische Systeme dargestellt. Hinweise zur einfachen Erweiterung auf rechtechteckige Systeme werden anschließend gegeben.

Algorithmus 6.3　Generische Nullstellenstruktur im Unendlichen

Gegeben sei ein System $(\mathbf{A}, \mathbf{B}, \mathbf{C})$ mit n Zustandsgrößen und m Ein– und Ausgängen. Gesucht ist die *generische* Nullstellenstruktur $\mu_1^*, \mu_2^*, ..., \mu_{\rho^*}^*$ im Unendlichen.

1. Setze $k := 1$, $i_z := 1$, Term–Rang $\mathbf{T}_\infty^0 := 2n$, $\rho_\infty^0 := n$.

2. Bildung der Toeplitz–Matrizen (6.125) der Dimension $n_t = k(n + m) + 2(n + m)$.

3. Berechnung einer Permutation IPERM mit Hilfe des modifizierten Programmes MC21A, die bewirkt, daß die permutierte Matrix eine *maximale Transversale* besitzt.

4. Setze den Term–Rang von $\mathbf{T}_\infty^k$ gleich der Anzahl der von Null verschiedenen Elemente in IPERM.

5. Setze $\rho_\infty^k :=$ Term–Rang $\mathbf{T}_\infty^k$ $-$ Term–Rang $\mathbf{T}_\infty^{k-1}$,
   $\rho^* := \rho_\infty^k - n$.

6. Die Anzahl der Nullstellen im Unendlichen der Ordnung k ist
   $\rho_\infty^k - \rho_\infty^{k-1}$.

7. **if** $\rho_\infty^k = n + m$[20] **then** gehe nach 12.

8. Setze $i_z := n_t - 2(n + m) + 1$.

9. Setze in dem Feld IPERM alle Zeilenindizes größer oder gleich i_z zu Null.

10. Setze $k := k + 1$.

11. Gehe nach 2.

12. ENDE

Das Programm MC21A von Duff ist eigentlich nur für quadratische Matrizen geeignet. Ist ein System $(\mathbf{A}, \mathbf{B}, \mathbf{C})$ rechteckig, so besitzen die zugehörigen Toeplitz–Matrizen (6.125) ebenfalls eine unterschiedliche Anzahl von Zeilen und Spalten. Ergänzt man diese Matrizen mit Hilfe zusätzlicher Nullzeilen oder

---

[20]Für degenerierte Systeme sollte hier die Abbruchbedingung (6.67) verwendet werden.

–spalten zu quadratischen Matrizen, so kann der oben vorgestellte Algorithmus auch bei Systemen mit einer unterschiedlichen Anzahl von Ein– und Ausgängen eingesetzt werden.

Abschließend sollen einige Ergebnisse von Rechenzeituntersuchungen diskutiert werden, die für die beiden vorgestellten Algorithmen zur Berechnung der *generischen* Struktur im Unendlichen durchgeführt wurden. Grundlage dieser Untersuchungen waren folgende FORTRAN–Realisierungen der Algorithmen:

GIZES1: Dieses Programm basiert auf dem Algorithmus 6.3 und verwendet eine modifizierte Version des MC21A–Programms von Duff (1981b).

GIZES2: Dieses Programm basiert auf dem Algorithmus 6.2 und verwendet zur Lösung des Zuordnungsproblems den LSAP–Code von Burkhard und Derigs (1980).

Der Rechenzeitbedarf dieser beiden Programme wurden anhand von zufällig generierten Systemen mit Hilfe eines HP 9000/835 Computers ermittelt. Diese Systeme werden durch 3 Kenngrößen charakterisiert:

n = Anzahl der Zustandsgrößen,

m = Anzahl der Ein– und Ausgänge,

τ = Anzahl der von Null verschiedenen Elemente in Prozent.

Für einen Satz (n, m, τ) wurden jeweils 100 Zufallssysteme $(\mathbf{A},\mathbf{B},\mathbf{C})$ generiert. Die generische Struktur im Unendlichen dieser Systeme wurden dann sowohl von dem Programm GIZES1 als auch von dem Programm GIZES2 berechnet.

Die folgende Tabelle gibt die CPU–Zeiten für Systeme mit $(n, m) = (50, 5)$; $(100, 7)$ und $\tau = 10, 7, 5;\ 6, 4, 3$ wieder. Da die Ergebnisse des Programmes

			GIZES1				GIZES2			
			deg.		nicht deg.		deg.		nicht deg.	
n	m	τ	mit.	max.	mit.	max.	mit.	max.	mit.	max.
50	5	10	22.2	66.3	0.06	0.11	0.66	0.98	0.32	1.05
		7	28.0	61.9	0.07	0.17	0.80	1.78	0.77	1.34
		5	7.2	44.2	0.11	0.25	1.12	2.52	0.81	1.26
100	7	6	874	1330	0.19	0.29	6.09	7.87	3.46	9.53
		4	423	1204	0.26	0.62	7.73	15.6	5.97	9.85
		3	248	864	0.32	0.67	9.25	26.6	7.02	10.2

Tabelle 6.1: Rechenzeiten in Sekunden

GIZES1 für degenerierte und nicht degenerierte Systeme sehr unterschiedlich sind, werden die Mittelwerte und die maximalen Werte der Rechenzeiten für diese Systeme getrennt angegeben.

Die Zeiten in dieser Tabelle zeigen, daß das Programm GIZES1, das auf der Toeplitz–Matrizen–Methode beruht, deutlich weniger Rechenzeit als das Programm GIZES2[21] benötigt (der Mittelwert der CPU–Zeiten ist um einen Faktor 5 bis 30 kleiner), wenn das betrachtete System nicht degeneriert ist. Bei degenerierten Systemen ist der Normalrang der Rosenbrock–Systemmatrix *a priori* nicht bekannt. Die Ranguntersuchungen an den Toeplitz–Matrizen können daher erst dann beendet werden, wenn die Abbruchbedingung (6.67) erfüllt ist. Das Verhalten des Programmes GIZES1 ist in diesen Fällen bei größeren Systemen nicht mehr akzeptabel. Wenn also nicht ausgeschlossen werden kann, daß das zu untersuchende System strukturell degeneriert ist, dann sollte zuvor immer der Term–Rang der Systemmatrix $\mathbf{P}(s)$ bestimmt und an das Programm GIZES1 übergeben werden.

Die in der Tabelle 6.2 angegebenen Zeiten für 100 Systeme mit $n, m = 200, 10$ und $\tau = 3, 2, 1.5$ wurden in dieser Form ermittelt. Nach der Berechnung der Anzahl und der Ordnungen der Nullstellen im Unendlichen mit Hilfe des Programms GIZES2 wurde die nun bekannte Anzahl der unendlichen Nullstellen an das Programm GIZES1 übergeben. Die Ranguntersuchungen an den Toeplitz–Matrizen konnten somit immer unmittelbar nach der Berechnung der letzten Nullstelle im Unendlichen beendet werden.

			GIZES1				GIZES2			
			deg.		nicht deg.		deg.		nicht deg.	
n	m	τ	mit.	max.	mit.	max.	mit.	max.	mit.	max.
200	10	3	0.84	1.00	0.77	1.23	53	77	47.5	93.3
		2	0.94	1.32	1.05	1.94	81	180	64.7	98.5
		1.5	1.23	2.06	1.36	2.47	103	380	65.2	90.6

Tabelle 6.2: Rechenzeiten in Sekunden

Die in der Tabelle 6.2 dargestellten Ergebnisse verdeutlichen, wie sich das Verhalten des Programmes GIZES1 bei degenerierten Systemen durch eine Vorabberechnung der Anzahl der Nullstellen im Unendlichen erheblich verbessern läßt. Die Rechenzeiten des Programmes GIZES1 sind jetzt durchweg um einen Faktor 48 bis 86 besser als die von GIZES2. Wird der zusätzliche Rechenzeitaufwand zur Berechnung der Anzahl der unendlichen Nullstellen (z.B. 0.23 Sekunden bei einer Bestimmung anhand des Term–Ranges von $\mathbf{P}(s)$ mit dem Programm MC21A) berücksichtigt, so verbleibt immer noch eine Reduzierung um einen Faktor zwischen 41 und 69.

Zur Berechnung der generischen Nullstellenstruktur im Unendlichen eines linearen Systems $(\mathbf{A},\mathbf{B},\mathbf{C})$ gibt van der Woude (1989) eine weitere Möglichkeit an.

---

[21]Die Rechenzeiten des Programmes EZEROS zur Bestimmung der Nullstellenstruktur im Unendlichen liegen im Bereich der Zeiten von GIZES2.

Das Problem der Bestimmung der generischen Anzahl und der generischen Ord-
nungen der Nullstellen im Unendlichen wird hierbei nicht wie im Algorithmus
6.2 auf mehrere Zuordnungsprobleme, sondern auf ein Flußproblem in einem
Graphen zurückgeführt. Eine programmtechnische Realisierung dieses einfachen
Verfahrens wird allerdings dadurch erschwert, daß effiziente und zuverlässige
Programme zur Auffindung eines *maximalen Flusses mit minimalen Kosten* in
einem Graphen im Gegensatz zu den Programmen LSAP und MC21A, die zur
Realisierung der Algorithmen 6.2 und 6.3 benötigt werden, in einschlägigen
Software–Bibliotheken z.Z. nicht zur Verfügung stehen.

Zum Abschluß wird noch einmal das aus der Literatur (Föllinger 1990) bekannte
Modell 19–ter Ordnung eines Hinterachsprüfstandes betrachtet. Die mit Hilfe
des Progammes ZEROS berechneten *endlichen* Nullstellen waren bereits im
Abschnitt 5.7.5 angegeben worden. Wird die Nullstellenstruktur im Unendlichen
dieses Systems mittels der drei zuvor vorgestellten Algorithmen bestimmt, so
liefern alle Algorithmen das gleiche Ergebnis: Das System hat neben den 10
endlichen Nullstellen noch 3 Nullstellen im Unendlichen der Ordnungen $\{2, 2, 5\}$.
Die hierzu aufgewendeten Rechenzeiten liegen, wie ein Blick auf die Tabelle 6.3
zeigt, alle etwa im selben Bereich. Das bedeutet, erst bei noch größeren Systemen
(vgl. Tabelle 6.1) ist eine Berechnung der *generischen* Nullstellenstruktur z.B. mit
Hilfe des Programmes GIZES1 weniger zeitaufwendig als eine Berechnung der
Struktur im Unendlichen mit EZEROS.

EZEROS	GIZES1	GIZES2
2.9	3.4	7.4

Tabelle 6.3: Rechenzeiten in ms

Andererseits liefert das Programm EZEROS bezüglich der Struktur im Unendlichen eigentlich keine Informationen, die über die generischen Informationen
hinausgehen. Da allerdings nur die generischen Ergebnisse aufgrund fehlender
Gleitpunktoperationen absolut zuverlässig ermittelt werden können, ist sowohl
aus praktischer als auch aus numerischer Sicht eine Berechnung der generischen
Struktur der unsicheren Berechnung der Nullstellenstruktur im Unendlichen
anhand eines nicht hinreichend genau bekannten Zahlenmodells vorzuziehen.

Das Modell des Hinterachsprüfstandes weist mit zwei Nullstellen 2–ter und einer
Nullstelle 5–ter Ordnung keine *triviale*[22] Nullstellenstruktur im Unendlichen auf,
so daß beispielsweise die hinreichenden Bedingungen (6.81) und (6.82) der Ein-
/Ausgangsentkoppelbarkeit nicht erfüllt sind. Zur Beantwortung dieser Frage

---

[22]Die Nullstellenstruktur im Unendlichen eines System wird trivial genannt, wenn sie sich
nur aus Nullstellen 1–ter Ordnung zusammensetzt.

ist demnach noch eine Berechung der Ordnungen der unendlichen Nullstellen der Teilsysteme $(\mathbf{A},\mathbf{B},\mathbf{c}_i^T)$, $i = 1, 2, 3$ erforderlich.

Für das erste Teilsystem $(\mathbf{A},\mathbf{B},\mathbf{c}_1^T)$ ergibt sich, daß das System eine Nullstelle 5-ter Ordnung im Unendlichen besitzt. Da die Ordnung dieser Nullstelle mit einer der Ordnungen der unendlichen Nullstellen des Gesamtsystems übereinstimmt, ist die Entkopplungsbedingung des Satzes 6.12 nicht verletzt und eine Berechnung der Nullstelle im Unendlichen des nächsten Teilsystems $(\mathbf{A},\mathbf{B},\mathbf{c}_2^T)$ notwendig. Die Ordnung dieser Nullstelle ist gleich 2 und somit ebenfalls in der Liste der Ordnungen des Gesamtsystems enthalten. Entsprechend dem Satz 6.12 kann das Modell des Hinterachsprüfstandes mit Hilfe einer Zustandsrückführung dann und nur dann entkoppelt werden, wenn die Ordnung der Nullstelle des letzten Teilsystems $(\mathbf{A},\mathbf{B},\mathbf{c}_3^T)$ ebenfalls gleich 2 ist. Mit Hilfe der oben angegebenen Algorithmen kann überprüft werden, daß dies zutrifft und das Modell somit entkoppelbar ist.

Die genauen Zahlenwerte der von Null verschiedenen Elemente in den Matrizen $\mathbf{A}$ und $\mathbf{B}$ sind vom Übersetzungsverhältnis des Schaltgetriebes und von den Daten der zu testenden Hinterachse abhängig. Da auch die generischen Ordnungen der unendlichen Nullstellen den Entkoppelungsbedingungen des Satzes 6.12 genügen, ist die Eigenschaft der Entkoppelbarkeit eine *generische* Eigenschaft und von den exakten Zahlenwerten weitgehend unabhängig. Solange der strukturelle Aufbau des Modells und damit die Besetzungsmuster der Matrizen $\mathbf{A}$, $\mathbf{B}$ und $\mathbf{C}$ nicht verändert werden, kann auf eine erneute Untersuchung der Entkoppelbarkeit bei sich verändernden Modellparametern oder Arbeitspunkten verzichtet werden.

7 Abschließende Bemerkungen

Die in den verschiedenen Kapiteln angesprochenen oder vorgestellten Algorithmen sind zum Teil bereits als FORTRAN–Programme in den bekannten regelungstechnischen Programmsammlungen RASP und SLICOT enthalten und darüber hinaus auch über Internet (ftp://risc.uni-duisburg.de/pub/sv) zu beziehen.

In diesem Buch wurden Regelungssysteme betrachtet, die hinreichend genau durch ein lineares Modell, das lediglich eine Näherung 1. Ordnung darstellt (Schwarz 1991), approximiert werden können. Aufgrund gestiegener Anforderungen an die Güte und Robustheit von Automatisierungssytemen hat man in den letzten Jahren im Bereich der Regelungstechnik verstärkt die Frage untersucht (siehe z.B. Schwarz 1991, Guo 1991, Dorißen 1990, Beater 1987), inwieweit die bekannten Methoden und Konzepte der linearen Theorie auf nichtlineare Systeme übertragbar sind. Besonders erfolgreich waren diese Bemühung auch in bezug auf das Konzept der „Nullstellen im Unendlichen" und den damit zusammenhängenden Systemeigenschaften (Isidori 1983, Moog 1988). Aufgrund neuester Ergebnisse (Svaricek 1992b, 1993b, Svaricek und Schwarz 1993, Wey u.a. 1994) bestehen berechtigte Hoffnungen, daß die in dieser Arbeit propagierte Vorgehensweise bei der rechnergestützten Systemanalyse bereits in naher Zukunft auch bei gewissen Klassen nichtlinearer Systeme Anwendung finden wird.

8 Literatur

Ackermann, J. 1972. Der Entwurf linearer Regelungssysteme im Zustandsraum. *Regelungstechnik* 7. 297–300.

Ackermann, J. 1983. *Abtastregelung Band II.* Berlin: Springer.

Anderson, B.D.O. und **J.B. Moore.** 1981. Time–Varying Feedback Laws for Decentralized Control. *IEEE Trans. Automat. Control* 26. 1133–1139.

Andrei, N., F. Svaricek und **H.–D. Wend.** 1991. DACS – An Interactive Package for the Qualitative Analysis of Large–Scale Control Systems. *Proc. of the 5th IFAC/IMACS Symposium on Computer Aided Design in Control Systems.* Swansea. 421–426.

Arbel, A. 1981. Controllability Measures and Actuator Placement in Oscillatory Systems. *Int. J. Control* 33. 565–574.

Bachmann, W. 1981. Strenge strukturelle Steuerbarkeit und Beobachtbarkeit von Mehrgrößensystemen. *Regelungstechnik* 29. 318–323.

Bachmann, W. 1982. *Zum Stabilitätsverhalten dezentraler Regelungssysteme.* Dissertation Universität –GH– Duisburg und VDI Fortschrittberichte. Reihe 8. Nr. 49. Düsseldorf: VDI–Verlag.

Bakri, N., N. Becker und **E. Ostertag.** 1988. Anwendung von Kontroll–Störgrößenbeobachtern zur Regelung und zur Kompensation trockener Reibung. *Automatisierungstechnik* 36. 50–54.

Bals, J. 1989. *Aktive Schwingungsdämpfung flexibler Strukturen.* Dissertation. Universität Karlsruhe.

Beater, P. 1987. *Zur Regelung nichtlinearer Systeme mit Hilfe bilinearer Modelle.* Dissertation Universität –GH– Duisburg und VDI Fortschrittberichte. Reihe 8. Nr. 245. Düsseldorf: VDI–Verlag.

Basile, G. und **G. Marro.** 1969. Controlled and Conditioned Invariant Subspaces in Linear Systems. *J. Optimization Theory and Application* 3. 306–315.

Beelen, Th. und **P. Van Dooren.** 1988. An Improved Algorithm for the Computation of Kronecker's Canonical Form of a Singular Pencil. *Linear Algebra Appl.* 105. 9–65.

Belevitch, V. 1968. *Classical Network Theory.* San Francisco: Holden–Day.

Benninger, N.F. 1987. *Analyse und Synthese linearer Systeme mit Hilfe neuer Strukturmaße.* Dissertation Karlsruhe und VDI Fortschrittberichte. Reihe 8. Nr. 138. Düsseldorf: VDI-Verlag.

Benninger, N.F. und **J. Rivoir.** 1986. Ein neues konsistentes Maß zur Beurteilung der Steuerbarkeit in linearen, zeitinvarianten Systemen. *Automatisierungstechnik* 34. 473–479.

Berger, W.A., R.J. Perry und **H.H. Sun.** 1991. An Algorithm for the Assignment of System Zeros. *Automatica* 27. 541–544.

Bhattacharyya, S.P. 1980. Frequency Domain Conditions for Disturbance Rejection. *IEEE Trans. Automat. Control* 25. 1211–1213.

Bingulac, S. und **H.F. VanLandingham.** 1993. *Algorithms for Computer-Aided Design of Multivariable Control Systems.* New York: Marcel Dekker.

Boley, D.L. 1987. Computing Rank–Deficiency of Rectangular Matrix Pencils. *Systems & Control Letters* 9. 207–214.

Boley, D.L. und **W.–S. Lu.** 1986. Measuring How Far a Controllable System is from an Uncontrollable One. *IEEE Trans. Automat. Control* 31. 249–251.

Brockett, R.W. 1965. Poles, Zeros and Feedback: State Space Interpretation. *IEEE Trans. Automat. Control* 10. 129–135.

Burkard, R.E. und **U. Derigs.** 1980. *Assignment and Matching Problems: Solution Methods with FORTRAN–Programs.* Berlin: Springer.

Carpaneto, G. und **P. Toth.** 1983. Algorithm 50: Algorithm for the Solution of the Assignment Problem for Sparse Matrices. *Computing* 31. 83–94.

Commault, C. und **J.M. Dion.** 1982. Structure at Infinity of Linear Multivariable Systems: A Geometric Approach. *IEEE Trans. Automat. Control* 27. 693–696.

Commault, C., J.M. Dion und **S. Perez.** 1984. Transfer Matrix Approach to the Disturbance Decoupling Problem. *Proc. of the 9th IFAC World Congress.* Budapest. 130–133.

Commault, C., J.M. Dion und **A. Perez.** 1990. Disturbance Rejection for Structured Systems. *Proc. of the 29th IEEE Conference on Decision and Control.* Hawaii. 1875–1879.

Commault, C., J.M. Dion und **J.A. Torres.** 1991. Minimal Structure in the Block Decoupling Problem with Stability. *Automatica* 27. 331–338.

Cremer, M. 1971. A Precompensator of Minimal Order for Decoupling a Linear Multi-Variable System. *Int. J. Control* 14. 1089–1103.

Dantzig, G.B. 1966. *Lineare Programmierung und Erweiterungen.* Berlin: Springer.

Davison, E.J. 1977. Connectability and Structural Controllability of Composite Systems. *Automatica* 13. 109–123.

Davison, E.J. 1990. *Benchmark Problems for Control System Design.* Oxford: Express Litho Service.

Davison, E.J. und **S.H. Wang.** 1974. Properties and Calculation of Transmission Zeros of Linear Multivariable Systems. *Automatica* 10. 643–658.

Davison, E.J. und **S.H. Wang.** 1978. An Algorithm for the Calculation of Transmission Zeros of the System (C,A,B,D) using High Gain Output Feedback. *IEEE Trans. Automat. Control* 23. 738–741.

DeCarlo, R.A. 1989. *Linear Systems: A State Variable Approach with Numerical Implementations.* Englewood Cliffs: Prentice Hall.

Demmel, J. und **B. Kågström.** 1993a. The Generalized Schur Decomposition of an Arbitrary Pencil $A - \lambda B$: Robust Software with Error Bounds and Applications. Part I: Theory and Algorithms. *ACM Trans. Math. Software* 19. 160–174.

Demmel, J. und **B. Kågström.** 1993b. The Generalized Schur Decomposition of an Arbitrary Pencil $A - \lambda B$: Robust Software with Error Bounds and Applications. Part II: Software and Applications. *ACM Trans. Math. Software* 19. 175–201.

Descusse, J. und **J.M. Dion.** 1982. On the Structure at Infinity of Linear Square Decoupled Systems. *IEEE Trans. Automat. Control* 27. 971–974.

Descusse, J. und **C.H. Moog.** 1987. Dynamic Decoupling for Right-invertible Nonlinear Systems. *Systems & Control Letters.* 8. 345–349.

Descusse, J., J.F. Lafay und **V. Kučera.** 1984a. Decoupling by Restricted Static-State Feedback: The General Case. *IEEE Trans. Automat. Control* 28. 79–81.

Descusse, J., J.F. Lafay und **M. Malabre.** 1983. On the Structure at Infinity of Linear Block-Decouplable Systems: The General Case. *IEEE Trans. Automat. Control* 28. 1115–1118.

Descusse, J., J.F. Lafay und **M. Malabre.** 1984b. Further Results on Morgan's Problem. *Systems & Control Letters* 4. 203–208.

Descusse, J., J.F. Lafay und **M. Malabre.** 1988. Solution to Morgan's Problem. *IEEE Trans. Automat. Control* 33. 732–739.

Desoer, C.A. und **J.D. Schulman.** 1974. Zeros and Poles of Matrix Transfer Functions and Their Dynamical Interpretion. *IEEE Trans. on Circuits and Systems* 21. 3–8.

Di Benedetto, M.D., J.W. Grizzle und **C.H. Moog.** 1989. Rank Invariants of Nonlinear Systems. *SIAM J. Control and Optimization.* 27. 658–672.

Dion, J.M 1983. Feedback Block Decoupling and Infinite Structure of Linear Systems. *Int. J. Control* 37. 521–533.

Dongarra, J.J., C.B. Moler, J.R. Bunch u.a. 1979. *LINPACK Users' Guide.* Philadelphia: SIAM.

Dorißen, H.T. 1990. *Zur Minimalrealisierung und Identifikation bilinearer Systeme durch Markovparameter.* Dissertation Universität –GH– Duisburg und VDI Fortschrittberichte. Reihe 8. Nr. 221. Düsseldorf: VDI–Verlag.

Duff, I.S. 1981a. On Algorithms for Obtaining a Maximum Transversal. *ACM Trans. Math. Software* 7. 315–330.

Duff, I.S. 1981b. Algorithm 575 : Permutations for a Zero–Free Diagonal. *ACM Trans. Math. Software* 7. 387–390.

Duff, I.S und **J.K. Reid.** 1978. Algorithm 529: Permutation to Block Triangular Form. *ACM Trans. Math. Software* 4. 189–192.

Duff, I.S., A.M. Erisman und **J.K. Reid.** 1990. *Direct Methods for Sparse Matrices.* Oxford: University Press.

Egerváry, E. 1953. *On Combinatorial Properties of Matrices,* translated by H.W. Kuhn. Naval Res. Logist., Projekt Report, Dept. Math., Princeton University.

Eising, R. 1983. The Distance Between a System and the Set of Uncontrollable Systems. *Proc. of the Int. Symposium MTNS–83.* Beer–Sheva. 303–314.

Eising, R. 1984. Between Controllable and Uncontrollable. *Systems & Control Letters* 4. 263 – 264.

Elliot, H. und **W.A. Wolovich.** 1982. A Parameter Adaptive Control Structure for Linear Multivariable Systems. *IEEE Trans. Automat. Control* 27. 340–352.

Emami–Naeini, A. und **P. Van Dooren.** 1982. Computation of Zeros of Linear Multivariable Systems. *Automatica* 26. 415–430.

Engell, S. 1988. *Optimale lineare Regelung.* Berlin: Springer.

Engell, S. und **D. Konik.** 1986a. Sequential Design of Decentralized Controllers Using Decoupling Techniques. *Proc. of the IFAC Symposium Large Scale Systems.* Zürich. 264–275.

Engell, S. und **D. Konik.** 1986b. Zustandsermittlung bei unbekanntem Eingangssignal. *Automatisierungstechnik* 34. 38–42 und 247–251.

Falb, P.L. und **W.A. Wolovich.** 1967. Decoupling in the Design and Synthesis of Multivariable Control Systems. *IEEE Trans. Automat. Control* 12. 651–659.

Fallside, F. 1977. *Control System Design by Pole–Zero Assignment.* New York: Academic Press.

Ferreira, P.G. und **S.P. Bhattacharayya.** 1977. On Blocking Zeros. *IEEE Trans. Automat. Control* 22. 258–259.

Fliess, M. 1986. A New Approach to the Structure at Infinity of Nonlinear Systems. *Systems & Control Letters* 7. 419–421.

Föllinger, O. 1990. *Regelungstechnik.* Heidelberg: Hüthig.

Francis, B.A. und **W.M. Wonham.** 1975. The Role of Transmission Zeros in Linear Multivariable Regulators. *Int. J. Control* 22. 657–681.

Franklin, G.F. und **C.R. Johnson.** 1981. A Condition for Full Zero Assignment in Linear Control Systems. *IEEE Trans. Automat. Control* 26. 519–521.

Franksen, O.I., P. Falster und **F.J. Evans.** 1979. *Qualitative Aspects of Large Scale Systems.* Berlin: Springer.

Gantmacher, F.R. 1986. *Matrizentheorie.* Berlin: Springer.

Garbow, B.S., J.M. Boyle u.a. 1977. *Matrix Eigensystem Routines – EISPACK Guide Extension.* Berlin: Springer.

Gaus, N. und **R. Steinhauser.** 1989. *Reglerentwurf zur aktiven Vibrationsunterdrückung bei einem Hubschrauber.* Forschungsbericht 89–20. Deutsche Forschungs– und Versuchsanstalt für Luft– und Raumfahrt. Oberpfaffenhofen.

Gehre, H.–G. 1989. *Regelungstechnische Modellapproximation in Zeit– und Frequenzbereich.* Dissertation. Ruhr–Universität Bochum.

Gilbert, E.G. 1969. The Decoupling of Multivariable Systems by State Feedback. *SIAM J. Control* 7. 50–63.

Glover, K. und **L.M. Silverman.** 1976. Characterization of Structural Controllability. *IEEE Trans. Automat. Control* 21. 534–537.

Golub, G.H. und **C.F. Van Loan.** 1989. *Matrix Computations.* Baltimore and London: Johns Hopkins University Press.

Grosche, G. und **V. Ziegler.** 1979. *Ergänzende Kapitel zu „Bronstein, I.N. und K.A. Semendjajew. Taschenbuch der Mathematik".* Leipzig: Teubner.

Grübel, G. 1983. Die regelungstechnische Programmbibliothek RASP. *Regelungstechnik* 31. 75–81.

Guo, L. 1991. *Zur Regelung bilinearer Systeme am Beispiel hydraulischer Antriebe.* Dissertation Universität –GH– Duisburg und VDI Fortschrittberichte. Reihe 8. Nr. 245. Düsseldorf: VDI–Verlag.

Harvey, C.A. und **G. Stein.** 1978. Quadratic Weights for Asymptotic Regulator Properties. *IEEE Trans. Automat. Control* 23. 378–387.

Hasse, H. 1969. *Zahlentheorie.* Berlin: Akademie–Verlag.

Hautus, M.L.J. 1969. Controllability and Observability Conditions of Linear Autonomous Systems. *Indagationes Mathematicae* 31. 443–448.

Hautus, M.L.J. 1970. Stabilization, Controllability and Observability of Linear Autonomous Systems. *Indagationes Mathematicae* 32. 448–455.

Hautus, M.L.J. 1976. The Formal Laplace Transform for Smooth Linear Systems. 29–47. In: *Mathematical Systems Theory,* ed. G. Marchesini und S.K. Mitter. New York: Springer.

Hautus, M.L.J. 1980. (A,B)–Invariant and Stabilizability Subspaces, a Frequency Domain Description. *Automatica* 16. 703–707.

Hautus, M.L.J. 1983. Strong Detectability and Observers. *Linear Algebra and Its Applications* 50. 353–368.

Hautus, M.L.J. und **M. Heyman.** 1978. Linear Feedback – An Algebraic Approach. *SIAM J. Control and Optimization* 16. 83–105.

Hein, O. 1977. *Graphentheorie für Anwender.* Mannheim: B.I. Wissenschaftsverlag.

Heister, M. 1982. *Eine Methodik zur rechnergestützten Analyse und Synthese von Mehrgrößenregelsystemen.* Dissertation. Universität –GH– Wuppertal.

Hinrichsen, D. und **A. Linnemann.** 1984. Normalformen vom Hermite–Typ und die Berechnung dominanter Hermite–Indizes strukturierter Systeme. *Regelungstechnik* 32. 124–130.

Hinrichsen, D. und **H.–W. Philippsen.** 1990. Modellreduktion mit Hilfe balancierter Realisierungen. *Automatisierungstechnik* 38. 416–422 und 460–466.

Hippe, P. 1982. Ein modales Regelbarkeitsmaß für lineare, zeitinvariante dynamische Systeme. *Regelungstechnik* 30. 96–101.

Hosoe, S. 1980. Determination of Generic Dimensions of Controllable Subspaces and Its Application. *IEEE Trans. Automat. Control* 25. 1192–1196.

Hung, Y.S. und **A.G.J. MacFarlane.** 1981. On the Relationships between the Unbounded Asymptote Behaviour of Multivariable Systems, Root Loci, Impulse Response and Infinite Zeros. *Int. J. Control* 34. 31–69.

Isidori, A. 1983. Nonlinear Feedback, Structure at Infinity and the Input–Output Linearization Problem. *Proc. of the Int. Symposium MTNS–83.* Beer–Sheva. 473–493.

Isidori, A. und **C.H. Moog.** 1988. On the Nonlinear Equivalent of the Notion of Transmission Zeros. 146–158. In: *Modeling and Adaptive Control*, ed. C.I. Byrnes und A. Kurszanski. Berlin: Springer.

Jamshidi, M., M. Tarokh und **B. Shafai.** 1992. *Computer–Aided Analysis and Design of Linear Control Systems.* Englewood Cliffs: Prentice Hall.

Johnson, C.D. 1969. Optimization of a Certain Quality of Complete Controllability and Observability for Linear Dynamical Systems. *Journal of Basic Engineering. Series D* 91. 228–238.

Joos, D. 1983. Reduzierung numerischer Probleme bei linearen dynamischen Systemen durch Balancieren. *Regelungstechnik* 31. 269–272.

Juen, G. 1982. Anmerkungen zu den Strukturmaßen für die Steuer-, Stör- und Beobachtbarkeit linearer, zeitinvarianter Systeme. *Regelungstechnik* 30. 64–66.

Kahlert, J. und **H. Kiendl.** 1987. DORA-1500/DORA-PC: Dortmunder regelungstechnische Anwenderprogramme. *Automatisierungstechnik* 35. 420–421.

Kailath, T. 1980. *Linear Systems.* Englewood Cliffs: Prentice Hall.

Kalman, R.E. 1960. On the General Theory of Control Systems. *Proc. of the 1st IFAC Congress.* Moskau. 1. 481–491.

Kalman, R.E. 1963. Mathematical Description of Linear Dynamical Systems. *SIAM J. Control* 1. 152–192.

Kalman, R.E., Y.C. Ho und **K.S. Narendra.** 1961. Controllability of Linear Dynamical Systems. *Contributions to Differential Equations* 1. 189–213.

Karcanias, N. und **B. Kouvaritakis.** 1979. The Output Zeroing Problem and its Relationship to the Invariant Zero Structure: A Matrix Pencil Approach. *Int. J. Control* 29. 395–415.

Kenney, C. und **A.J. Laub.** 1988. Controllability and Stability Radii for Companion Form Systems. *Math. Control Signals Systems* 1. 239–256.

Klema, V.C. und **A.J. Laub.** 1980. The Singular Value Decomposition: Its Computation and Some Applications. *IEEE Trans. Automat. Control* 25. 164–176.

Knobloch, H.W. und **H. Kwakernaak.** 1985. *Lineare Kontrolltheorie.* Berlin: Springer.

Köckemann, A. 1988. *Zur adaptiven Regelung elektro–hydraulischer Antriebe.* Dissertation Universität –GH– Duisburg und VDI Fortschrittberichte Reihe 8. Nr. 174. Düsseldorf: VDI–Verlag.

König, D. 1936. *Theorie der endlichen und unendlichen Graphen.* Leipzig: Akademischer Verlag.

Konik, D. 1986. *Zur Analyse und Synthese zentral und dezentral geregelter linearer Mehrgrößensysteme.* Dissertation Universität –GH– Duisburg und VDI Fortschrittberichte. Reihe 8. Nr. 123. Düsseldorf: VDI–Verlag.

Koussiouris, T.G. 1979. A Frequency Domain Approach to the Block Decoupling Problem: I. The Solvability of the Block Decoupling Problem by State Feedback and a Constant Non–Singular Input Transformation. *Int. J. Control* 29. 991–1010.

Kouvaritakis, B. 1981. On the Asymptotic Behaviour of Optimal Root Loci. *Int. J. Control* 33. 1165–1170.

Kouvaritakis, B. und **J.M. Edmunds.** 1979. Multivariable Root Loci: A Unified Approach to Finite and Infinite Zeros. *Int. J. Control* 29. 393–428.

Kouvaritakis, B. und **A.G.J. MacFarlane.** 1976. Geometric Approach to Analysis and Synthesis of System Zeros. *Int. J. Control* 23. 149–181.

Kouvaritakis, B. und **U. Shaked.** 1976. Asymptotic Behaviour of Root–Loci of Linear Multivariable Systems. *Int. J. Control* 23. 297–340.

Kreindler, E. und **P.E. Sarachik.** 1964. On the Concepts of Controllability and Observability of Linear Systems. *IEEE Trans. Automat. Control* 9. 129–146.

Kreindler, E. und **P.E. Sarachik.** 1965. Corrections to „On the Concepts of Controllability and Observability of Linear Systems". *IEEE Trans. Automat. Control* 10. 118.

Kronecker, L. 1890. Algebraische Reduction der Schaaren bilinearer Formen. *Sitz. -Ber. Akad. Wiss. Phys.-math. Klasse Berlin.* 763–776 und 1225–1375.

Kuhn, H.W. 1955. The Hungarian Method for Solving the Assignment Problem. *Naval Res. Logist.* 83–97.

Kulisch, U.W. 1987. *PASCAL-SC: A PASCAL Extension for Scientific Computation.* Stuttgart: Teubner.

Kulisch, U.W. und **W.L. Miranker.** 1983. *A New Approach to Scientific Computation.* New York: Academic Press.

Laub, A.J. 1985. Numerical Linear Algebra Aspects of Control Design Computations. *IEEE Trans. Automat. Control* 30. 97–108.

Laub, A.J. und **A. Linnemann.** 1986. Hessenberg und Hessenberg/Triangular Forms in Linear System Theory. *Int. J. Control* 44. 1523–1547.

Laub, A.J. und **B.C. Moore.** 1978. Calculation of Transmission Zeros Using QZ-Techniques. *Automatica* 14. 557–566.

Lin, C.T. 1974. Structural Controllability. *IEEE Trans. Automat. Control* 19. 201–208.

Linnemann, A. 1987. Numerical Aspects of Disturbance Decoupling by Measurement Feedback. *IEEE Trans. Automat. Control* 32. 922 – 926.

Linnemann, A. 1993. *Numerische Methoden für lineare Regelungssysteme.* Mannheim: B.I. Wissenschaftsverlag.

Little, J.N. und **C. Moler.** 1986. *PC-MATLAB User's Guide.* Sherbon: The MathWorks Inc.

Litz, L. 1979. *Reduktion der Ordnung linearer Zustandsraummodelle mittels modaler Verfahren.* Stuttgart: Hochschul-Verlag.

Litz, L. 1983a. Modale Maße für Steuerbarkeit, Beobachtbarkeit, Regelbarkeit und Dominanz – Zusammenhänge, Schwachstellen, neue Wege. *Regelungstechnik* 31. 148–158.

Litz, L. 1983b. *Dezentrale Regelung.* München: Oldenbourg.

Lohmann, B. 1991. *Vollständige und teilweise Führungsentkopplung im Zustandsraum.* Dissertation Universität Karlsruhe und VDI Fortschrittberichte Reihe 8. Nr. 244. Düsseldorf: VDI–Verlag.

Longman, R.W. und **K.T. Alfriend** 1981. Actuator Placement from Degree of Controllability Criteria for Regular Slewing of Flexible Spacecraft. *Acta Astronautica* 8. 703–718.

Ludyk, G. 1977. *Theorie dynamischer Systeme.* Berlin: Elitera.

Ludyk, G. 1990. *CAE von dynamischen Systemen Analyse, Simulation, Entwurf von Regelungssystemen.* Berlin: Springer.

Lückel, J. und **R. Kasper.** 1981. Strukturkriterien für die Steuer–, Stör– und Beobachtbarkeit linearer, zeitinvarianter, dynamischer Systeme. *Regelungstechnik* 29. 357–362.

Lückel, J. und **P.C. Müller.** 1975. Analyse von Steuerbarkeits–, Beobachtbarkeits– und Störbarkeitsstrukturen linearer zeitinvarianter Systeme. *Regelungstechnik* 23. 163–171.

Lunze, J. und **K. Reinschke.** 1981. *Analyse unvollständig bekannter Regelungssysteme.* ZKI–Informationen 2/81. Berlin: Akademie der Wissenschaften.

MacFarlane, A.G.J. 1975. Relationships Between Recent Developments in Linear Control Theory and Classical Design Techniques. *Measurement and Control* 8. 179–187, 219–223, 278–284, 319–323, 371–375.

MacFarlane, A.G.J. und **N. Karcanias.** 1976. Poles and Zeros of Linear Multivariable Systems: A Survey of the Algebraic, Geometric and Complex–Variable Theory. *Int. J. Control* 24. 33–74.

Malabre, M. und **V. Kučera.** 1984. Infinite Structure and Exact Model Matching Problem: A Geometric Approach. *IEEE Trans. Automat. Control* 29. 266–268.

Marro, G. und **A. Piazzi.** 1992. Feedback Systems Stabilizability in Terms of Invariant Zeros. 323–338. In: *Systems, Models and Feedback: Theory and Applications*, Eds. A. Isidori und T.J. Tarn. Boston: Birkhäuser.

McMillan, B. 1952. Introduction to Formal Realizability Theory. *J. Bell System Technical* 31. 217–279 und 541–600.

Mayeda, H. und **T. Yamada.** 1979. Strong Structural Controllability. *SIAM J. Control and Optimization* 17. 123–138.

Mita, T. 1977. On Maximal Unobservable Subspace, Zeros and their Application. *Int. J. Control* 25. 885–899.

Misra, P. und **R.V. Patel.** 1988. Transmission Zero Assignment in Linear Multivariable Systems. Part I: Square Systems. *Proc. of the 27th IEEE Conf. on Decision and Control.* Austin. 1310–1311.

Moler, C. 1980. *MATLAB User's Guide.* Albuquerque: Department of Computer Science. University of New Mexico.

Moog, C.H. 1988. Nonlinear Decoupling and Structure at Infinity. *Math. Control Signals Systems.* 1. 257–268.

Moore, B.C. 1981. Principal Component Analysis in Linear Systems: Controllability, Observability, and Model Reduction. *IEEE Trans. Automat. Control* 26. 17–32.

Morari, M. 1983. Flexibility and Resiliency of Process Systems. *Computers and Chemical Eng.* 7. 423–437.

Morgan, B.S. 1964. The Synthesis of Linear Multivariable Systems by State Feedback. *Proc. of the Joint Automatic Control Conf.* 468–472.

Morse, A.S. 1973a. Structure and Design of Linear Model Following Systems. *IEEE Trans. Automat. Control* 18. 346 – 354.

Morse, A.S. 1973b. Structural Invariants of Linear Multivariable Systems. *SIAM J. Control* 11. 446–465.

Morse, A.S. 1976. System Invariants under Feedback and Cascade Control. 61–74. In: *Mathematical Systems Theory*, ed. G. Marchesini und S.K. Mitter. New York: Springer.

Müller, P.C. und **H.I. Weber.** 1972. Analysis and Optimization of Certain Qualities of Controllability and Observability for Linear Dynamical Systems. *Automatica* 8. 237–246.

Murota, K. 1987. *Systems Analysis by Graphs and Matroids: Structural Solvability and Controllability.* Berlin: Springer.

Murota, K. und **S. Poljak.** 1990. Note on a Graph–Theoretic Criterion for Structural Output Controllability. *IEEE Trans. Automat. Control* 35. 939–942.

Nebelung, U. 1988. *Simulation und Reglerauslegung für einen Werkzeugmaschinenantrieb.* Diplomarbeit (unveröffentlicht). MSRT. Universität–GH–Duisburg.

Nijmeijer, H. und **J.M. Schumacher.** 1985. Zeros at Infinity for Affine Nonlinear Control Systems. *IEEE Trans. Automat. Control.* 30. 566–573.

Noltemeier, H. 1976. *Graphentheorie mit Algorithmen und Anwendungen.* Berlin: Walter De Gruyter.

Nour Eldin, H.A. und **M. Heister.** 1980. Zwei neue Zustandsdarstellungsformen zur Gewinnung von Kroneckerindizes, Entkopplungsindizes und eines Prim–Matrix–Produktes. *Regelungstechnik* 28. 420–425.

Owens, D.H. 1978. Multivariable Root–Loci and the Inverse Transfer–Function Matrix. *Int. J. Control* 28. 345–351.

Owens, D.H. 1980. A Note on the Orders of the Infinite Zeros of Linear Multivariable Systems. *Int. J. Control* 31. 409–412.

Owens, D.H. 1984. On the Generic Structure of Multivariable Root–Loci. *Int. J. Control* 39. 311–319.

Paige, C.C. 1981. Properties of Numerical Algorithms Related to Computing Controllability. *IEEE Trans. Automat. Control* 26. 130–138.

Patel, R.V. 1975. On Zeros of Multivariable Systems. *Int. J. Control* 21. 599–608.

Patel, R.V. 1981. Computation of Minimal–Order State–Space Realizations and Observability Indices Using Orthogonal Transformations. *Int. J. Control* 33. 227–247.

Patel, R. und **N. Munro.** 1982. *Multivariable System Theory and Design.* Oxford: Pergamon Press.

Patel, R.V., V. Sinswat und **F. Fallside.** 1977. Disturbance Zeros in Multivariable Systems. *Int. J. Control* 26. 85–96.

Patel, R.V., A.J. Laub und **P. Van Dooren.** 1994. *Numerical Linear Algebra Techniques for Systems and Control.* Piscataway: IEEE Press.

Penrose, R. 1955. A Generalized Inverse for Matrices. *Proc. Cambridge Philos. Soc.* 51. 406–413.

Penrose, R. 1956. On Best Approximate Solution of Linear Matrix Equations. *Proc. Cambridge Philos. Soc.* 52. 17–19.

Petkov, P.Hr., N.D. Christov und **M.M. Konstantinov.** 1992. *Computational Methods for Linear Control Systems.* Englewood Cliffs: Prentice Hall.

Popov, V.M. 1973. *Hyperstability of Control Systems (trans. of Romanian ed., 1966).* Berlin: Springer.

Porter, B. 1978. System Zeros and Invariant Zeros. *Int. J. Control* 28. 157–159.

Porter, B. und **A. Bradshaw.** 1979. Design of Linear Multivariable Continuous–Time High–Gain Output–Feedback Regulators. *Int. J. Systems Sci.* 10. 113–121.

Pralle, H. 1967. *Zur Analyse linearer, zeitinvarianter Mehrfachsysteme.* Dissertation. Universität Hannover.

Pugh, A.C. 1977. Transmission and System Zeros. *Int. J. Control* 26. 315–324.

Pugh, A.C. und **P.A. Ratcliffe.** 1979. On the Zeros and Poles of a Rational Matrix. *Int. J. Control* 30. 213–226.

Pugh, A.C., E.R.L. Jones und **O. Demianczuk.** 1989. Infinite–Frequency Structure and a Certain Matrix Laurent Expansion. *Int. J. Control* 50. 1793–1805.

Reinschke, K.J. 1988. *Multivariable Control – A Graph–theoretic Approach.* Berlin: Springer.

Reinschke, K.J., F. Svaricek und **H.–D. Wend.** 1992. On Strong Structural Controllability of Linear Systems. *31st IEEE Conf. on Decision and Control.* Tucson.

Roppenecker, G. und **B. Lohmann.** 1991. *Beschreibung des Systemmodells Hinterachsprüfstand.* Karlsruhe: Universität Karlsruhe.

Rosenbrock, H.H. 1970. *State Space and Multivariable Theory.* London: Nelson.

Rosenbrock, H.H. 1973. The Zeros of a System. *Int. J. Control* 18. 297–299.

Rosenbrock, H.H. 1974a. Correction to „The Zeros of a System". *Int. J. Control* 20. 525–527.

Rosenbrock, H.H. 1974b. Structural Properties of Linear Dynamical Systems. *Int. J. Control* 20. 191–202.

Rosenbrock, H.H. 1977. Comments on „Poles and Zeros of Linear Multivariable Systems: A Survey of the Algebraic, Geometric and Complex–Variable Theory". *Int. J. Control* 26. 157–161.

Roth, H. 1984. *Ein neues Verfahren zur Ordnungsreduktion und Reglerentwurf auf der Basis des reduzierten Modells.* Dissertation Universität Karlsruhe und VDI Fortschrittberichte. Reihe 8. Nr 69. Düsseldorf: VDI–Verlag.

Schmid, H.J. 1974. Eine geometrische Deutung der Ungarischen Methode. *Math. Zeitschrift* 13. 213–218.

Schmidt, G. 1991 *Grundlagen der Regelungstechnik.* Berlin: Springer.

Schmidt, J. 1986. Zur Vorgabe von Nullstellen einer Einzelübertragungsfunktion für spezielle Mehrgrößensysteme. *Automatisierungstechnik* 34. 239–246.

Schrader C.B. und **M.K. Sain.** 1989. Research on System Zeros: A Survey. *Int. J. Control* 50. 1407–1433.

Schwarz, H. 1971. *Mehrfachregelungen Bd. 2.* Berlin: Springer.

Schwarz, H. 1976. *Frequenzgang– und Wurzelortskurvenverfahren.* Mannheim: B.I. Wissenschaftsverlag.

Schwarz, H. 1979. *Zeitdiskrete Regelungssysteme.* Braunschweig: Vieweg und Sohn.

Schwarz, H. 1991. *Nichtlineare Regelungssysteme: Systemtheoretische Grundlagen.* München: Oldenbourg.

Seraji, H. 1982. On Fixed Modes in Decentralized Control Systems. *Int. J. Control* 35. 775–784.

Shaked, U. 1976. Design Techniques for High Feedback Gain Stability. *Int. J. Control* 24. 137–144.

Shaked, U. und **N. Karcanias.** 1976. The Use of Zeros and Zero–Directions in Model Reduction. *Int. J. Control* 23. 113–135.

Shaked, U. und **B. Kouvaritakis.** 1977. The Zeros of Linear Optimal Control Systems and Their Role in High Feedback Gain Stability Design. *IEEE Trans. Automat. Control* 22. 597–599.

Shields, R.W. und **J.B. Pearson.** 1976. Structural Controllability of Multiinput Linear Systems. *IEEE Trans. Automat. Control* 21. 203–212.

Siljak, D.D. 1991. *Decentralized Control of Complex Systems.* Boston: Academic Press.

Silverman, L.M. und **H.J. Payne.** 1971. The Decoupling Problem. *SIAM J. Control* 9. 199–233.

Simon, J.D. und **S.K. Mitter.** 1969. Synthesis of Transfer Function Matrices with Invariant Zeros. *IEEE Trans. Automat. Control* 14. 420–421.

Sinha, P.K. 1984. *Multivariable Control: An Introduction.* New York: Marcel Dekker.

Smith, B.T. u.a. 1976. *Matrix Eigensystem Routines – EISPACK Guide.* Berlin: Springer.

Söte, W. 1979. *Eine strukturorientierte Untersuchung zur Approximation von linearen zeitinvarianten Systemen.* Dissertation. Universität Hannover.

Söte, W. 1980. Eine graphische Methode zur Ermittlung der Nullstellen in Mehrgrößensystemen. *Regelungstechnik* 28. 346–348.

Söte, W. 1983. Structure and Zeros of Interconnected Systems. *Proc. of the 3rd Workshop on Hierarchical Control.* Warschau. 225 – 236.

Stewart, G.W. 1977. On the Pertubation of Pseudo–Inverses, Projections and Linear Least Squares Problems. *SIAM Review* 19. 634–662.

Stoer, J. 1989. *Numerische Mathematik 1: Eine Einführung.* Berlin: Springer.

Suda, N. und **K. Umahashi.** 1984. Decoupling of Nonsquare Systems –A Necessary and Sufficient Condition in Terms of Infinite Zeros–. *Proc. of the 9th IFAC World Congress.* Budapest. 88–93.

Svaricek, F. 1984. Eine schnelle –numerisch stabile– Methode zur Überprüfung der Steuer– bzw. Beobachtbarkeit eines linearen zeitinvarianten Systems. *Regelungstechnik* 32. 134–135.

Svaricek, F. 1985a. A Graph–theoretic Algorithm for Computing the Number of Invariant Zeros of Large Scale Systems. *Proc. of the Int. Symp. of Systems Analysis and Simulation.* Berlin. 276–279.

Svaricek, F. 1985b. Computation of the Structural Invariants of Linear Multivariable Systems with an Extended Version of the Program ZEROS. *Systems & Control Letters* 6. 261–266.

Svaricek, F. 1986. Graphentheoretische Ermittlung der Anzahl von strukturellen und streng strukturellen Invarianten Nullstellen. *Automatisierungstechnik* 34. 488–497.

Svaricek, F. 1987. *Graphentheoretische Beschreibung und Bestimmung der endlichen und unendlichen Nullstellen von linearen Mehrgrößensystemen.* Dissertation Universität –GH– Duisburg und VDI Fortschrittberichte. Reihe 8. Nr. 135. Düsseldorf: VDI–Verlag.

Svaricek, F. 1988. Verbesserte numerische Berechnung der strukturellen Invarianten eines linearen Systems mit Hilfe einer graphentheoretischen Analyse. *Automatisierungstechnik 36.* 139–143.

Svaricek, F. 1990. An Improved Graph–Theoretic Algorithm for Computing the Structure at Infinity of Linear Systems. *Proc. of the 29th IEEE Conference on Decision and Control.* Hawaii. 2923–2924.

Svaricek, F. 1991a. Computation of the Generic Structure at Infinity of Linear Systems: A Toeplitz–Matrix Approach. *Proc. of the 13th IMACS World Congress on Computation and Applied Mathematics.* Dublin. 1130–1132.

Svaricek, F. 1991b. Ein numerisch stabiles Vefahren zur Überprüfung der Entkoppelbarkeit linearer Systeme. *Automatisierungstechnik 39.* 217–219.

Svaricek, F. 1991c. *Zur generischen Dimension des ausgangssteuerbaren Unterraumes.* Forschungsnotiz 6/91. MSRT. Universität –GH– Duisburg.

Svaricek, F. 1992a. Zur numerischen Berechnung der konsistenten Steuerbarkeitsmaße linearer, zeitinvarianter Systeme. *Automatisierungstechnik 40.* 39–40.

Svaricek, F. 1992b. A Graph–Theoretic Approach for the Determination of the Structure at Infinity of Nonlinear Systems. *Proc. of the IFAC Nonlinear Control Systems Design Symposium.* Bordeaux. 124–129.

Svaricek, F. 1993a. Algebraische Methoden zur Analyse und Synthese nichtlinearer Regelungssysteme. *GMA–Aussprachetag „Nichtlineare Regelung".* Langen. VDI–Bericht 1026. 293–317.

Svaricek, F. 1993b. A Graph–Theoretic Approach for the Investigation of the Observabiltiy of Bilinear Systems. *Proc. of the 12th IFAC World Congress.* Sydney. 351–354.

Svaricek, F. 1994. A Decomposition Algorithm for Large Scale Systems. *Proc. of the Joint IEEE/IFAC Symposium on Computer–Aided Control System Design.* Tucson. 171–176.

Svaricek, F. und **H. Schwarz.** 1993. Graph–Theoretic Determination of the Nonlinear Zeros at Infinity: Computational Results. *Proc. of 2nd European Control Conference.* Groningen. 2086–2089.

Thorp, J.S. 1973. The Singular Pencil of Linear Dynamical System. *Int. J. Control 18.* 577–596.

Tinhofer, G. 1976. *Methoden der angewandten Graphentheorie.* Berlin: Springer.

Tolle, H. 1983. *Mehrgrößenregelkreissynthese: Bd. I.* München: Oldenbourg.

Tolle, H. 1985. *Mehrgrößenregelkreissynthese: Bd. II.* München: Oldenbourg.

Törnig, W. 1979. *Numerische Mathematik für Ingenieure und Physiker: Bd. 1.* Berlin: Springer.

Tsai, T.-P. und **T.-S. Wang.** 1987. Optimal Design of Non–Minimum–Phase Control Systems with Large Plant Uncertainty. *Int. J. Control* 45. 2147–2159.

Ulm, M. 1987. *Zur graphentheoretischen Ermittlung der dezentralen Stabilisierbarkeit dynamischer Systeme.* Dissertation Universität –GH– Duisburg und VDI Fortschrittberichte Reihe 8. Nr. 144. Düsseldorf: VDI–Verlag.

Unbehauen, H. 1985. *Regelungstechnik II.* Braunschweig: Vieweg und Sohn.

van den Boom, A., F. Brown u.a. 1991. SLICOT, A Subroutine Library in Control and Systems Theory. *Proc. of the 5th IFAC/IMACS Symposium on Computer Aided Design in Control Systems.* Swansea. 89–94.

van der Weiden, A.J.J. und **O.H. Bosgra.** 1979. The Determination of Structural Properties of a Linear Multivariable System by Operations of System Similarity: 1. Strictly Proper Systems. *Int. J. Control* 29. 835–860.

van der Woude, J.W. 1989 *On the Structure at Infinity of a Structured System.* Tech. Report BS–R8918. Center for Mathematics and Computer Science. Amsterdam.

Van Dooren, P. 1979. The Computation of Kronecker's Canonical Form of a Singular Pencil. *Linear Algebra Appl.* 27. 103–140.

Van Dooren, P. 1981. The Generalized Eigenstructure Problem in Linear System Theory. *IEEE Trans. Automat. Control* 26. 111–129.

Van Dooren, P. und **P. Dewilde.** 1983. The Eigenstructure of an Arbitrary Polynomical Matrix: Computational Aspects. *Linear Algebra Appl.* 50. 545–579.

Van Dooren, P., P. Dewilde und **J. Vandewalle.** 1979. On the Determination of the Smith–Macmillan Form of a Rational Matrix From Its Laurent Expansion. *IEEE Trans. Circuits and Systems* 26. 180–189.

Vardulakis, A.I.G. 1980. On Infinite Zeros. *Int. J. Control* 32. 849–866.

Vardulakis, A.I.G. 1991. *Linear Multivariable Control.* Chichester: John Wiley & Sons.

Vardulakis, A.I.G. und **N. Karcanias.** 1983. Relations between Strict Equivalence Invariants and Structure at Infinity of Matrix Pencils. *IEEE Trans. Automat. Control* 28. 514–518.

Vardulakis, A.I.G., D.N.J. Limebeer und **N. Karcanias.** 1982. Structure and Smith–Macmillan Form of a Rational Matrix at Infinity. *Int. J. Control.* 701–725.

Verghese, G.C. 1978. *Infinite–Frequency Behaviour in Generalized Dynamical Systems.* Dissertation. Universität Stanford.

Verghese, G.C. und **T. Kailath.** 1981. Rational Matrix Structure. *IEEE Trans. Automat. Control* 26. 434–439.

Verghese, G., P. Van Dooren und **T. Kailath.** 1979. Properties of the System Matrix of a Generalized State–Space System. *Int. J. Control* 30. 235–243.

Viswanathan, C.N. und **R.W. Longman.** 1981. The Determination of the Degree of Controllabilty for Dynamic Systems with Repeated Eigenvalues. *Proc. of the NCKU/ASS Symposium on Engineering Sciences and Mechanics.* Tainan. Taiwan. 1091–1111.

Viswanathan, C.N., R.W. Longman. und **P.W. Likins** 1984. A Degree of Controllability Definition: Fundamental Concepts and Applications to Modal Systems. *J. of Guidance, Control and Dynamics* 7. 222–230.

Wang, S.H. und **E.J. Davison.** 1973. On the Stabilization of Decentralized Control Systems. *IEEE Trans. Automat. Control* 18. 473–478.

Wassel, M. 1976. *Eine stabilitätsorientierte Untersuchung zum Verhalten und Entwurf von hierarchisch organisierten Optimalsystemen.* Dissertation. Universität Hannover.

Wend, H.D. 1991. *Strukutrelle Analyse linearer Regelungssysteme.* Habilitationsschrift Universität –GH– Duisburg und München: Oldenbourg, 1993.

Westreich, D. 1991. Computing Transfer Function Zeros of a State Space System. *Int. J. Control* 53. 477–493.

Wey, T., F. Svaricek und **H. Schwarz.** 1994. A Graph–Theoretic Characterization for the Rank of Nonlinear Systems. *Proc. of the IEE International Conference CONTROL'94.* Coventry. 872–877.

Wicks, M. und **R.A. DeCarlo.** 1991. Computing the Distance to an Uncontrollable System. *IEEE Trans. Automat. Control* 36. 39–49.

Wilkinson, J.H. 1988. *The Algebraic Eigenvalue Problem.* Oxford: University Press.

Willems, J.C. und **C. Commault.** 1981. Disturbance Decoupling by Measurement Feedback with Stability or Pole Placement. *SIAM J. Control and Optimization.* 19. 490–504.

Williams, J.L. 1975. Disturbance Isolation in Linear Feedback Systems. *Int. J. System Sci.* 6. 233–238.

Willems, J.L. 1986. Structural Controllability and Observability. *Systems & Control Letters* 8. 5–12.

Williams, T. 1989. Computing the Transmission Zeros of Large Space Structures. *IEEE Trans. Automat. Control* 34. 92–94.

Williams, T.W.C. und **P.J. Antsaklis.** 1986. A Unifying Approach to the Decoupling of Linear Multivariable Systems. *Int. J. Control* 44. 181–201.

Wolovich, W.A. 1974. *Linear Multivariable Systems.* Berlin: Springer.

Wolovich, W.A. 1977. *Multivariable System Zeros.* in: Fallside (1977) S. 227–236.

Wonham, W. 1974. *Linear Multivariable Control: A Geometric Approach.* Berlin: Springer.

Wonham, W.M. und **A.S. Morse.** 1970. Decoupling and Pole Assignment in Linear Multivariable Systems: A Geometric Approach. *SIAM J. Control.* 8. 1–18.

Zurmühl, R. und **S. Falk.** 1984. *Matrizen und ihre Anwendungen. Teil 1: Grundlagen.* Berlin: Springer.

Zurmühl, R. und **S. Falk.** 1986. *Matrizen und ihre Anwendungen. Teil 2: Numerische Methoden.* Berlin: Springer.

Wichtige Formelzeichen und Abkürzungen

Abkürzungen

EN	Entkopplungsnullstellen
AEN	Ausgangs–Entkopplungsnullstellen
EEN	Eingangs–Entkopplungsnullstellen
EAEN	Ein–/Ausgangsentkopplungsnullstellen
IN	Invariante Nullstellen
SN	Systemnullstellen
SP	Systempole
ÜN	Übertragungsnullstellen
ÜP	Übertragungspole

Formelzeichen

$\mathbf{A}$	Systemmatrix
$\mathbf{B}$	Eingangsmatrix
$\mathbf{b}_i$	i–te Spalte der Eingangsmatrix
$\mathbf{C}$	Ausgangsmatrix
$\mathbf{c}_j^T$	j–te Zeile der Ausgangsmatrix
$\mathbf{D}$	Durchgangsmatrix
$\mathbf{E}$	Störmatrix
$\mathbf{A}^*, \mathbf{B}^*, \mathbf{C}^*$	Strukturmatrizen (Boolesche Matrizen)
$\mathbf{u}(t)$	Eingangsvektor
$\mathbf{u}^{(k)}$	k–te zeitliche Ableitung des Eingangsvektor $\mathbf{u}$
$\mathbf{w}(t)$	Führungsvektor
$\mathbf{x}(t)$	Zustandsvektor
$\mathbf{y}(t)$	Ausgangsvektor
$\mathbf{y}^{(k)}$	k–te zeitliche Ableitung des Ausgangsvektor $\mathbf{y}$
n	Dimension des Zustandsvektors $\mathbf{x}(t)$
m	Dimension des Eingangsvektors $\mathbf{u}(t)$
l	Dimension des Ausgangsvektors $\mathbf{y}(t)$
$\tilde{\mathbf{D}}$	Entkopplungsmatrix
d	Differenzengrad
d_i	Entkopplungsindizes
$d\mathbf{u}^{(k)}$	Differential von $\mathbf{u}^{(k)}$
$d\mathbf{x}$	Differential von $\mathbf{x}$
$d\mathbf{y}^{(k)}$	Differential von $\mathbf{y}^{(k)}$
$d_i(s)$	Determinantenteiler einer Polynommatrix
$e_i(s)$	Elementarteiler der Kronecker-Normalform

$F(s)$	Übertragungsfunktion
$\mathbf{F}(s)$	Übertragungsmatrix
$F_{ij}(s)$	Elemente der Übertragungsmatrix $\mathbf{F}(s)$
$F_o(s)$	Übertragungsfunktion des offenen Regelkreises
$F_S(s),\ F_R(s)$	Strecken- bzw. Reglerübertragungsfunktion
$\mathbf{I}$	Einheitsmatrix
$i_k(s)$	Elementarpolynome (Invariantenteiler)
$\mathbf{M}(s) = \mathbf{M}\{(\cdot)\}$	Smith–McMillan–Normalform von $(\cdot)$
mb_i	Beeinflußbarkeitsmaße
ms_i	Steuerbarkeitsmaße
$N_i(s)$	Nennerpolynome der Smith–McMillanform von $\mathbf{F}(s)$
$\mathbf{N}(\omega)$	Zählermatrix des Prim–Matrix–Produktes von $\mathbf{P}(1/\omega)$
n_B	Dimension der beobachtbaren Unterraums
n_e	Dimension des erreichbaren Unterraums
n_{EEN}	Anzahl der Eingangs–Entkopplungsnullstellen
n_G	Dimension des strukturell steuerbaren Unterraums
n_{G_A}	Dimension des strukturell ausgangssteuerbaren Raums
n_{IN}	Anzahl der Invarianten Nullstellen
n_S	Dimension der steuerbaren Unterraums
n_{SIN}	Anzahl der strukturellen Invarianten Nullstellen
$n_{\ddot{U}N}$	Anzahl der Übertragungsnullstellen
$\mathbf{P}$	Permutationstransformation
$\mathbf{P}(s)$	Rosenbrock–Systemmatrix
$\mathbf{Q}_A$	Ausgangssteuerbarkeitsmatrix
$\mathbf{Q}_B$	Beobachtbarkeitsmatrix
$\mathbf{Q}_G$	Gramsche Steuerbarkeitsmatrix
$\mathbf{Q}_S$	Steuerbarkeitsmatrix
$\mathbf{S}(s) = \mathbf{S}\{(\cdot)\}$	Smithsche Normalform von $(\cdot)$
r	Normalrang von $\mathbf{P}(s)$
s	Laplace–Variable
$\mathbf{T}$	reguläre Transformationsmatrix
$\mathbf{T}_\infty^i\{(\cdot)\}$	Toeplitz-Matrizen im Unendlichen von $(\cdot)$
$\mathbf{V}$	Vorfiltermatrix
$Z(s),\ N(s)$	teilerfreie Zähler- und Nennerpolynome der Übertragungsfunktion
$Z_i(s)$	Zählerpolynome der Smith–McMillanform von $\mathbf{F}(s)$
ϵ_i	Kroneckerspaltenindizes
ϵ_m	Rechengenauigkeit der Gleitpunktarithmetik
η_i	Kroneckerzeilenindizes
λ	Eigenwert
$\{\lambda(\cdot)\}$	Menge der Eigenwerte von $(\cdot)$
$\kappa(\cdot)$	Konditionszahl einer Matrix

κ_i	Steuerbarkeitsindizes
κ_S	Steuerbarkeitsindex
μ_i	Ordnungen der Nullstellen im Unendlichen
μ_i^*	Generische Ordnungen der Nullstellen im Unendlichen
ρ	Normalrang von $\mathbf{F}(s)$
ρ^*	Generischer Rang von $\mathbf{F}(s)$
ρ_∞^i	Rangindizes der Toeplitz-Matrizen im Unendlichen
$\sigma_i(\cdot)$	Singulärwerte einer Matrix
$\omega_\infty(f(s))$	Gradbewertung einer rationalen Funktion $f(s)$
$[\mathbf{M}_1, \mathbf{M}_2]$	aus den Matrizen $\mathbf{M}_1$ und $\mathbf{M}_2$ zusammengesetzte Matrix
block diag $(\mathbf{M}_i)$	blockdiagonale Matrix bestehend aus Blöcken $\mathbf{M}_i$ auf der Hauptdiagonalen
det $\mathbf{M}$	Determinante von $\mathbf{M}$
Grad $(p(s))$	Grad des Polynoms $p(s)$
dim $\mathcal{E}$	Dimension des Vektorraums $\mathcal{E}$
Rang $\mathbf{P}(\mathbf{s})$	Rang der Matrix $\mathbf{P}(\mathbf{s})$
g–Rang	generischer Rang einer Matrix
span $\{d\mathbf{y}, \ldots, d\mathbf{y}^{(k)}\}$	der durch die angegebenen Vektoren aufgespannte Vektorraum
$\mathbf{M}^{-1}$	inverse Matrix zu $\mathbf{M}$
$\mathbf{M}^+$	Pseudoinverse der Matrix $\mathbf{M}$
$\mathbf{M}^H$	konjugiert komplexe, transponierte Matrix zu $\mathbf{M}$
$\mathbf{M}^T$	transponierte Matrix zu $\mathbf{M}$
$\mathbf{M}_{adj}$	adjungierte Matrix zu $\mathbf{M}$
$O(\cdot)$	Komplexität eines Algorithmus (Landausches Symbol)
$\mathbb{C}$	Menge der komplexen Zahlen
$\mathbb{R}$	Menge der reellen Zahlen
$\mathbb{C}^n$	Menge der n–dimensionalen komplexen Vektoren
$\mathbb{R}^n$	Menge der n–dimensionalen reellen Vektoren
$\mathbb{C}^{n\times m}$	Menge der $n \times m$–dimensionalen komplexen Matrizen
$\mathbb{R}^{n\times m}$	Menge der $n \times m$–dimensionalen reellen Matrizen
$\|(\cdot)\|_1$	Spaltennorm einer Matrix $(\cdot)$
$\|(\cdot)\|_2$	Spektralnorm einer Matrix $(\cdot)$
$\|(\cdot)\|_\infty$	Zeilennorm einer Matrix $(\cdot)$
$\|(\cdot)\|_G$	Gesamtnorm einer Matrix $(\cdot)$
$\|(\cdot)\|_E$	Euklidische Norm einer Matrix $(\cdot)$

Algorithmenverzeichnis

Stichwortverzeichnis